水体污染控制与治理科技重大专项“十三五”成果

河流健康修复与管理系列丛书

辽河保护区湿地恢复及生态健康效应评估

段 亮 宋永会 等著

中国环境出版集团 · 北京

图书在版编目（CIP）数据

辽河保护区湿地恢复及生态健康效应评估 / 段亮等著. -- 北京 : 中国环境出版集团, 2021.12
（河流健康修复与管理系列丛书）
ISBN 978-7-5111-4759-2

Ⅰ. ①辽… Ⅱ. ①段… Ⅲ. ①辽河流域－沼泽化地－生态恢复②辽河流域－沼泽化地－环境生态评价 Ⅳ. ①X321.23

中国版本图书馆CIP数据核字(2021)第130812号

策划编辑 葛 莉
责任编辑 范云平
封面设计 宋 瑞

出版发行 中国环境出版集团
（100062 北京市东城区广渠门内大街 16 号）
网 址：http://www.cesp.com.cn
电子邮箱：bjgl@cesp.com.cn
联系电话：010-67112765（编辑管理部）
发行热线：010-67125803，010-67113405（传真）

印 刷 北京中献拓方科技发展有限公司
经 销 各地新华书店
版 次 2021 年 12 月第 1 版
印 次 2021 年 12 月第 1 次印刷
开 本 787×1092 1/16
印 张 13.5
字 数 280 千字
定 价 68.00 元

“河流健康修复与管理系列丛书”编委会

本书编著委员会

主　　编　段　亮　宋永会

副 主 编　（按姓氏笔画为序）

　　　　　张志超　钱　锋　韩　璐

参编人员　（按姓氏笔画为序）

　　　　　孙　晨　向连城　张海亚　杨佳琪　李　丹

　　　　　李明月　高祥云　谢晓琳　穆映鸣　邢　飞

序

河流水生态环境治理保护，旨在改善受污染河流水环境质量，修复受损水生态系统功能，逐步恢复河流生态系统健康。在大力治理污染源的同时，给河流以空间，开展河流保护区建设，是河流治理保护的创新实践。

辽河保护区依辽河干流而设，从东、西辽河交汇处福德店开始到盘锦入海口，全长 538 km，总面积 1 869.2 km^2，是我国第一个为保护河流而划定的区域，也是河流管理体制机制创新先行示范区。“划区”以来，辽宁省大力开展生态修复保护工作，使得保护区生态迅速恢复，生物多样性明显提升。为了深入研究大型河流生态保护的原理，探索治理、保护、修复经验，“十三五”水专项设置了“辽河保护区河流健康修复与管理技术集成”课题。

本课题针对河流管理体制机制创新先行示范区——辽河保护区水生态系统健康维护与保护目标提升技术的需求，集成水专项“十一五”“十二五”河流治理保护技术，突破综合调控关键技术，重点开展生态资源资产评估、北方寒冷地区大型季节性河流生态水保障与时空优化调度、北方寒冷地区大型流域湿地发育与重建、自然生境恢复与土地利用空间优化、智慧化综合管理等技术的研发与应用，构建基于生境恢复、功能提升、综合调控的辽河保护区健康河流修复技术体系，形成辽河保护区健康河流构建技术模式。制定辽河保护区健康河流修复总体方案与技术路线图，指导辽河保护区健康河流构建技术模式实践，支撑辽河保护区“十三五”水质与水生态改善目标的实现。

本课题研究提出的大型季节性河流生态水保障技术在辽河保护区上游清河、柴河两座大型水库及16座闸坝调度运行中得到实际应用，对供水及引水规则进行了优化调整，制定了考虑跨流域引水、生态与农业供水耦合的优化调度方案。2020年两座水库全年共泄放生态水量7 160万m^3，保障了干流珠尔山、巨流河大桥、盘锦兴安等重要控制断面在各水期内满足以河流健康为目标的生态流量要求。课题集成的辽河保护区大型流域湿地重建技术在东、西辽河交汇口源头区、石佛寺-七星中游区、大张-盘山闸-双台子下游区开展了大型流域湿地重建综合性工程实证，实证区湿地面积合计23.8万亩，河滨植被覆盖度由2009年的59.3%提高至2020年的95.6%，鸟类、鱼类分别由2011年的45种、15种增加到2020年的85种、53种，生态系统功能明显恢复。课题研究成果有效支撑了辽河流域水生态环境质量改善。

本课题由中国环境科学研究院、辽宁省水利水电科学研究院有限责任公司、辽宁石油化工大学、沈阳大学、北京市农林科学院共同完成。为系统总结大型河流保护区治理、保护理论与技术经验，课题组组织编著了“河流健康修复与管理系列丛书”，相信该丛书可为我国大型河流的治理与保护提供有益的经验借鉴。

宋永会

2021年6月

目录

第 1 章　辽河保护区水生态概况

1.1　总体概况

辽河是我国七大河流之一，发源于河北省七老图山脉的光头山（海拔 1 490 m），位于北纬 40°30′～45°10′，东经 117°00′～125°30′，流经河北、内蒙古、吉林和辽宁四省（区），至盘山县注入渤海，流域面积为 21.96 万 km^2，全长为 1 345 km。其中，在辽宁省境内的流域面积约为 6.92 万 km^2（包含支流流域面积）。辽河是我国典型的北方河流，降水量和径流量年内分布极不均匀。

辽河被称为辽宁人民的“母亲河”，素来有“辽河不治，辽宁不宁；辽河不清，辽宁难兴”之说。辽河干流承载着辽宁省经济、社会快速发展的巨大压力。长期以来，高强度的区域开发导致流域内生态环境持续恶化及水资源严重短缺，水资源承载能力面临严峻挑战。这不仅威胁着辽河流域的生态安全，而且严重制约了区域经济和社会的发展。近年来，辽河流域又遭遇持续干旱气候，降水量偏少，径流量也明显减少，出现了连续枯水年，给沿岸企业的生产活动带来一定的困难，也危害到流域十分脆弱的生态环境，致使河道内植被等生态系统严重退化，加剧了水土流失和土壤荒漠化。

2009 年，辽河历史上第一次在干流全面消灭劣Ⅴ类水体，提前实现辽河干流水质的 3 年治理目标。为巩固辽河治理来之不易的成果，从根治辽河、彻底恢复辽河生态环境的长远目标出发，在国家重大水专项“十一五”科技成果的引领下，辽宁省委、省政府划定辽河保护区（图 1-1），设立了辽河保护区管理局，把辽河干流水体、河流湿地及珍稀野生动物列为重点保护对象。辽河保护区范围始于东辽河和西辽河交汇处（福德店），终于盘锦入海口，分布在东经 121°41′～123°55.5′、北纬 40°47′～43°02′的区域。根据遥感影像数据初步划定，保护区占地面积为 1 869.2 km^2。辽河保护区是依辽河干流设立的。辽河上游的东辽河与西辽河于福德店汇合为辽河干流，纵贯辽宁省境内的辽北康法丘陵区与下辽河平原区，流经铁岭、沈阳、鞍山、盘锦 4 市，这些地区经济较为发达，人口相对稠密，人为活动频繁。辽河保护区以恢复和保护辽河主导生态功能为目的，兼顾区域经济发展。

辽河保护区地处中高纬度地区，属于暖温带半湿润大陆性季风气候，四季寒暖、干湿分明。降水量由西北向东南递增，多年平均降水量为 400～1 000 mm，主要集中在 6—9 月。气温年际变化较大，年平均气温为 4～9℃。

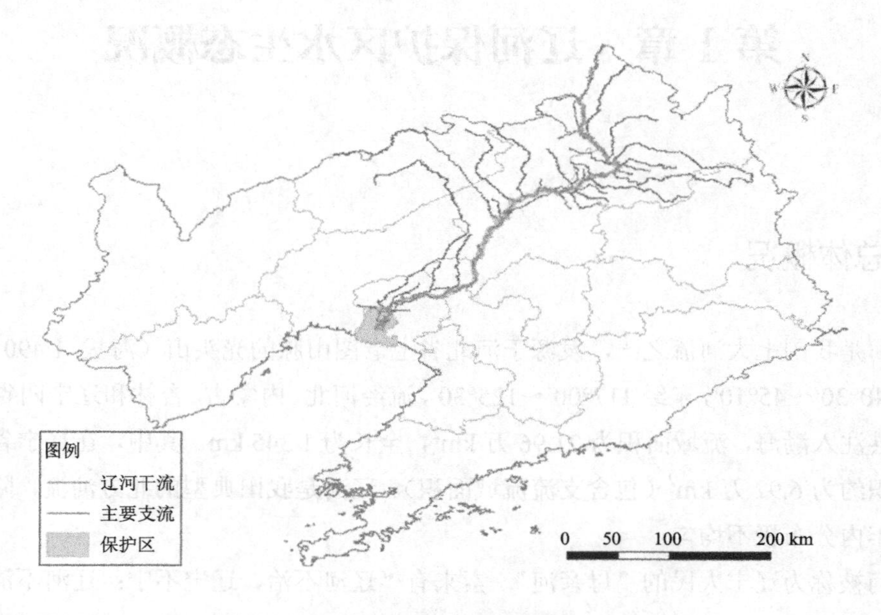

图 1-1 辽河保护区地图

1.2 水资源及水环境状况

1.2.1 水资源状况

辽河径流补给主要来自降水，所以径流在地区分布、年际变化、年内分配上均与降水较为一致。多年平均径流自东南 300 mm 向西北 50 mm 递减。辽河径流的年际变化较大，干支流各站最大与最小年径流量比值为 8～20。如辽河干流上的通江口、铁岭、巨流河 3 座水文站历年天然最大径流量分别为 56.5 亿 m^3、94.7 亿 m^3 和 111.2 亿 m^3，历年天然最小径流量分别为 2.62 亿 m^3、7.07 亿 m^3 和 8.05 亿 m^3，年最大径流量与年最小径流量的比值分别为 21.6、13.4 和 13.8。年径流量的年内分配也极不均匀，从多年平均径流量年内分配来看，7 月、8 月径流量基本都占全年径流总量的 50%以上，其他月份占比较小。

辽河保护区有水库 38 座，其中大型水库 7 座、中型水库 10 座、小型水库 21 座，总库容为 27.85 亿 m^3。这些水库主要用于补充下游河道水环境及生态水需求，重点保障枯水期河流生态环境用水，兼顾城乡居民生活、工业、农业等用水需要。

辽河流域的洪水由暴雨产生，受暴雨特性的影响，汛期洪水有 80%～90%出现在

7—8 月，尤以 7 月下旬至 8 月中旬最多。非汛期洪水则多出现在 4 月或 11 月。洪水时段为：春汛 3—4 月，汛前 5—6 月，汛期 7—9 月，汛后 10—11 月，封冻 12 月—翌年 2 月。辽河洪水有单峰、双峰、多峰等类型。由于暴雨历时短，雨量集中，主要支流——清河、柴河、汎河、柳河等又多流经山区和丘陵区，汇流速度快，故洪水多呈现陡涨陡落的特点，这种单峰型洪水过程不超过 7 d，主峰在 3 d 之内。由于暴雨有时连续出现，一些年份的洪水呈现双峰型，双峰一般历时 13 d 左右，两峰间隔 3～4 d。多峰型洪水历时因洪峰间隔时间、洪水来源和暴雨集中程度而异，一般为 13～30 d。

1.2.2 水环境状况

“十二五”期间，辽宁省政府实施了“率先摘掉重度污染帽子”项目，其中辽河保护区实施了辽河干流生态保护与恢复和支流河口湿地建设两大工程共 31 个项目。2010 年，辽河保护区管理局成立，在保护区范围内环保、水利、国土资源、交通、农业、林业、海洋与渔业等部门统一依法行使监督管理、行政执法及保护区建设职责，体现了流域综合管理的理念，实现了河流治理和保护工作的体制和机制创新。通过一系列水生态保护项目的实施，辽河水质明显好转，2012 年年底辽河干流按 21 项指标考核达到Ⅳ类水质标准，一级支流水质全面消灭劣Ⅴ类，提前摘掉了“重度污染”的帽子。“十三五”期间，通过在辽河流域研发与实施一系列自然生境恢复技术、大型生态工程功能提升技术、健康河流综合管控技术，辽河流域水质实现明显好转。通过分析辽河流域水质历年变化情况（图 1-2）可知，与 2013 年相比，2022 年辽河流域Ⅳ～Ⅴ类水体下降了 60%左右，Ⅰ～Ⅲ类水体上升至 80%，水质明显改善。

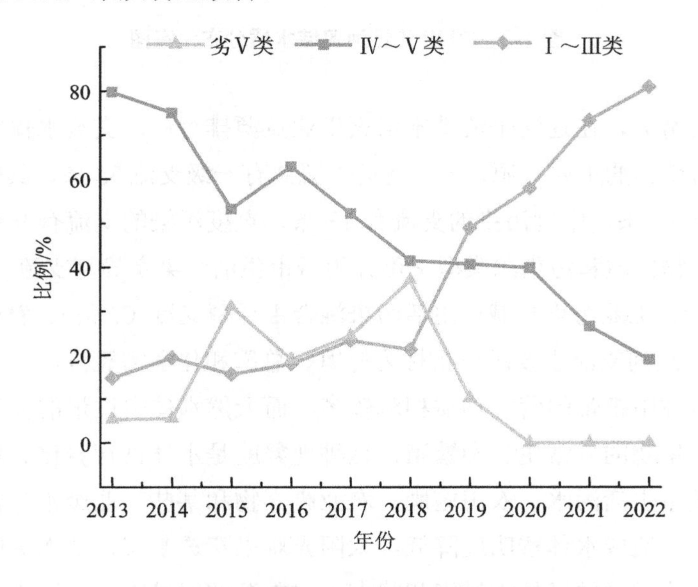

图 1-2 辽河流域水质历年变化情况

1.3 水污染状况

《2022 中国环境状况公报》显示，2022 年辽河流域水质整体良好，监测的 194 个国控断面中，Ⅰ～Ⅲ类水质断面占 84.5%，比 2021 年上升 3.1 个百分点；无劣Ⅴ类水质断面，与 2021 年持平（图 1-3）。大凌河水系、鸭绿江水系、辽东沿海诸河和辽西沿海诸河水质为优，主要支流和大辽河水系水质良好，辽河干流为轻度污染。

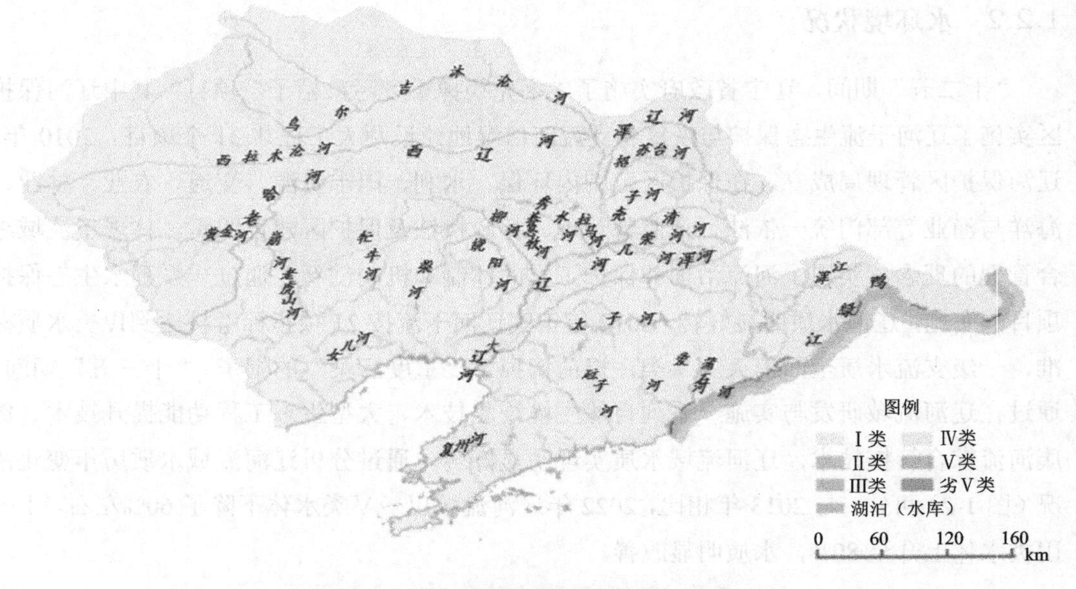

图 1-3　2022 年辽河流域水质分布示意图

经过不懈的努力，在辽河干流基本消灭工业点源排污后，支流水体中携带的污染物成为辽河干流污染物的主要来源之一。辽河干流共有一级支流 33 条，其中无污染或轻度污染的支流共有 11 条，中度污染的支流有 13 条，重度污染的支流有 9 条。中度及重度污染支流按污染物性质和污染源类型又可分为城市生活污染主导型支流（6 条）、工业主导型支流（2 条）、工业污染与城市生活污染混合主导型支流（7 条）、农业面源污染主导型支流（7 条）。辽河支流主要污染指标为氨氮、总磷和化学需氧量。

辽河支流水体中携带的营养物质相对较多，而天然水体中过量的营养物质（氮、磷等）会引起水生生物的异常生长和繁殖，这种现象就是水体富营养化。这些过量的营养物质主要源于城市生活污水、农田施肥、农业废弃物和某些工业废水。富营养化会严重影响水体的水质，造成水体透明度降低，太阳光难以穿透水层，从而影响水中植物的光合作用，还可能造成溶解氧处于过饱和状态。水中溶解氧过饱和及过少，都会对水生动物产生危害，导致鱼类大量死亡。同时，水体的富营养化会使水体表面大量生长以绿藻、蓝藻为优势种的藻类，形成一层“绿色浮渣”。河流底层堆积的有机物质在厌氧条件下分解产生的有害气体，以及一些浮游生物产生的生物毒素也会伤害鱼类。因富营养化水中含有硝酸盐和亚硝酸盐，人畜长期饮用这些物质含量超标的水，也会中毒致病。

1.4 水生态现状及存在的问题

辽河干流保护区内湿地类型复杂、丰富。自然湿地包括芦苇、蒲草、小叶章等各类沉水、浮水植物湿地，滩涂湿地和河流、库塘等水体湿地。湿地面积占总体面积的 1/3 左右，所占比例较大。较大的面积保证了河流生态系统的稳定，维持了湿地生态系统的功能。尽管保护区内湿地面积较大、湿地种类丰富，但由于人为修饰和干扰严重，干流湿地遭受的破坏十分明显。由于人类活动，尤其是农业活动的不断开展，湿地面积减少，破碎化程度加剧。这在一定程度上阻碍了湿地生态系统功能的发挥，为湿地植被和生态功能的恢复增加了障碍。

1.4.1 水污染问题严重，水环境功能难以持续

辽河流域是我国重要的经济区，辽河平原是辽河流域人口密集、社会和经济发达的地区，也是我国水污染最严重的区域之一。辽河流域水环境污染严重，污染持续时间长。2022 年水质监测数据表明，辽河干流Ⅰ～Ⅱ类水质比例高达 80%。辽河上游地区地质抗蚀力弱，土壤水蚀风蚀严重，造成水土流失。因此，辽河是全国少数高输沙量河流。辽河 COD 持续多年超国家地表水Ⅴ类水质标准，COD 含量与含沙量/悬浮物显著相关。本次规划的辽河干流即辽河辽宁省段，从上游至下游又分为铁岭段、沈阳段和盘锦段 3 个河段。

辽河铁岭段长 143.5 km，水体为劣Ⅴ类，主要污染物是 COD 和氨氮。COD 浓度为 60.2～144 mg/L，且呈加重趋势；氨氮浓度在 2002 年以后开始超过Ⅴ类水质标准。辽河沈阳段长 223.5 km，COD 浓度为 37.7～63.4 mg/L，从 2001 年开始，COD 浓度超过Ⅴ类水质标准，且呈升高趋势；氨氮浓度变化波动较大，某些时段有超过Ⅴ类水质标准的情况出现。辽河盘锦段长 156 km，水质污染程度和变化趋势与上游铁岭段、沈阳段基本一致。自 1994 年以来，COD 浓度多数年份超过Ⅴ类水质标准，氨氮浓度为 4.60～5.87 mg/L。

（1）农村污染问题严重，村镇污染治理不达标成为支流污染的主要原因

随着经济发展、农村城市化进程的加快，农民的生活条件和住房条件逐渐改善，居住场所逐渐集中，畜禽养殖业、屠宰加工业等乡镇企业蓬勃发展。但由于技术水平低，管理相对落后，缺乏必要的污染防治措施，各种垃圾和污水的排放也越来越多。另外，

化肥、农药、生长调节剂等农用物资的不科学使用和处置，造成农业源污染严重。

此外，即使在已经建设污水处理厂的乡镇，污水处理设施建设普遍滞后，大部分乡镇污水还存在直排现象。辽河沿线有 24 个乡镇建设了污水处理设施，主体工程已完成，但由于污水收集管网建设滞后，大部分没有做到应收尽收、正常运行和达标排放。农村环境问题突出，成为支流的重要污染来源。

（2）城镇污水处理水平低，污水厂尾水是辽河干流重要污染来源

辽河流域内累计建成城镇污水处理厂 119 座，设计处理能力为 680 万 t/d，日实际处理量为 508.5 万 t。涉及辽河保护区的城镇污水处理厂 18 座，设计处理能力为 94.5 万 t/d。大部分城镇污水处理厂执行《城镇污水处理厂污染物排放标准》（GB 18918—2002）的一级 A 排放标准，少部分执行一级 B 排放标准，还有 13 座城镇污水处理厂执行二级排放标准。有的地区仍然缺少污水处理厂，部分城市生活污水直排入河。包括未纳管的部分城市污水，每天直接或经支流、排干进入辽河的污水量约为 100 万 t。

1.4.2 水资源缺乏，生态需水保障困难

辽河流域处于半干旱、半湿润地带。总体情况是，西辽河偏干旱，处于干旱与半干旱过渡地带。辽河干流以西独流入海河流偏旱，以东河流偏湿润。辽河干流处于过渡地带。据初步调查，2001 年河道断流长度为：东辽河 65 km、西辽河 100 km、辽河干流 30 km，总计达 195 km。超采地下水形成地下水漏斗区面积约 1 101.5 km^2，地下水位最大降深达 13 m。初步估计，已经沙化或有沙化危险的土地有 31 416 km^2，其中沙化耕地约 65.4 万 km^2。

事实上，自西辽河至辽河干流，由于水资源大规模开发利用，地下水超采，已形成东北地区最为严重的超采区。同时，河道断流问题日趋严重，与相邻的海河流域有诸多相似之处。总之，辽河水资源开发强度大，面临地下水超采、平原河道断流、河口萎缩等一系列生态问题，大范围河道断流与地下水水位下降造成了辽河流域最为严峻的生态用水短缺问题。

1.4.3 辽河保护区生态完整性差，生态恢复形势严峻

（1）植物群落处于次生演替过程初级阶段

辽河保护区目前仍处于植物群落次生演替过程初级阶段，以一年生植物为主体，伴生有几种多年生植物。但在汛期，部分区段由于受水体冲刷的影响，地表植被被破坏殆尽，其演替过程需密切监测。

（2）由野生植物代替农田杂草，成为优势植物

2011 年，植物群落优势种主要为苋科、藜科等农田杂草，由于多年的耕作，土壤中

积累了大量农田杂草种子，如蒿属、苘麻、苋科、藜科植物。2012 年，部分区域仍以蒿属植物为主，苘麻优势有所降低，但苋科、藜科植物已不占绝对优势，华黄耆、蛇床、野青茅等多年生草本植物在部分地区占有绝对优势。一些灌木已适应保护区环境，个别地区在河漫滩形成小规模单优群落，但由于处于辽河河道内，不同汛期水位对其植物群落的影响有待进一步研究。2013 年，多年生草本植物群落明显增多，以野艾蒿、大蓟和小叶章为主，在部分地区出现了大量的水蒿群落。一、二年生的草本群落减少的同时，多年生草本的单一群落和混合群落大面积形成，辽河保护区草本植物群落的稳定性进一步增加。

（3）生态系统结构进一步完整

监测区域内的物种相对减少，尤其是一些人工栽培的物种，由于无法适应所在群落，已经减少或消失。虽然物种数目相对减少，但地区内多年生植物群落增加，群落稳定性加强。尤其是罗布麻、华黄耆（2012 年出现）、灯心草（2013 年出现）、碱毛茛（2013 年出现）等一些原生土著植物重现，标志着辽河保护区植物群落结构完整性逐步增强，而鱼类与软体动物共生体系的形成说明水体生物群落结构完整性在逐步恢复。

（4）生态系统生物链（能流）更加完善

目前，保护区内已形成以水生藻类及植物为初级生产者，昆虫、鱼类、食鱼鸟、食虫鸟为次级消费者，猛禽与兽类为顶级消费者等多条生物链，表明保护区生态系统能流多样性与完整性进一步增强。

（5）生境完整性加强

辽河保护区内迁徙鸟类的数量明显增多，说明随着辽河保护区围栏封育的实施，保护区内的植被得到了良好的恢复，物种多样性提升，为鸟类迁徙提供了栖息和觅食的场所，生境多样化增强、完整性提高。

（6）生态恢复形势仍然严峻

辽河保护区地处辽宁省中部交通、经济较为发达地区，目前仍面临农业、工业及其他活动的威胁。

1.5 水生态修复总体思路

辽河保护区内湿地面积占总体面积的 1/3 左右，所占比例较大，且湿地类型丰富。但是由于人类活动，尤其是农业活动的不断开展，湿地面积萎缩，破碎化程度加剧，湿地植被遭受明显破坏。这在一定程度上阻碍了湿地生态系统功能的发挥，为湿地植被和生态功能的恢复增加了难度。辽河干流水体及其附属湿地对辽宁生态安全具有重要意义，它不仅为当地人民提供大量食物、原料和水资源，而且在维持生态平衡、保护生物多样性和珍稀物种资源，以及涵养水源、减少污染、蓄洪防寒、补充地下水、净化空气、调节气候、控制土壤侵蚀等方面均起着重要作用。

辽河保护区生态修复的总体思路是以恢复河流生态完整性为目标，坚持“给河流以空间”的治理理念。支流是辽河污染物的主要来源，支流汇合口湿地不仅发挥着生态调节功能，也是支流来水污染物的入河阻控区域，可有效地截留并净化支流来水中的污染物,有助于辽河干流水质达标。在辽河的31条主要支流及排干汇入口区域建设控制单元，在不影响防洪安全及河势稳定的前提下建设湿地系统，形成不同规模、错落有致的湿地，构成具有自我修复功能的河流湿地生态系统，减少入河污染负荷，增强水体自净能力，改善河流水质状况，同时发挥其涵养水源、调洪蓄洪、调节气候、维持生物和景观多样性等多重作用，使这些区域成为野生动植物、鱼类和鸟类的栖息地。这些工作将有助于全面恢复辽河的生态系统完整性。

第 2 章　湿地退化研究进展

2.1　湿地的概念与价值

2.1.1　湿地的分布及功能

湿地是地球生命系统中重要的资源与环境资本，它不仅集水资源、生物资源、土地资源等自然资源和自然要素于一体，为人类生存和发展提供大量的资源和产品，还具有显著的生态环境功能，如调节气候、均化径流、降解污染物、保持物种多样性等，被誉为“地球之肾”“生命摇篮”。

从直观意义上讲，湿地生态系统是一种介于陆地与水生生态系统之间的、过渡性的生态系统。它不仅是人类重要的生存环境，更是重要的物质资源，联合国环境规划署（UNEP）、世界自然保护联盟（IUCN）与世界自然基金会（WWF）将其与森林生态系统和海洋生态系统一起，并称为全球三大生态系统。目前，国际上关于湿地的定义超过 60 种，其中美国的鱼类和野生动物管理局发布的“39 号通告”中有最早的湿地定义。1971 年 2 月 2 日，来自世界 18 个国家的代表在伊朗南部海滨小城拉姆萨尔签署了一个旨在保护和合理利用全球湿地的公约，即《关于特别是作为水禽栖息地的国际重要湿地公约》（*Convention on Wetlands of International Importance Especially as Waterfowl Habitat*，简称《湿地公约》）。《湿地公约》于 1975 年 12 月 21 日正式生效。在《湿地公约》中，湿地的定义为：天然或人工、长久或暂时性的沼泽地、泥炭地、水域地带，静止或流动的淡水、半咸水、咸水，包括低潮时水深不超过 6 m 的海水水域。1982 年，《湿地公约》第 2 条第 1 款又补充规定：湿地的范围可包括与湿地毗邻的河岸和海岸地区，以及位于湿地内的岛屿或低潮时水深超过 6 m 的海洋水体。《湿地公约》的定义成为目前被世界各国普遍采用的湿地定义。

湿地在全球范围内分布很广，除南极洲外，各大洲均有湿地的存在。全球湿地面积约为 $5.7\times10^8\ hm^2$，约占地球陆地面积的 6%。加拿大湿地面积居世界首位，约有 $1.27\times10^8\ hm^2$；其次为美国，湿地面积约有 $1.11\times10^8\ hm^2$；再次为俄罗斯。我国湿地面积约为 $6.59\times10^7\ hm^2$，且类型众多，《湿地公约》中划分的几乎所有的湿地类型在我国都有分布，单块面积大于 100 hm^2 的湿地面积总和为 3.84×10^7 hm^2，居世界第四位、亚洲第一位。

湿地生态系统由于其本身所具有的涵养水源、净化水质、调蓄洪水、控制土壤侵蚀、补充地下水、美化环境、调节气候、维持碳循环和保护海岸等重要的生态功能，而被誉为“地球之肾”。湿地，是大自然的馈赠，是地球送给人类的礼物。湿地存在的意义不仅在于它是重要的自然资源和国土资源，更在于它具有极高的生态服务价值。据国际权威自然资源保护组织——瑞士拉姆沙研究会的一项研究测算，全球生态系统的总价值为 33 万亿美元，而仅占陆地面积不到 6%的湿地生态系统，其价值高达 15 万亿美元，占全球生态系统总价值的 45%。2002 年，《湿地公约》公布了更为详细的湿地价值，其中，港湾价值为 22 382 美元/（$a\cdot hm^2$），共计 4.1 万亿美元；海滩、海床等价值约为 19 004 美元/（$a\cdot hm^2$），共计 3.8 万亿美元；潮汐地和红树林湿地价值约为 9 990 美元/（$a\cdot hm^2$），共计 1.64 万亿美元；沼泽、漫滩价值约为 19 580 美元/（$a\cdot hm^2$），共计 3.23 万亿美元；河流、湖泊价值约为 8 498 美元/（$a\cdot hm^2$），共计 1.7 万亿美元。中国的生态系统总价值为 7.8 万亿元人民币，而仅占国土面积 1.65%的湿地生态系统，其价值高达 2.7 万亿元人民币，占我国整个陆地生态系统价值的 47.7%。其中，以内陆湿地中的沼泽湿地的单位价值为最高，达到 19 580 美元/（$a\cdot hm^2$），是同等面积的森林生态系统价值的 2～10 倍、草地生态系统的 20 倍。研究表明，我国东北、北部沿海、东部沿海、黄河中游、长江中游、南部沿海、西南、西北 8 个区域的湿地生态系统服务功能价值总量分别为 1.99 万亿元、1.75 万亿元、1.61 万亿元、1.81 万亿元、2.27 万亿元、1.20 万亿元、1.16 万亿元、6.58 万亿元，得出 2018 年我国湿地生态系统服务功能价值量为 18.37 万亿元，占当年国内生产总值的 20.39%。其中，东北、北部沿海、东部沿海、黄河中游、长江中游、南部沿海、西南、西北 8 个区域的单位面积湿地生态系统服务功能价值量分别为 264 211.20 元/hm^2、579 309.80 元/hm^2、365 142.20 元/hm^2、254 894.90 元/hm^2、513 854.80 元/hm^2、408 456.60 元/hm^2、332 685.90 元/hm^2、320 411.00 元/hm^2，空间分布总体呈由东向西递减、由中部向东北和西北递减的趋势，与我国植被的地带性分布梯度基本一致。随着对湿地巨大的生态系统服务功能及其自身价值的深入了解，人类必然会增强开发利用湿地的科学性与保护湿地资源的自觉性。

2.1.2 全球湿地退化现状

湿地是处于水域和陆地过渡区域的自然体，由于其受力方式和强度不同，以及频繁的侵蚀和堆积等而具有不稳定的特征，从而决定了湿地生态系统具有一种脆弱性和很不稳定的特性，湿地的这种特性导致其在受到外界环境因素干扰的条件下极易发生退化。

长期以来，全球湿地退化丧失的情况很严重。在过去的 200 年中，由于受到自然环境因素和人类活动的影响，全球超过50%的湿地发生了退化或者丧失。美国自20世纪以来湿地丧失了 1.17×10^7 hm^2 以上，约占美国湿地面积的54%。仅以路易斯安那州的密西西比河河滩地区为例，自20世纪30年代以来，该区域已经丧失湿地面积达4 800 hm^2，而且每年还在以60～100 hm^2 的速度丧失。澳大利亚的统计资料显示，与欧洲殖民者进驻前相比，该国湿地平均损失比例在50%以上，其中在新南威尔士地区，仅20世纪70年代就损失了75%的滨海湿地，而在澳大利亚南部，湿地损失超过89%；在英国，有23%的河口湿地和40%的草甸湿地遭到破坏；在非洲南部Tugefa盆地和Mfolozi流域，分别有90%的湿地和58%的天然湿地已经完全退化消失；在东南亚等地区，大面积的湿地被开垦改造为农用地和居民用地，尤其是在菲律宾、泰国、马来西亚等国家，多种因素导致红树林湿地大量丧失。文献显示，目前世界上约有14 700 hm^2 的热带红树林湿地已丧失，约占总量的26%。法国、德国和澳大利亚的最新统计结果显示，这3个国家湿地退化丧失的比例分别为67%、57%和50%以上，而且有进一步恶化的趋势。

2.2 我国湿地现状及问题

我国于1992年加入《湿地公约》，在1995—2003年开展了首次全国湿地资源调查。结果显示，我国单块面积大于100 hm^2 的湿地面积总和为3 848.55万 hm^2（台湾、香港和澳门未纳入统计，人工湿地只包括库塘湿地）。其中，天然湿地为3 620.05万 hm^2，库塘湿地为228.50万 hm^2。天然湿地中，沼泽湿地为1 370.03万 hm^2，近海与海岸湿地为594.17万 hm^2，河流湿地为820.70万 hm^2，湖泊湿地为835.15万 hm^2。湿地内分布有高等植物2 276种；有野生动物724种，其中水禽类271种，两栖类300种，爬行类122种，兽类31种。另外，还有鱼类1 000多种。

我国的湿地特点显著，主要包括5个方面：一是类型多，《湿地公约》划分的40类湿地在我国均有分布，我国是全球湿地类型最丰富的国家；二是面积大，位居亚洲第一、世界第四；三是分布广，从寒温带到热带，从沿海到内陆，从平原到高原都有分布；四是区域差异显著，东部地区河流湿地多，东北部地区沼泽湿地多，长江中下游和青藏高原湖泊湿地多；五是生物多样性丰富，湿地生境类型众多，不仅物种数量多，而且许多为我国所特有。我国湿地保护是国际湿地和生物多样性保护的热点。

目前，我国湿地面临巨大挑战。统计资料表明，近50多年来湿地退化丧失情况相当严重。20世纪50年代初，长江流域共有大小天然湖泊约4 033个。如今由于围垦、泥沙淤积等已消亡约1 100个。湿地的丧失和退化严重削弱了湿地重要的生态系统服务功能。其中，栖息地和生物多样性功能的破坏导致湿地的鱼类和鸟类资源大量减少。以我国著名湿地——洞庭湖湿地为例，1949年该湿地的鱼类产量为 3.0×10^6 kg/hm^2，而最新的统计

结果约为 1.1×10^6 kg/hm^2，下降了 63.3%。不仅如此，鱼类群体结构也发生了变化，中低龄鱼增加，高龄鱼减少，主要经济鱼类低龄化、小型化现象严重，中华鲟等珍贵鱼类几乎绝迹。此外，在 20 世纪 50 年代洞庭湖湿地常见的天鹅、白枕鹤等珍贵鸟类，如今已罕见。我国七大水系中，63.1%的河段水质恶化，失去了饮用水功能。洪湖水生植物种类减少 24 种，鱼类减少约 50 种。我国最大的淡水湿地三江平原湿地内，约 78%的天然沼泽湿地丧失，面积从 20 世纪 50 年代的 5.34×10^6 hm^{2}减少为目前的 1.56×10^6 hm^2。近 40 年来，我国的红树林湿地面积减少了 71%，由 5×10^4 hm^{2}下降到 1.45×10^4 hm^2。滨海湿地面积累计丧失 2.19×10^6 hm^2，占滨海湿地总面积的 50%左右。

2.2.1 我国湿地的主要功能与价值

（1）维护淡水安全

我国湿地储存了全国 96%以上的可利用淡水资源。在沼泽湿地中，土壤能保持大于其本身重量 3～9 倍或更多的水。以我国三江平原为例，沼泽和沼泽化土壤的草根层和泥炭层，孔隙度为 72%～93%，饱和持水量为 830%～1 030%，最大持水量为 400%～600%，每公顷沼泽湿地可蓄水 8 100 m^3 左右，全区沼泽湿地蓄水量高达 38.4 亿 m^3。我国湖泊总贮水量约 7077 亿 m^3，其中淡水湖贮水量占 31.8%。素有“水乡泽园”之称的长江中下游湖群占有重要地位，贮水量约为 750 亿 m^3。特别值得说明的是，湿地对淡水的净化作用非常强大，具有独特的土壤—植物—微生物系统。当污水流经湿地时，水中的有机质、氮、磷等物质发生复杂的物理、化学和生物转化，从而使水质得到不同程度的净化。

（2）维护食物安全

湿地为人们提供了大量的谷物、蛋白质等。从湿地野生稻培育而来的水稻，养育着全球近半数的人口；鱼类等湿地产品是亚洲许多发展中国家农村人口主要的动物蛋白质来源；我国有 3 亿多人口直接依赖湿地产品而生存。湿地既为人们提供食物，又关系到全球减贫。

（3）防灾减灾

湿地是保护人民生命财产的重要屏障。湿地低洼，植被繁茂，蓄水量大。2010 年，我国西南五省（区、市）发生了特大旱灾。灾害发生后，原国家林业局湿地保护管理中心组织专家进行了“湿地与旱涝灾害”研究。研究发现，2000—2008 年，西南五省湿地面积和种类减少十分严重，其中河口三角洲、潟湖、潮间带等类型湿地甚至消失，长江中下游地区的湿地面积也有很大程度的减小。研究表明，我国发生的特大洪涝灾害与湿地遭到破坏密切相关，如再不采取切实有效的措施加强湿地保护，有可能发生更为严重的生态灾难，将直接威胁区域生态安全，严重削弱经济社会可持续发展的物质基础。

（4）气候调节

湿地具有吸收 CO_2、释放 O_2、固存碳源、防止泥炭氧化的作用。国际湿地研究表明，全球湿地储存了约 7 700 亿 t 碳，占陆地生态系统碳储量的 35%。其中，泥炭湿地储存了 5 000 亿 t 碳。中国若尔盖湿地储存的泥炭高达 19 亿 t，平均每公顷碳储量为 4 130 t。破坏 1 hm^2 这样的湿地，就会增加高达 1.5 万 t 的 CO_2 排放。湿地既可以成为温室气体吸收汇，又可能成为温室气体排放源。湿地在应对气候变化中的作用已得到国际社会认可，在 2011 年南非德班世界气候大会上，湿地保护已被纳入大会“关于土地利用、土地利用变化和林业议题”的决定中。

此外，湿地还具有巨大的文化、旅游、科研价值。我国湿地涵盖了内陆的湖泊、江河、沼泽和沿海的滩涂、红树林、海草床、浅海珊瑚礁等，自然景观多样，动植物资源丰富，旅游休闲价值巨大。在以湿地为载体的生态旅游中，体验漂流、徒步、观鸟的乐趣，进行摄影、绘画、写作等活动，正在成为人们休闲健身、陶冶情操、亲近自然的重要方式。我国鄱阳湖、洞庭湖、太湖、杭州西湖等湿地，不仅是著名的风景区，还具有重要的文化价值。湿地也是生态科研和环境教育的重要基地。湿地内丰富的动植物资源，为科学家提供了宝贵的研究对象。通过对湿地生态系统的研究，能够深入了解生态环境变化的规律，以及生物多样性的保护策略。同时，湿地也是环境教育的一个重要场所，游客和学生可以通过实地参观和学习，提升对自然环境的认识和保护意识。

2.2.2　我国湿地面临的主要问题

由于我国湿地保护起步较晚，政策法律不完善，保护资金缺乏，加之人们对湿地功能认识不足，我国湿地仍面临着巨大压力和严重威胁。

（1）面积持续减少

城市化和工业化进程导致湿地被大规模围垦和改造，面积持续减少。据文献记载，中华人民共和国成立以来，我国因围垦而丧失的湖泊面积达 130 万 hm^2 以上，消亡湖泊数量接近 1 000 个。被誉为“千湖之省”的湖北省，湖泊数量已减少到 200 多个。长江中下游 34%的湿地因围垦而丧失，通江湖泊由中华人民共和国成立初期的 102 个下降为目前的两个，洞庭湖湿地面积由中华人民共和国成立初期的 4 350 km^2 下降到目前的 2 625 km^2。近年来，在沿海经济带开发过程中，占用了大量滨海湿地，我国 11 个沿海省（区、市）海岸线基本平直化，天然滨海湿地大量丧失。20 世纪后半叶，我国有 50%的滨海湿地被围垦，56%的红树林湿地消失。黑龙江三江平原沼泽湿地由 20 世纪 50 年代的 500 万 hm^2 下降为目前的 150 万 hm^2。当前，国家对耕地和林地实施了严格的保护措施，但一些地方出现了将湿地作为“占补平衡”牺牲对象的错误倾向，湿地仍然面临着被围垦和改造的巨大威胁。

（2）功能急剧下降

由于大量排放工业废水和生活污水，以及无节制施用农药和化肥，我国湿地水体受到严重污染，生态功能严重退化。全国 2/3 以上湖泊受到氮、磷等营养物质的污染，10% 的湖泊富营养化污染严重。《2008 中国环境状况公报》显示，2008 年全国地表水污染依然严重，七大水系水质总体为中度污染，湖泊富营养化问题突出。由于过度放牧、捕捞和猎捕，我国湿地生物种类明显减少。首次全国湿地资源调查结果显示，在 376 块重点调查的湿地中，有 1/4 的湿地正面临着生物资源过度利用的威胁。在生产、生活和生态用水的分配过程中，湿地生态用水始终处于弱势地位，一些水利工程建设和生产生活用水对湿地生态造成的影响常常被忽视，有限的水资源利用根本没有考虑湿地生态需求，造成湿地生态缺水。特别是在干旱半干旱地区，工农业生产及城乡居民生活用水与湿地生态用水之间的矛盾突出，许多重要湿地缺水导致生态功能严重退化或丧失。我国有多块国际重要湿地由于缺水而面临被《湿地公约》列入“黑名单”的风险。

2.3 国内外湿地保护措施与湿地退化研究进展

随着生态学、地理科学、环境科学、经济学等学科的进一步交叉与融合，湿地科学作为一种交叉学科，表现出旺盛的生命力。湿地生态系统作为一种自然资源受到越来越多的关注，湿地研究已成为国内外生态学、地理科学、环境科学等学科研究的热点。湿地在调节气候、涵养水源、分散洪水、净化环境、保护生物多样性等方面发挥着重要的功能和作用。但随着人类活动影响的加剧，湿地面积锐减，湿地功能被严重削弱，湿地生物多样性降低，水质改变，富营养化日益严重，这些将影响一个区域或流域的生态安全，甚至威胁人类自身的健康与发展。因此，对现有湿地的保护及退化湿地的恢复具有重要的意义。我国的湿地保护形势很严峻。受经济利益的驱使，人们一度盲目开垦，围湖造田，占用天然湿地，直接导致天然湿地面积锐减，湿地功能下降。伴随着湿地面积的减少，湿地的质量堪忧，主要体现在湿地生态系统结构被破坏，生物多样性下降，环境功能减弱，以及抵御自然灾害的能力丧失。我国已有 2/3 的湖泊受到不同程度的富营养化污染，不仅水质恶化，也对湿地生物多样性构成严重威胁。无论从保护环境角度，还是从经济发展的角度来看，湿地保护都刻不容缓。

2.3.1 湿地保护措施

刘红玉等在分析我国湿地资源现状的基础上，提出湿地保护的措施：深入开展对湿地的基础与应用研究工作，制定区域湿地景观统一保护规划；广泛开展湿地水资源的可持续利用与保护；开展退化湿地生态系统诊治与恢复；合理增设和布局湿地保护区；加强立法、执法和宣传教育工作，强化湿地保护意识。在城市湿地的保护方面，翟承江等提出营建城市湿地公园，健全和完善城市湿地管理体制，严格控制城市湿地污染，科学编制城市湿地资源保护总体规划和增强公众保护湿地的意识等措施，以实现对城市湿地的保护。李长安针对我国湿地的特点，提出以下利用和保护原则：

1）整体性原则。湿地是一个完整的生态系统，湿地保护、开发和利用必须坚持统一规划和管理。

2）复合性原则。在湿地生态系统中，应使尽量多的生物种群按自己的生态位、代谢类型和种性去充分占领空间，以获得对湿地各类生态资源最有效的利用。

3）多样性原则。湿地多样性包括地貌多样性、生物多样性、生态系统多样性等方面。对湿地资源的保护和开发利用，应坚持这一原则。

4）协调性原则。湿地生态系统各子系统之间存在复杂的信息网络关系，相互之间都有影响。因此，在进行某项决策时，应统筹兼顾。

5）可持续原则。任何开发利用活动都应在湿地生态系统的承载力范围内进行，并把保护和建设放到重要位置，做到利用和保护相结合。鉴于湿地的生态特征、功能特征和与人类的关系特征在不同空间尺度的表现不同，张春丽等提出，在湿地保护与持续利用中，宏观尺度上要关注湿地的区际关系与区内人地关系，强调开发保护分区研究，中观尺度上要关注湿地的开发模式与管理模式的选择，微观尺度上要关注湿地的合理开发规模，并制定宏观、中观和微观的湿地生态补偿机制及支付方式。另外，徐慧等还以江苏宝应湖为例，探讨了湖泊湿地保护与利用的经济学准则。

2.3.1.1 人工湿地技术

河流湿地是陆地生态系统和水体生态系统相互作用而形成的综合体。由于水量有保障，湿地具有土壤过饱和、地表积水、浅水体的特殊水分环境。植被多为喜湿的灌木丛或湿草甸、沼泽植被、水生植物。河流湿地具有规模较大的食物链，支撑着丰富的生物种类，为众多野生动物提供了独特的生境，形成了独具特色的河流生态系统。由于人类对河流利用的强度增加，河流湿地疏干或被破坏程度越来越严重，特别是湿地动物生境破坏严重。同时，湿地生物生产力也会下降。因此，河流湿地生境和生态系统的恢复对于河流生态恢复的重要性是不言而喻的。

对湿地作用机理的简单理解可比作农民种地。植物生长需要水和肥料，构造湿地中的植物需要污水中的水和营养物质，不像旱地植物。它们能够在饱和土壤或水中生长，并且能够消耗比旱地植物多几倍的营养物质。因此，利用湿地进行污水处理类似于农业生产。也可以从专业上认为，湿地是一个生物滤池，但又不同于生物滤池，湿地可以为多种生物提供生活环境，从细菌到植物、鸟类、爬行动物，从鱼类到哺乳动物。传统的污水处理依靠的是微生物的活性，包括厌氧和好氧的，每一种微生物都起到特定作用。传统污水处理方法缺乏能同时适应厌氧和好氧微生物生活的环境，这对硝化和反硝化同步脱氮非常关键。然而，人工湿地却能提供这样的环境，在植物的根际存在厌氧环境，同时在植物根系附近，由于植物的传氧作用，形成好氧微区，这保证了对氮的有效去除。

最早公开报道人工湿地污水处理技术的是澳大利亚人 Brian Mackney，他于 1904 年发表了一篇相关文章。世界上第一个用于科学研究的中等规模的污水处理构造湿地出现在德国的马克斯·普朗克研究所（Max Plank Institute）。在那里，凯西·塞德尔博士详细考察了多种水生植物对化学污染物吸收和降解的能力，并于 1953 年首次发表了自己的研究成果，证明水生植物（如水葱）有能力去除苯酚、病原菌和其他污染物。

20 世纪 60 年代，这项技术开始被推广，用于许多大规模试验，以处理工业废水、江河水、地面径流和生活污水。凯西博士开发出一种“Max-plank institute-Pross”工艺，该系统由四级或五级单元组成，每级单元由几个并联且栽有挺水植物的池子组成，但在实际运行中，该系统存在堵塞和积水问题。根据凯西博士的思路，荷兰于 1967 年开发出一种现称为莱利斯塔德工艺（Lelystad Process）的大规模处理系统，该系统是一个占地 1 hm^2 的星形自由水面流湿地，水深 0.4 m。由于运行问题，该系统后面建有一条 400 m 长的浅沟。随着工艺的逐渐成熟和优化，大量的湿地在荷兰建成。凯西博士的工作也刺激了德国在这方面的研究。60 年代中期，凯西博士与凯库斯博士合作，并由后者开发出“根区法”（RZM）。“根区法”系统的主体结构是一种内部栽植有芦苇的矩形池体，并在芦苇生长基质土壤中混入含有钙（Ca）、铁（Fe）、铝（Al）的添加剂，以改善土壤结构和对磷（P）的沉淀性能。水以地下潜流形式水平流过芦苇根。污水流过芦苇床时，有机物被降解，氮（N）被硝化和反硝化，磷与钙、铁、铝共同积累于土壤中。水面保持在与地面水平，在池子进口、出口进行布水和收集。此法的问题在于，土壤渗透能力并不像凯库斯博士预测的随时间而增大，且芦苇传氧至根的能力比他声称的要少。

有目的地利用湿地来处理污水则始于 20 世纪 70 年代。美国、澳大利亚、荷兰、丹麦、英国、日本等国家都进行过这方面的尝试。70 年代的湿地污水处理系统大都利用原有的天然湿地，不仅保持了天然湿地的结构，大都以泥泽的形式出现，而且常被结合到氧化塘处理工艺中，以提高氧化塘系统的处理效果。大部分初期研究都使用天然湿地处理污水，但不久就暴露出一些问题：应用自然处理系统处理污水会导致种类组成、种群结构、功能及湿地总体价值的显著变化。研究人员开始意识到人工湿地具有巨大的应用潜力。人工湿地不影响天然湿地的价值，且可对处理工艺进行优化控制。80 年代以后，人工湿地则发展为人工建造的、以粒径不同的砂石为基质的处理系统，并通过试验进入应用阶段。

人工构造湿地经过几十年的发展，有关湿地污水处理能力和过程的基础研究已经比较成熟。许多国家建造了人工湿地污水处理设施，包括加拿大、美国、墨西哥、印度、南非、巴西、澳大利亚及许多欧洲国家。这些系统由于具有较低的建设和运行费用，得到越来越多地区管理者的认可。目前，欧洲已有数以百计的人工湿地投入废水处理，如英国就有 200～300 座湿地系统在运行。人工湿地的规模差异较大，最小的仅有 40 m^2，用于一家一户的废水处理；大的可达 5 000 m^2，可以处理 1 000 人以上村镇的生活污水。

目前，在世界各地运行的许多湿地在污水处理中发挥着重要作用。然而，它们对有机物、氮、磷的去除效率不尽相同。这除了与环境、水质和湿地形式有关，还与湿地的设计方法、水力学特性有着直接的关系。许多湿地虽然在试验中表现得非常好，但运用到实际工程中，却往往达不到预期的效果。

布林（Breen）对在温室、露天和经过植物收割后等条件下的人工湿地处理效果进行了试验，认为这些环境因素对总氮（TN）和总磷（TP）的去除影响不是很大。凯特里 • M（Kattlee M）对潜流人工湿地两种最流行的设计模式[分别为 EPA（美国国家环境保护局）和 TVA（田纳西河流域管理局）设计]进行了比较。在反应速率为 0.7 d^{-1}（按 EPA 设计）的条件下，TVA 设计模型所推荐的有机物负荷为 11.4 m^2/（$kgBOD_5 \cdot d$），远高于 EPA 设计模型下的有机物负荷 4.1 m^2/（$kgBOD_5 \cdot d$）。这导致了系统的设计面积过大，效率不能充分发挥。布林认为，系统设计和水力学特性是决定湿地处理效果的关键因素，在设计中必须尽最大可能增加废水和根区的接触机会，避免产生断流。他采用了物料平衡法（mass balance method）对湿地试验进行了量化描述。通过这种方法可以对湿地系统进行更加合理的设计。在湿地设计中，对氮、磷的去除往往被忽视，用于优化湿地系统中氮、磷去除的设计参数和与之相关的研究很少。这可能是因为对湿地中氮、磷去除机制还没有完全解释清楚。不同的湿地中，氮、磷的动力学规律并不相同。另外，对于氮、磷在湿地中的迁移转化也很难测定。Bowmer 指出，为了优化湿地的运行参数，必须知道系统中氮、磷的迁移转化规律。Huang J 在其研究中，通过实验数据得到了铵态氮（NH_4^+-N）和凯氏氮（TKN）的温度速率常数（KT）。我国有关这方面的研究报道很少。

填料是人工湿地的重要组成部分。由于土壤通透性差，容易发生堵塞，进而形成断流或地表漫流，所以单纯以土壤为填料的人工湿地已逐渐被用砂石或混合填料建设的人工湿地所代替。近年来，一些通透性好、比表面积大、具有吸附能力的多孔介质也被填充到人工湿地系统中，大大提高了对污染物，特别是氮、磷的去除效果。澳大利亚悉尼大学的 Manna R A 对采用砾石和工业废弃物作为填料的湿地系统进行了一些研究。在小试中，他分析了砾石、炉渣（blast furnace slag）和粉煤灰（fly ash）3 种物质的成分。对磷的吸附曲线试验表明：炉渣的吸附容量最大（420 mg/kg 填料），砾石则较差（25.8 mg/kg 填料）。但他没有将这 3 种物质的性能在人工湿地应用中加以比较。他指出，应当对填料的吸附基团和活性部位进行深入的研究，以便选择合适的填料，应用到人工湿地中去。

英国爱丁堡大学的 Drizo 采用吸附填料对人工湿地进行了系统研究。他选用了 7 种物质：矾土（bauxite）、页岩（shale）、油页岩（burnt oil shale）、石灰石（limestone）、沸石（zeolite）、轻质膨润土（lightweight expanded clay aggregates）和粉煤灰，并对它们的 pH 值、CEC（阳离子交换容量）、水力传导系数、孔隙率、比面积和磷吸附容量进行了测定。试验结果表明，页岩的吸附容量最高，填料中磷的质量分数为 730 mg/kg；其次为矾土，填料中磷的质量分数为 355 mg/kg。对这 7 种物质的各种性质做了综合比较后，他得出结论：页岩性能最优。国内有关这方面的报道很少。

湿地水生植物一直是人们的研究对象。Gersherg R M 报道了美国加利福尼亚州 Santel 水厂的人工湿地试验。研究人员种植了 3 种高等水生植物：软茎藨草（*Scripous validus*）、芦苇（*Phragmifes communis*）和宽叶香蒲（*Thypa latfolia*），研究它们对氨氮、BOD 和 TSS（总可溶性固形物）的去除情况。进水氨氮浓度为 24.7 mg/L，BOD_5 浓度为 118.3 mg/L，TSS 浓度为 58.1 mg/L，污水负荷率为 4.7 cm/d，水力停留时间为 6 d。结果表明，软茎藨草和芦苇去除氨氮的效果比宽叶香蒲好。氨氮平均出水浓度，软茎藨草为 1.5 mg/L，芦苇为 5.4 mg/L，而宽叶香蒲为 17.7 mg/L；软茎藨草去除 BOD 的能力要优于芦苇和宽叶香蒲，去除率依次为 96%、81%和 74%；对于 TSS 的去除，3 种植物无较大差异。Reddy K R 也曾指出，有植物系统和无植物系统对 TSS 的去除影响不是很大。

我国在“七五”期间开始进行人工湿地的研究。首例采用人工湿地处理污水的研究工作始于 1988—1990 年，当时在北京昌平建造了自由水面人工湿地，处理量为 500 t/d 的生活污水和工业废水，占地 2 hm^2，水力负荷 4.7 cm/d，水力停留时间（HRT）：4.3 d，BOD 负荷：59 kgBOD/（hm^2·d）。该湿地用于处理水解池出水或原污水。1990 年，国家环境保护局华南环境科研所在深圳白泥坑建造了占地 8 400 m^2 的人工湿地示范工程，可处理规模为 3 100 m^3/d 的城镇污水。该系统自投入运行以来，取得了较好的处理效果。1989—1990 年，天津环境保护科学研究所建立了 11 个实验单元，研究芦苇湿地对城市污水的处理能力，并对水力负荷、有机负荷、水力停留时间及季节等因素与污水中主要污染物间的关系进行了探索。试验结果表明，出水可达《城镇污水处理厂污染物排放标准》（GB 18918—2002）二级排放标准，有较高且稳定的脱氮除磷效果，季节性差异较小。云南省生态环境科学研究所对不同水生植物的氮、磷吸收进行了研究。所选用的植物为芦苇、水葱、黄菖蒲（*Pseudcorus* L）、美人蕉（*Canna chinenesis* W）和水葵（*Cyperus alterni*）。结果表明，对于氮，其吸收比例顺序为水葵（17.63%）＞美人蕉（10.6%）＞芦苇（5.31%）＞黄菖蒲（2.93%）＞水葱（1.65%）；对磷的吸收比例顺序为水葵（25.54%）＞美人蕉（6.89%）＞芦苇（5.46%）＞黄菖蒲（2.39%）＞水葱（1.78%）。但其进行的是盆栽试验，有待于在湿地系统中得到进一步验证。中国环境科学研究院刘文祥在 1994 年 6 月—1995 年 8 月，采用由漂浮植物、沉水植物、挺水植物及草滤带组成的人工湿地对控制农田径流污染问题进行了研究。湿地占地 1 257 m^2，利用低洼弃耕地改造而成。系统投资少，运行管理方便，生态环境效益显著。中国科学院南京植物研究所采用人工湿地系统处理酸性铁矿废水，面积为 130 m^2，流量为 0.5 m^3/h，铜离子去除率为 99.7%，铁离子去除率为 99.8%，锰离子去除率为 70.9%，每年运行费为 5 万～10 万元。以上研究均针对湿地某一组成部分如植物和填料等，或集中在小试规模，是较为细致的研究，但中试规模和结合工程运行的研究，报道结果较少，其推广应用价值受到限制。

近年来，在全世界范围内掀起了研究和利用湿地处理污水的热潮，湿地成为一项前景光明的新兴污水处理技术，被越来越多国家的政府所重视和采纳，所处理污水的种类也日益复杂化。研究人员在湿地处理污水的效率、机理及湿地系统各组分的作用等方面的研究取得了巨大成就。然而，目前世界各国所建造的人工湿地在工程设计、浸没面积、流速、出水水质、流量限制、植物群落、监测设备等方面仍相差很大，这说明湿地处理污水数据库仍需发展和完善，以便为新湿地的规划和设计提供普遍的理论基础。国内对人工湿地这项技术的研究应用尚处于起步阶段，有关工艺设计资料和应用实例还不多见，有待结合我国不同地区的具体情况深入开展研究工作，取得适合不同地区、不同环境气候条件及不同污水特性的实用数据，以促进其在我国适用地区的推广应用。

2.3.1.2 河道生态恢复技术

（1）国外技术现状

20 世纪 80—90 年代，西方经济发达国家鉴于水环境遭到破坏给城市带来的负面影响日趋严重，提出了“建设多自然型河川”的理念，并建设了大量的示范工程。在河道治理中拆掉了浆砌石，采用土料筑堤，草皮护坡，堤脚采用防冲材料，或者采用隐藏式的硬质护岸，以建成自然式的景观。河道中摆放鹅卵石或不规则石块，形成弯弯曲曲的潺潺细流，为鱼、虾、蟹等水生生物建造栖息场所，为儿童建造接触自然、玩耍戏水的空间。治理前谁也不愿靠近的地方，成为居民亲水活动的场所，河流的生态环境大为改善。

生态型河道是人工物化的、非自然原生态的，相对贴近自然、体现人与自然和谐共处的水利工程，它以安全性、可靠性、经济性为基础和前提，以满足资源、环境的可持续发展和多功能开发为目标，逐步形成陆域草木丰茂、生物多样、水体鲜活流动、水质改善、种群互相依存、富有自然野趣，并具有自我净化、自我修复能力的水利工程。生态型河道应具有以下特征：①是有人类工程影响下的河流；②能够体现人与自然的和谐共处；③体现物种多样性和本土化特征；④具有河流自然美学价值；⑤建造过程是循序渐进的。

对于生态型河道构建技术的研究，最早起源于德国。1938 年，德国的 Seifert 首先提出了“亲河川整治”的概念。20世纪50年代，德国正式创立了“近自然河道治理工程学”，提出“河道的整治要符合植物化和生命化的原理”。真正将河流治理生态工程理论运用到实践中是在20世纪70年代中期，德国对河流进行了自然保护与创造的尝试，被称为重新自然化。不久，这一做法影响了瑞士、奥地利、荷兰等国，并贯穿城市规划和河道规划的各个领域。美国也采用了近自然方法，在原来因采金、采沙石等活动而被破坏的河流中设置了许多浅滩、深潭及人工湿地，并在落差较大的断面（如水坝）专门设置了可供鱼类洄游的各种鱼道，使生态环境获得良好恢复。对河道的生态治理工程目前已经扩大到对整个流域的生态恢复；日本对保护、恢复和创造河道生态系统以及净化环境的重要性的认识开始于20世纪80年代中期。日本对于河流整治，引进了“亲水”的新概念，日本建设省河川局还制定了“推进多自然河流建设”的法规。1991年，日本就有600多处试验工程在运行。从1999年开始后的5年里，在日本建设省推进的第九次治水事业5年计划中，共对长5 700 km的河流采用多自然河流治理法进行治理。其中，2 300 km为植物堤岸，1 400 km为石头及木材等自然材料堤岸，还有2 000 km，虽不得已使用混凝土，但会在河堤、岸坡的表面覆盖土壤，以保证坡面植物的生长。韩国从20世纪90年代开始实施河流保护计划，对国内河流进行了大范围的亲和自然式的治理工程。

在实际工程中运用了生态河道构建技术的项目有20世纪80年代开始的被命名为“鲑鱼-2000计划”的莱茵河治理。通过流域内瑞士、德国、法国、荷兰等国家近20年的共同努力，2000年，莱茵河已经全面实现了预定目标，沿河森林茂密，湿地发育，水质清澈洁净。同一时期，一些国家对山区河流和小型河流的生态恢复开展了一系列科学示范工程研究，较为著名的有英国的戈尔河和思凯姆河等科学示范工程；在柏林，流经该城的施普雷河通过河道的生态化改造，展现出河水清澈、自然清新的河流风采；对发源于阿尔卑斯山脉的泰斯河，在河道整治中实施了“近自然”施工法后，河岸边又出现了迷人的林带河美丽风光；美国已经开展的对大型河流按流域整体实施生态恢复工程的实例有上密西西比河、伊利诺伊河和凯斯密河；位于日本江户川支流的坂川古崎净化场，是采用生物-生态方法对河道水体进行修复的典型工程，自1993年投入运行至今，河道的微污染水体的水质有了明显改善；韩国对汉江支流良才川进行了以恢复河流自然生态、营造亲水景观为主要目的的河流生态工法整治，治理工程完成后，治污效果显著，对BOD和SS（悬浮物）的处理率达70%～75%。

环境修复是对被污染的环境采取措施，使污染物浓度降低到未污染前的状态。日本开发了一种可食用水生植物净化系统——水生植物养殖公园，即通过种植可食用的水生植物净化水体，同时还在植物的根系地带养殖了淡水蚌。淡水蚌可以捕食水中的悬浮物，增强水体的透明度，且具有较高的食用价值。此外，该系统净化能力很高，几乎是芦苇的10倍。目前，这一系统在我国的应用尚处于试验阶段。

20世纪60年代，美国生态学家Odum H T提出了“生态工程”概念，受此启发，欧洲一些国家尝试应用研究，并形成所谓的“生态工程工艺技术”，实际上属于清洁生产的范畴。随着生态学与环境生态学的发展，90年代，美国、德国等国家提出“通过生态系统自组织和自调节能力来修复污染环境”的理念，并通过选择特殊植物和微生物，人工辅助建造生态系统来降解污染物。这一技术被称为环境生态修复技术。由于生态系统的复杂性，该技术至今还不成熟，国外的环境生态修复也只是对轻度污染陆地的环境修复，最典型的实例就是通过湿地自调节能力防治污染。

人工湿地处理污染河道河水研究是国际湿地科学与河道生态整治研究前沿领域之一，受到国外学术界的高度重视。湿地是一种高生产力的生态系统，具有污水净化功能，但天然湿地存在易淤积、效率低、占地面积大等缺点。20世纪70年代，国际上开始采用人工湿地净化污水。基质、水生湿生植物和微生物是人工湿地的基本组成。湿地净化污水是湿地中的基质、植物和微生物相互关联，物理、化学、生物学过程协同作用的结果。国际上，湿地水处理技术发展较快，欧洲芦苇床技术应用较广泛。

生态河床是由填料卵石、黄砂及生态砂组成的。在生态河床中铺满上述填料，由于有生态砂及黄砂的存在，以及增氧滴滤池对生态砂的激活，在水流通过时，就形成生态学中的“岛”。在岛上，种群之间产生竞争、捕食、被捕食的生态关系，从而恢复原河流（湖泊）的生态平衡。由于卵石、黄砂对氮、磷有吸附作用，微生物附在其上的生物膜中，又有生态食物链的存在，因此排出的河水（湖水）中氮、磷含量（被生物分解及被吸收）可大大降低（一般为60%～70%），藻类也被生态食物链的上一营养层生物吃掉，从而使河水（湖水）变清，富营养化减轻，水质变好，达到预期效果。

将生态学与环境工程学融合，是河道水质改善研究的前沿与热点。

（2）国内现有技术基础

与发达国家相比，我国在河道生态治理研究领域起步较晚，但起步后的工作有迎头赶上之势。近几年，我国在河流管理工作中开始重视河流的生态环境建设，通过借鉴发达国家的治河经验，适度向生态脆弱地区调水，改善湿地、河流的生态条件，采用生态型技术和材料对河道进行整治，已经收到明显效果。我国运用生态河道构建技术进行治理的河流工程有：

1）海河北系四大河流之一的温榆河。温榆河是关系京城水系的一条重要河流，在开展治理前，河流水质浑浊，污染严重，属于劣Ⅴ类水。自2001年11月起，根据生态治河理念，对该河投资15亿元进行规划整治。河道断面采用多种形式，随弯就势，宽窄不一，滩地自然错落。沿河还建成了大大小小20余处湿地，形成生态河床。经过一年的整治，河水透明度增加，达到了Ⅴ类水质标准。预计在4年内，温榆河将达到水清、岸绿、部分通航的目标，流域内自然风光重现，成为非常适合人类居住的地方。

2）苏州河。苏州河是上海市的主要河道之一，20 世纪 70 年代，苏州河市区段已全线黑臭，水体污染严重，基本丧失了自然河流系统的结构与功能。1998 年，上海市政府拉开了整治苏州河的序幕，从组建全市第一家水上保洁公司开始，对区段内近 60 km 长的水面进行日常保洁，从以点带面完成北潮港、东上澳塘等 8 条样板河道整治，到龙化港水系一期、二期 5 条近 16 km 骨干河道整治工程的启动与竣工，逐步完善了环境水利设施建设，并建成了一批景观河段，使从前满目污垢的垃圾河道焕然一新，成为居民健身、游玩的好去处，久别的鱼儿也重返河道，对苏州河的治理取得了阶段性的成果。

3）成都府南河。成都府南河是成都市府河与南河的合称，这两条河是岷江的支流。随着社会和经济的发展，河水受到了严重污染。成都市政府采纳美国艺术家、水环保者贝忒西·达蒙的创意，组织中、美、韩三国的水利、城建、环保、园林专家共同对府南河及两岸进行设计，构建了人工湿地和生态河堤、生态河床等，为水生群落生长创造了更好的生态环境，增加了河道的亲水性，也开阔了游人的视野。自 1998 年建成以来，整治工程广受好评，被认为是“中国环境交易的典范”。同年，在加拿大举行的第 16 届国际水岸中心年会上，该工程获得优秀水岸设计的最高奖。

4）温州市区河道。浙江省温州市区内，河道纵横交错，形成河网，但河道水污染严重。在温州市水资源综合规划及专业规划的指导下，按照水功能分区的要求及对水质的需求，并充分考虑生态环境用水需要，通过清障、截污、疏浚、生态修复等手段，使河道河面变宽，河床变深，河道保持自然弯曲，断面水位下均有较好的亲水性。河水变清，河岸变绿，水环境得以彻底改善。

此外，广西桂林的“两江四湖工程”、南京秦淮河的整治工程等，都引进了生态河道构建技术，体现了“人水和谐”的思想。

由于生态河道构建技术在我国尚处于研究阶段，国内多数的工作者仅是引进了国外成功案例中使用的技术，尚未具体分析我国河流的实际情况，并未结合我国国情，对实际工程提供更为合理的生态河道构建技术指导。在很多工程中，尽管声明运用了生态构建技术，但只是得其形，而不得其意。因此，研究我国河流时要结合实际情况，因地制宜，在引进国外先进的河道构建技术时进行适用性评估，以最小的工程代价对现存河道进行生态重建，使各项工程更具现实意义。

河网水体比湖泊更脆弱，更容易受到污染。水生态修复是一项理论复杂、因素众多、操作困难的工作，既要因地制宜，又要符合科学，更要讲求实效。当前，亟待开展河网水体生态修复机理、生态修复潜力以及各项生态修复技术的整合等方面的研究，以期通过对河流水体生态修复理论的进一步综合探讨，填补国内外空白。

2.3.2 湿地恢复研究

湿地恢复是指通过生态技术或生态工程对退化或消失的湿地进行重建，恢复湿地退化前的结构和功能，以及相关的物理、化学和生物学特性，使其发挥应有的作用。

美国在受损湿地恢复与重建方面的研究开展得较早。欧洲一些国家如瑞典、瑞士、丹麦、荷兰等在湿地恢复研究方面也有很大进展。例如，在西班牙的 Donana 国家公园，安装水泵为沼泽补水，补充减少的流量和地下水量。在欧洲其他国家，如奥地利、比利时、法国、德国、匈牙利、荷兰、瑞士、英国等，已将恢复项目集中在泛滥平原。对于湿地恢复的研究，我国开展较晚。20 世纪 70 年代，中国科学院水生生物研究所首次进行湿地恢复的研究。田军提出植被恢复、沿岸带规划、发展节水型农业等恢复措施。刘桃菊等对鄱阳湖湿地恢复提出了加强流域水土流失治理、强化湿地资源管理等措施。黄金国对洞庭湖区湿地退化现状及其原因进行了分析，提出“退田还湖”“退田还鱼”“清淤蓄洪”等措施，确保湖泊蓄洪、分洪功能；同时依据湖区湿地类型与特征（内环敞水带、中环季节性淹没带和外环渍水低地），提出复合农业生态模式等措施。由于各区域湿地退化的原因及湿地自身特点不同，恢复与重建技术亦有较大差别。我国对湿地的恢复主要侧重于湖泊，对于河流、海湾、河口湿地的恢复研究相对较少。在河流湿地方面，罗新正等对松嫩平原大安古河道的研究结果表明，以恢复地表径流为核心措施的湿地恢复与重建具有一定的可行性，他还提出了湿地恢复与重建的“地域性原则”和“生态学原则”。任宪友等认为，长江中游湿地恢复的关键问题是湿地演化序列和退化机制研究，应选取区域有代表性的湿地，分析各种湿地退化因子对湿地演化和退化的贡献大小，探讨人为因素对湿地生态影响的作用机制，建立适合研究区的湿地演化、退化数学模型，厘清区域湿地生态演化、退化的机制与规律。王红春等对郑州黄河湿地自然保护区内植被分布现状及存在的问题，提出了保护区在植被恢复时应遵循保护优先、依法治理、自然为主、人工为辅、因地制宜、适地适植被、适度利用、持续发展、统筹规划、多措并举等原则，并提出自然恢复、人促自然恢复、人工生态恢复 3 种植被恢复模式。

2.3.3 河口湿地的恢复研究

唐娜等提出，通过筑坝修堤等方法实施黄河三角洲芦苇湿地恢复工程，并通过灌排来改善湿地恢复区土壤基底及水质。叶功富等在对泉州湾红树林湿地人工生态恢复研究中指出，在海岸湿地进行植被恢复和造林地规划时，应重视滩涂潮汐浸淹深度的影响，尽量选择浅滩地、中滩地营造红树林。但新球等基于对长江新济州群湿地的退化过程、诊断等级与胁迫因子的分析，提出湿地恢复的技术流程、恢复模式、关键技术与工程措施。郑忠明等在对武汉市城市湖泊湿地植物多样性进行调查的基础上，研究了湖泊湿地的植被多样性特征，探讨了城市湖泊湿地植被分类保护与恢复对策，指出原生植被湖泊应建立相对严格的湿地保护区，优先保护原有湿地植被。次生植被湖泊最多，城市发展区内的次生植被湖泊应建立 30～100 m 的植被缓冲带，以促进植被自然恢复和发育；而对于农业区的次生植被湖泊，应引导和规范湖泊周围的农业生产模式，以减少人类活动的干扰。对于人工植被湖泊，应通过建立城市湿地公园，人工促进植被的近自然恢复。而对于退化植被湖泊，则应尽快采用生态工程法促进湿地植被生境改善，并积极开展近自然湿地植被重建与恢复。孟伟庆等在分析天津滨海新区湿地退化原因的基础上，提出了针对滨海新区湿地恢复的“林草地+湿地”生态恢复模式。在湿地恢复的实践中，必须遵循恢复原则，将现有技术整合应用，以便使湿地恢复满足自然性、科学性和持续性的要求。

2.3.4 湿地保护与恢复工程效益的后评估研究

国际上对湿地工程效益的后评估开展较早。Mitsch 等以路易斯安那州湿地废水处理工程为例，对湿地处理周边的薯条加工厂、海产品加工厂以及城市生活污水的经济效益进行了细致的分析。Cardoch 等用防护费用法对湿地处理废水的效益进行了分析，但该分析只包括湿地处理相对于给虾加工厂建设污水处理厂的费用优势，并未涉及湿地处理带来的其他效益。Jaen 和 Aide 总结认为，植被结构、生态过程和多样性测度可作为评判生态恢复效果的指标。Hoffmann 等从养分循环角度对 4 个河岸湿地恢复效果进行了研究，结果显示，恢复措施产生的去氧化效果显著。Merino 等根据成本/效益对美国海岸湿地保护与恢复的所有项目进行了评估，指出成本/效益可作为项目获得持续资助的重要参考指标。Marchetti 等利用水体中大型无脊椎动物的组成来评价湿地恢复的成败。

2.3.5 湿地评价研究

目前，以国家林业和草原局湿地研究所崔丽娟研究员为代表的中国学者对湿地评价展开了较为系统的研究，在湿地生态系统功能和价值评价方面取得了一批研究成果，也进行了实际应用。但是，对湿地生态恢复效果评价的研究较少，且仅在土壤、水质、生物等单指标或多指标方面有一定的研究，而对整个生态系统恢复效果的评价研究比较缺乏。高彦华等对生态恢复评价进行了比较系统的归纳和总结，这是目前国内在生态恢复评价方面比较系统和深入的研究。作者认为生态恢复评价应该多借助其他学科的研究方法，以期从多角度、多途径判断和分析生态系统恢复的状况。成小英等对南京莫愁湖物理生态工程试验区的生态恢复效果进行了评价，发现种植水生植物不仅能够全面改善湖泊水质，而且可以提高湖泊生态系统的稳定性。通过对生态恢复效果的评价，得到了对城市湖泊富营养化防治具有重要指导意义的结论：在控制水体外源污染、降低营养盐浓度的同时，应着眼于中性的方法，恢复湖泊原有的以水生高等植物为主的生态系统，并维持其动态平衡。李正最等以洞庭湖为例，分别对疏浚工程的水生植被恢复效应、水生动物和鸟类的恢复效应、钉螺抑制和血防效益、农业生态恢复效益、景观生态恢复与生态旅游效益等进行了分析和预测。摆万奇等以拉萨拉鲁湿地为例，探讨了筑坝在湿地恢复中产生的生态效益。方东等选取总磷、总氮、叶绿素 a、浮游生物、浮游植物等多项环境监测指标进行前后对比，对南京玄武湖水环境污染的治理效果进行了监测与评价，指出水环境已从高度富营养化降到中度富营养化，工程治理效果显著。

“3S”技术在湿地资源调查、湿地生态系统评价、湿地动态监测、湿地资源管理等领域的应用推动了湿地科学的快速发展。数学方法与计算机技术在湿地过程研究中的应用，深化了湿地过程机理的研究，丰富了湿地科学理论。网络技术的应用加快了湿地研究领域的信息交流。黄桂林等利用地理信息系统、遥感数据、数学模拟、统计分析和空间计算等方法，定量评价了洞庭湖湿地的防洪功能。

2.3.6 湿地退化研究

湿地退化是指，在不合理的人类活动或不利的自然因素影响下，湿地生态系统的结构和功能变得不合理、弱化甚至丧失，并引起系统的稳定性、恢复力、生产力以及服务功能在多个层次上发生退化。在这一过程中，系统的结构和功能均发生改变，能量流动、物质循环与信息传递等过程失调，系统熵值增加，并向低能量级转化。相比原生湿地，退化湿地应具有以下特征：生物群落生产力降低，生物多样性下降；土壤有机质含量下降，养分减少，土壤结构变差；水体富营养化，水位降低，水域面积减小以及水分收支平衡失调等。因此，湿地退化包含 3 个重要部分，分别是生物、土壤和水体的退化，这三部分相互影响、相互制约，并最终导致湿地最为重要的标志——生态环境功能的退化。

2.3.6.1 湿地退化标准

湿地退化标准是对湿地退化状态进行界定的标准，制定科学、合理的退化标准是湿地恢复与重建的前提和基础。目前，有关湿地退化标准的制定还在完善过程中。一些研究指出，湿地退化标准应该包括湿地面积、组织结构状况、湿地功能、社会价值、物质能量平衡状况、持续发展能力、外界胁迫压力等方面。外国学者从湿地生态特征变化的角度对湿地退化标准进行了表述，并建议从以下几个方面进行考虑：①湿地面积（生境丧失）；②水文条件；③水质；④非持续性资源利用状况；⑤外来物种入侵。实际上，除以上生态特征外，湿地处理污水、碳储存、为野生动物提供栖息地等功能特征及社会服务、旅游服务等特征也应被视为湿地退化的标准。因此，湿地退化标准应该包括湿地的本质属性特征和生态环境功能特征，而且各种类型湿地的退化标准应存在一定差异。

2.3.6.2 湿地退化特征

湿地退化的特征包括水文特征、土壤特征、植物特征、动物特征和功能特征，详见3.3.2节的湿地退化特征。

2.3.6.3 湿地退化分级

不同类型湿地的生态特征各异，难以制定统一适用的湿地退化分级标准，分类指标选取也没有达成共识，往往只是制定出某一区域的湿地退化分级标准。世界各国都还没有公布各自国家湿地退化的分级方法和分级方案。已有的湿地退化分级大多根据土壤、水质、水文、植被、景观等特征进行定性划分。目前，随着湿地微观特征研究的深入，确定了不同退化湿地的阈值，很多学者提出了定量分级方法，并制定了一系列适合研究区域的分级方案。常用的有以功能评价为基础的水文地貌（HGM）法，在地理尺度上对退化湿地进行定量评价，Brison 等在这方面做了较多开创性工作，目前该方法被诸多学者广泛采用。

2.3.6.4 湿地退化过程

（1）水文过程

水文过程是湿地退化的主要标志和直观体现。水文退化过程主要影响湿地径流、蒸散和降水截流，改变湿地的水补给方式和水循环动态，这也是湿地-大气界面水文过程研究的热点和重点。此外，国际上还注重应用各种水文物理模型描述水文过程的变化，诸如 MODFLOW 模型、FEUWAnet 模型、水文变异函数等。但在湿地水文学中，如何从特定地点的定位研究扩大到流域尺度，仍是当前研究的挑战所在。

（2）生理生化过程

生理生化过程是揭示湿地植被和土壤退化微观过程的突破口之一，也是对湿地退化进行定量分级的基础。目前，主要研究湿地退化过程中植物生理生化过程和土壤生化过程的变化，包括湿地优势植物营养元素吸收、光合作用等植物生理生化过程，以及土壤酶活性、有机碳组成和氧代谢等土壤生化过程。

（3）生物过程

在湿地生态系统中，生物过程主要表现为生物群落的初级、次级生产和土壤污染物的生物降解过程。当湿地水文条件发生变化时，生物过程也将随之改变。有研究表明，地下水和地表水相互作用将对底栖无脊椎生物的丰度、物种数和生产力产生显著的影响，地下水位高的湿地具有更高的物种数和丰度。滨海盐沼湿地受原油污染、农药残留影响严重，研究人员对这些化学污染物的生物降解过程也较为重视，已在东南亚地区对退化红树林湿地开展了相当多的研究。

（4）生物地球化学过程

生物地球化学过程是湿地退化研究的重点，主要包括湿地生态系统营养元素的吸收、积累、分配及归还，凋落物分解，沉积物，温室气体排放和碳负荷量、生物生产力，重金属污染，微量元素的生产和消费及定量化模型等。其中，泥炭沼泽凋落物分解过程是生物地球化学过程研究的一个重点领域，包括凋落物分解率随时间变化的定量模型、凋落物分解的主要控制因素等。磷作为淡水湿地的限制性营养元素，其循环及沉积过程也是当前研究的重点。此外，气候变化对生物地球化学过程的影响也颇受重视，在暖干气候影响下，一些元素的“源”“库”角色将发生转换，从而深刻影响湿地生物地球化学循环过程。

2.3.6.5 湿地退化机理

湿地退化机理主要分为人为因素（包括生物学机理、土壤学机理、生态学机理和生物地球化学机理）和自然因素（主要包括新构造运动和气候变化），详见 3.3.3 节湿地退化机制。

2.3.6.6 湿地退化监测体系

构建湿地退化监测体系，对于掌握湿地退化动态、制定合理的管理措施、发明科学的恢复技术具有重要的参考价值和指导意义。完善的湿地退化监测体系不仅要体现湿地环境特征，还应该包括生物特征及景观特征。通过科学选取各特征的主要指标，建立湿地退化监测体系。环境特征包括湿地水文、水质、土壤等；生物特征通常选取指示生物类群，目前国际学术界较为关注两栖类、鱼类、鸟类和大型维管植物；景观特征应结合“3S”技术，监测湿地宏观特征诸如湿地面积、植被特征、流域特征的变化，以建立完整易行的生态监测体系。

2.3.6.7 湿地退化评价指标与指标体系

目前，湿地退化评价指标与指标体系正在逐步建立，虽然还没有建立完善的指标体系，但已经取得了很多新进展。在现有的评价指标中，大体可以分为生物指标、土壤指标、水体指标和景观指标等。近年来，又提出了应用社会经济指标评价湿地的退化，使湿地退化评价指标范围更广，几乎涵盖了湿地生态系统的各个方面。在当前的研究中，较为系统、完整的定量评价指标包括水质指数（WQI）、水生植物指数（WMI）、湿地鱼类指数（WFI）和湿地浮游动物指数（WZI）等，这些指标既有水体指标又有生物指标。此外，国际上常用的还有基于生物完整性指数（IBI）的评价指标，该指标从湿地的植物和动物的角度来确定湿地退化的程度及阈值。这一指标源于鱼类群落生物完整性指数，此后被应用于各种生物类群，包括植物、两栖类和鸟类等。

2.3.6.8 退化湿地监测新技术

（1）湿地遥感

遥感是退化湿地监测的重要技术手段，目前国际上湿地遥感监测研究表现出监测范围扩大、监测手段更新、监测时间加长的特点。合成孔径雷达（SAR）技术成为遥感监测研究新的生长点，并且在部分长期监测的地区已经进行高光谱遥感的谱库建设，这对进一步进行湿地退化精确化监测具有重要意义。

（2）湿地环境监测

各种多参数湿地水环境自动监测仪器、采样仪器和湿地自动气候观测站极大地增强了人们对湿地退化过程和机理的理解，在野外无人区也有可能实现连续取样监测。原状土连续就地取样（In-situ）技术为退化湿地土壤监测提供了有力的工具；稳定同位素示踪技术的应用使得人们对退化湿地水文过程及生物地球化学过程的理解更加深入。

（3）湿地植被监测

监测湿地植被动态对科学制定湿地恢复和管理措施极为重要，其监测手段主要有卫星遥感和野外实地定点定时调查。卫星遥感技术可以为植被监测提供及时、最新、相对准确的信息，其最新发展成果是将高光谱和多光谱遥感技术用于湿地植被监测。此外，在海洋赤潮监测中应用较多的星载海洋彩色传感器，在将来也可能被广泛用于湿地植被监测。但遥感技术也有缺陷，其中之一就是分辨率较低，需要在空间分辨率和光谱分辨率之间做出权衡，并选择适当的植被光谱信息提取处理技术。因此，近年来有研究者采用彩色红外航拍技术进行湿地植被监测，该方法具有更精确的分辨率，能更详细地监测植被变化，兼具野外实地调查和遥感卫星影像的优点，但在数据分析上具有费时、花费高的缺点。此技术与遥感技术的结合使用可能是未来湿地植被监测的主要发展方向。

2.3.6.9 退化湿地生态恢复理论与技术

（1）退化湿地生态恢复理论

退化湿地生态恢复研究历史较短，退化湿地成功恢复的例子相对较少，湿地恢复的理论体系还没有完全建立起来。目前，湿地恢复理论还有待在大量的退化湿地成功恢复实践的基础上进一步总结完善。在将来的研究中，实现多学科合作将是退化湿地恢复成功的关键。

（2）退化湿地恢复技术

1）退化湿地植被恢复技术。植被是湿地生态系统的“工程师”，也是湿地恢复的重要组成部分。目前植被恢复技术手段多样，且日益成熟，其中通过湿地土壤种子库进行天然恢复的研究较受重视。但不论采用哪种方式进行植被恢复，重要的是要了解物种的生活史及其生境类型，恢复生物避难所，这对于灾难性干扰后原生种群的存活与恢复至关重要。

2）退化湿地土壤恢复技术。退化湿地土壤恢复技术主要是通过生物、生态手段达到控制湿地土壤污染、恢复土壤功能的目的。其中，利用生物手段修复土壤较受重视，尤其在人口密度极大的滨海湿地生态系统中应用更为广泛，如利用细菌降解红树林土壤中的多环芳烃污染物，利用超积累植物修复重金属污染土壤。生态恢复主要是在了解湿地水文过程、生物地球化学过程的基础上，通过宏观调控手段达到恢复土壤功能的目的，如通过调控水文周期或改变土地利用方式等来恢复湿地土壤水分状况，促进湿地土壤正常发育，加速泥炭积累过程。但土壤生态恢复的影响因素较多，恢复过程不易控制。因此，在恢复过程中需要对土壤的各种生物、物理、化学过程进行深入研究，以制定合理方案。

3）退化湿地水文恢复技术。水文过程决定了植物、动物区系和土壤特征，是湿地恢复的关键。在水文恢复过程中，通常需要根据湿地退化程度及原因，采用外来水源补给等手段适当恢复湿地水位，合理控制水文周期，并进一步运用生物和工程技术手段净化水质，去除或固定污染物，使之适合植物生长，以保持湿地水质。现在有些湿地科学家更提倡在流域尺度上进行退化湿地的恢复，在保持原湿地水文特征的基础上，采取适当的人工辅助措施，从而达到恢复水文、净化水质的目的。

（3）退化湿地恢复成功的标准

对退化湿地恢复成功的标准研究相对较少，研究也不够深入。迄今为止，这一标准一直没有定论，如何判定湿地恢复成功，学术界争论很大。在退化湿地恢复成功标准中，以植物特征标准最为常用，其次是动物、土壤和水文特征以及营养盐浓度等。目前，在湿地恢复过程中，尽管某一具体特征，如植被生产力、动物区系和营养盐浓度等可以同天然湿地进行对比，但湿地整体功能的恢复依然没有得到证实。

第3章 辽河保护区湿地功能与退化机制分析

3.1 湿地生态系统服务功能

湿地生态系统服务是指湿地生态系统所提供的能够维持人类生活需要的条件和过程，即湿地生态系统发生的各种物理、化学和生物过程为人类提供的各项服务。它的功能是湿地生态系统所形成的自然环境和产生的效用。

3.1.1 净化水体功能

湿地被誉为“地球之肾”，有减少环境污染的作用。当水体进入湿地时，因水生植物的阻挡作用，水体的流动减慢，这有利于沉积物的沉积。许多污染物质被吸附在沉积物的表面，随沉积物积累起来，从而有助于污染物的储存、转化。很多湿生植物（如挺水、浮水和沉水植物）的组织中，富集重金属的浓度比周围水体高出10万倍以上。水浮莲、香蒲和芦苇都已被成功地用来处理污水。其中，湿地中的芦苇可以对水体中的污染物质进行吸收、代谢、分解和积累，对减轻水体富营养化等具有重要作用，其中对大肠杆菌、酚、氯化物、有机氯、磷酸盐、高分子物质、重金属盐类悬浮物等的净化作用尤为明显。实验表明，芦苇湿地系统对净化湖泊、水库的水质具有非常重要的作用。但湿地吸纳沉积物、营养物和有毒物质的能力是有限度的，不能仅依靠湿地来吸收过量的沉积物、营养物和有毒物质，而要改变流域内土地的利用方式，减少向湿地排放污染物的行为。

3.1.2 生物栖息地功能

湿地因其独特的地理位置和特殊的环境，为生物提供了良好的生存环境，尤其在保护珍稀、濒危物种方面具有重要价值。湿地是珍稀野生生物的天然衍生地，是鱼类、鸟类及两栖类动物栖息、繁殖、迁徙和越冬的主要场所。湿地还是重要的遗传基因库，对生物种群的存续、筛选及改良具有重要意义。

3.1.3 调蓄洪水功能

湿地能将过量的水分储存起来并缓慢地释放，从而将水分在时间和空间上进行再分配。过量的水分，如洪水，被储存在土壤（泥炭地）中，或以地表水的形式（湖泊、沼泽等）保存着，从而减少下游的洪水量。因此，湿地对河川径流起到重要的调节作用，可以削减洪峰，均化洪水。根据实验，沼泽对洪水的调节系数与湖泊相近，沼泽土壤具有巨大的持水能力，因此被称为“水物蓄水库”。湿地既可作为地表径流的接收系统，也可以是一些河流的发源地，地表径流源于湿地而流入下游系统。这些湿地通常是下游河流重要的水量调节器。湿地控制洪水的能力因其类型而异，已经饱和的河边湿地不能蓄水，所以雨水和上游来水经过这里时直接流入河中，此区域成为过渡区域，使河水流量加大。与此相反，洪泛平原在洪水期可以储存大量洪水，从而削减洪峰高度，减少下游的洪水风险。湿地植被也可以降低洪水流速，从而进一步削减洪水的危害。

3.1.4 物质生产功能

湿地生态系统有着极高的生物生产力，就单位土地而言，比其他生境要高得多。调查表明，湿地生态系统平均每年生产的蛋白质是陆生生态系统的3.5倍。湿地为我们带来丰富的动植物产品，如水稻、藕、菱、芡、藻类、芦苇、虾、蟹、贝、鱼类等。湿地中还有丰富的林业资源，其中落叶松、赤杨都有很高的经济价值。湿地中的药用植物有200余种，含有葡萄糖、糖苷、鞣质、生物碱、乙醚油和其他生物活性物质。

3.1.5 大气组分调节功能

湿地中含有丰富的水分，蒸发后又以降水的形式落入地表，保持了当地的空气和土壤湿度。同时，湿地内丰富的湿生植物能够吸收空气中大量的 CO_2 和一些有害气体，并释放出氧气，也能吸附空气中的粉尘及携带的细菌，起到调节大气组成、净化空气的作用。

湿地大气组分调节功能包括通过湿地及湿地植物的水分循环和大气组分的改变来调节局部地区的温度、湿度和降水状况，调节区域内的风、冻灾、土壤沙化过程，防止土壤养分流失，改善土壤状况。如果湿地上游水土流失严重，就会导致集水区沉积物量的增加，致使湿地的蓄水量和湿地面积减小，还会大幅削弱湿地吸纳沉积物的能力，使得湿地调节气候的能力下降。

芦苇是湿地主要的植物资源，素有“第二森林”之美称。芦苇根系从土壤吸收的大量水分，大部分通过茎叶的气孔以水汽的形态逸入大气中。其蒸腾系数为637～862，即生产1 t芦苇要蒸腾700 t左右的水分。这一水分调节作用能有效地净化空气，润泽一方水土。芦苇不但能够湿润空气，而且能够通过光合作用吸收空气中大量的 CO_2。

湿地具有土壤温度低、湿度大、微生物活动弱和植物残体分解缓慢等特点，因此，土壤呼吸、释放 CO_2 的速率较低，可形成碳积累。当湿地水源以各种方式被利用后，湿地对植物残体的分解等加快，对土壤呼吸、释放 CO_2 的浓度水平有潜在的影响。由此可见，湿地能够大大缓解温室气体对环境的破坏。

3.1.6 旅游休闲功能

远离都市喧嚣、融入自然已成为现代社会人们休闲的首选。在风光旖旎的湖泊、河流、草原、湿地等，野生动物悠然自得地生活，吸引着游客的目光。湿地公园等景观区已经成为人们休闲度假的好场所。湿地以其形态、声韵或环境的优美，给人以精神享受。沉浸在大自然中，人们可以释放天性，放空心灵，去拥抱和感受大自然。在全方位的旅游中感受情景交融之美，获得德、智、体、美多种益处，体验生活情趣。

3.1.7 文化科研功能

湿地中珍贵的濒危物种、多种多样的动植物群落以及复杂的生态系统为科研和教育提供了对象、材料和试验基地，在科研教育中起着十分重要的作用。有时湿地还具有宝贵的历史文化价值，是历史研究和文化旅游的重要场地。

3.2 湿地生态系统服务功能价值评估

3.2.1 理论依据

3.2.1.1 可持续发展理论

随着臭氧层被破坏、全球变暖、生物多样性锐减、土地荒漠化、海洋污染等全球性问题接踵而至，各国政府和理论家投入大量时间和精力对其进行系统性和针对性的研究，以期通过世界人民的共同努力解决这些难题。世界环境与发展委员会在《我们共同的未来》中正式提出了“可持续发展”的概念，“可持续发展”被定义为：“既满足当代人需要，又不对后代人满足其需要的能力构成危害的发展。”可持续发展特别强调资源环境对增进人类福利所具有的重要作用，并从代内、代际公平出发，强调对资源环境的保护，把维持包括自然资本在内的社会总资本存量非减性作为可持续发展的先决条件。这就是可持续发展最基本的资源价值内涵。可持续发展理论为自然资源的利用提出了新的命题，为资源价值理论提供了全新的思维方式。因此，在湿地生态系统服务功能价值评估中必须遵守可持续性原则，对湿地的利用和开发要走可持续发展的道路。

3.2.1.2　生态经济学理论

生态经济学是 20 世纪 50 年代诞生的由生态学和经济学相互交叉而形成的一门边缘学科。20 世纪 60 年代，经济学家鲍尔丁首先使用了“生态经济学”这个概念。生态经济学理论是从经济学角度研究生态经济复合系统的结构、功能及其演替规律的一门学科。生态环境问题的实质是经济问题。随着社会生产力的发展，人类改造自然的能力日益增强，随之出现了环境污染和环境破坏问题，其根源在于自然资源未能得到充分合理的利用。长期以来，传统经济学认为资源无价值，可以无偿使用；资源无穷，可以任意获取。结果导致人们在资源利用过程中从不考虑“外部经济性”。经济发展与环境保护应当相互协调，发展与环境保护是一对矛盾，处理得好可以保证经济发展和生态净化，反之则会使环境恶化。

生态经济学为资源保护、环境管理和经济发展提供了理论依据和可行方法。湿地是重要的自然生态系统和自然资源的提供者，对其进行的生态系统服务价值评估应自始至终贯彻生态经济学的理念。

3.2.1.3　环境经济学理论

随着产业革命带动了工业化国家经济的增长，环境污染和对资源的掠夺式开发也在加速，世界各国的科学家不得不从各个角度对环境问题进行审视，由此产生了环境地学、环境物理学、环境生物学等新的学科。经济学家也将自己的研究领域扩展开来，把环境问题用经济学的理论加以分析，形成了一些独特的观点和方法。但是，还存在很多传统经济学基础理论研究范畴之外的问题，如环境的价值评估、环境的享有权及环境的公共性等。这些问题都促使经济学家开拓思路，跨越时间和空间，以新的视角去分析环境与经济的相互关系，从而产生了环境经济学。

环境经济学的定义是“关于环境问题的经济学研究”，也就是关于环境的稀缺性与效用性的经济学研究。环境经济学首先把环境问题作为自己的研究对象，运用经济学理论解析环境问题，探寻环境问题产生的经济原因，找出最有效的经济手段，以保护和改善人类的生存环境，合理规划人类行为，最终达到环境、经济与社会的可持续、全面的发展。

3.2.2　生态系统服务价值构成

湿地生态系统服务具有多价值性，参考国内外文献，从价值实现的方式和时间上可以分为利用价值和非利用价值。

3.2.2.1 利用价值

（1）直接利用价值

直接利用价值表现为湿地的用途价值，可以分为直接实物价值和直接服务价值。直接实物指有形的、消耗性的资源产品。湿地有较高的生产力，能提供大量、多种类的天然产品，如木材、水果、泥炭、肉类（鸟、鱼、兽）、芦苇和药材；湿地水源可作为生活和生产用水及水运通道。直接服务是指无形的、非消耗性的服务利用，湿地因其拥有濒危和稀有的物种，以及生境、群落、生态系统、景观、自然过程和特殊的湿地类型，具有旅游、科学、文化价值等。

（2）间接利用价值

间接利用价值是指湿地所具有的调节功能、载体功能和信息功能等潜在价值，是无法商品化的湿地生态系统服务功能价值，如生物栖息地，水文调节、大气组分调节、水质净化、干扰调节等价值。间接利用价值根据湿地生态系统服务功能的类型来估算。

间接利用价值与直接利用价值的最大区别在于：直接利用价值对应的有形服务一般可以在市场上直接进行交换，具有排他性；而间接利用价值对应的无形服务一般通过改变生产、生活环境，间接地对社会经济产生影响，不具有排他性，不能在市场上直接交换。

3.2.2.2 非利用价值

非利用价值是独立于人类对湿地生态系统服务的现期利用价值之外的价值，它源于人类可能对未来湿地利用方式选择的评价，特别是人类不清楚其将来的价值。非利用价值主要包括存在价值、遗产价值等，其定量评价是湿地价值评价中非常重要而又十分困难的部分。

湿地的选择价值既可归为利用价值，也可归为非利用价值，是人们为了将来能直接利用与间接利用湿地生态系统服务功能而形成的支付意愿，体现了人们保护湿地的愿望。湿地的选择价值相当于消费者为一个未利用的资产所愿意支付的保险金。

3.2.3 生态系统服务价值评估方法

在生态系统服务功能研究中，要对各种生态系统服务功能进行定量研究，也就是对自然因素进行定量分析，实现货币化。这是生态系统服务功能研究的重点和难点。

目前的很多估算方法都源于生态经济学、环境经济学和资源经济学。对湿地生态服务价值的评估主要采用以下几种方法。

（1）市场价值法

市场价值法适用于没有费用支出，但有市场价值的环境效应价值核算，是对有市场价格的生态系统产品和功能进行估价的一种方法，主要用于对生态系统物质产品的评价，如湿地野生动植物产品。对这些自然产品虽然没有进行市场交换，但它们有市场价格，因而可以直接反映在国家的收益账户上，受到国家和地方政府的重视。这就是当前普遍概念上的生物资源价值。对物质生产功能，我们仍采用市场价值法进行评价。

（2）影子工程法

当需要评价某项生态系统服务功能价值，而又难以直接计量时，可通过另一项情况相近的、有计量数据的工程的相关费用来进行评价。因此，可以用建造人工工程的花费来替代生态系统所提供的服务功能价值。例如森林具有涵养水源的功能，建造一个同样容重的水库所需的工程花费，就是该森林生态系统所提供的涵养水源的功能价值。

（3）机会成本法

机会成本法又称收入损失法，是指做出某一决策而不做出另一种决策时所放弃的利益。社会经济生活中充满了选择，当某种资源具有多种用途时，使用该资源的一种用途，就意味着放弃了它的其他用途。这样，使用该种资源的机会成本，就是在放弃的其他用途中可得到最大利益。

（4）旅行费用法

这是以生态系统服务功能的消费者所支出的费用来衡量生态系统服务价值的方法，常用于对某种自然景观旅游服务功能的估算。估算中，用旅游者费用支出的总和（包括交通费、食宿费等一切用于旅游的消费）作为该景观旅游功能的经济价值。这种方法最先应用于通过人们的市场行为来推测他们的喜好，以计算旅游景点的价值。对生态系统服务功能旅游价值的估算，可以根据以下公式进行计算：

旅游价值=旅行费用支出+消费者剩余+旅游时间价值

旅行费用支出=交通费用+食宿费用+门票（公园门票、景点门票及服务费用等）

旅游时间价值=游客旅行总时间×游客单位时间的机会工资

一般来说，距离最近者旅行费用最低，其消费者剩余最大，不足以真正代表该旅游景观的价值；相反，距离最远者旅行费用最高，而消费者剩余为零，比较能代表该旅游景观的价值。因此，可采用消费者剩余为零的（边际）旅游者的旅行费用乘以旅游者人数来计算该旅游景点的价值。

（5）条件价值法

商品在市场上的价格往往不能真正反映其全部价值，尤其对于生态系统服务功能价值来说，情况更是如此。因此，生态学家从经济学中引用了支付愿望（willing to pay，WTP）概念来对生态系统服务中的公共部分进行计量，利用征询问题的方式了解人们对非使用价值的保存和改善进行支付的意愿，以确定某种非市场性物品或服务的价值。大多数经济学家认为它是调查非使用价值的唯一方法。调查者通过设计问卷，向被调查者提问，来了解消费者的支付意愿，以确定某种非市场性物品或服务的价值。

这种方法主要是依赖人们的观点，而不是以人们的市场行为为依据，因而在操作中容易产生偏差，而且需要较大的样本数量，需要足够的时间和经费，操作起来比较困难。

（6）防护费用法

防护费用法又称为预防消费法，是根据保护某种生态系统或者功能免受破坏所需投入的费用，来估算生态系统服务功能价值的方法。这种方法最先应用于环境经济学，进行环境保护投资预算。在自然生态系统中，该方法主要应用于估算自然保护区内受保护物种功能的价值。对自然保护区进行保护的目的是保护某些物种和资源，在投入产出均衡的假设下，对自然保护区的投入即该自然保护区生态系统物种保护功能的价值。

（7）替代花费法

某些环境效益和服务虽然没有直接的市场可买卖交易，但这些效益或服务的替代品具有市场和价格，可以通过估算替代品的花费来判断某些环境效益或服务的价值，即以使用技术手段获得与生态系统功能相同的结果所需的生产费用为依据。例如，为获得因水土流失而丧失的氮、磷、钾养分而生产等量化肥的费用。此方法的缺点在于，生态系统的许多功能是无法用技术手段代替的。

（8）费用支出法

费用支出法是从消费者的角度来评估生态系统服务功能价值的方法。这是一种古老而简单的方法，是以人们对某种生态系统服务功能的支出费用来评估其经济价值。例如，对某一草地的文化效益，可用实际总支出来表示，包括教学实习，研究生论文选点，出版物、影视产品支出及有关的服务支出等。但该方法仅计算费用支出，没有计算消费者的剩余，因而不能真实地反映保护区的实际游憩价值。

（9）模糊数学法

这是一种研究和处理模糊现象的新型数学方法。在现实世界中，并非所有事物和现象都具有明确的界限，有些概念没有绝对的外延，被称为模糊概念，它们不能用一般集合论来描述，而需要模糊集合论去描述。

（10）碳税法与工业制氧影子法

这种方法由多个国家制定，通过旨在削减温室气体排放的税收制度，对 CO_2 排放进行收费来确定 CO_2 排放损失价值的方法。

CO_2（264 g）+ H_2O（108 g）→ $C_6H_{12}O_6$（108 g）+ O_2（192 g）→ 多糖（162 g）

植物体生长 162 g 多糖有机物质，可释放 192 g O_2。即物体每积累 1 g 干物质，可以释放 1.19 gO_2。根据国际碳税标准及工业制氧影子价格，将生态指标换算成经济指标，从而得出固定 CO_2、释放 O_2 的价值。

（11）恢复费用法

当生态系统遭到破坏时，要恢复它需要付出一定的代价，因此，可以用恢复生态系统的费用来替代生态系统提供的服务功能价值。恢复费用法已经被大量应用于环境保护和规划实践中。20 世纪 80 年代，韩国的生态学家 Kih 曾经成功运用恢复费用法规划一个高地的水土保持项目。在规划中，假设该高地不进行水土保持，将支付破坏后的恢复费用，包括把养分肥料撒到需要恢复的土地上的劳动力费用、填充土壤的费用、追加的灌溉费用、保养和修整田地的费用，以及对因土地受冲刷影响的低洼地农户支付的补偿金等。这些费用的总和远远超过了进行水土保持的投资和维护费用。因此，最终建议在高地实施水土保持计划，而不是破坏后再进行恢复。

（12）函询调查法

函询调查法即德尔菲法，通过多次直接询问专家来评定生态系统服务功能的方法。

（13）生态价值法

生态价值法是将 Pearce 的生长曲线与社会发展水平及人们的生活水平相结合，根据人们对某种生态系统功能的实际社会支付和物种价值来估算生态系统服务价值的方法。该方法反映了生态系统价值认识与经济水平的关系，有现成数据，但所得出的结果过于宏观，不易比较不同湿地状况的细微差别。

上述各种方法，无论哪一种，都只对一种或几种生态系统服务功能适用，不能解决全部问题。因此，对不同的功能价值进行计算，就必须选择不同的方法。

3.3 辽河保护区湿地退化机制分析

3.3.1 湿地退化因素

了解引起生态系统退化的原因是退化湿地恢复与重建的基础。大量研究表明，引起湿地生态系统退化的原因是多方面的，根据其干扰来源可以概括为自然因素和人为因素两大类。自然因素包括：气候变化，如气温升高、降水激增等；地球自身的地质地貌过程，如地震、火山喷发等。人为因素包括人类的社会、经济、文化活动或过程，如开荒、采伐、放牧等。

3.3.1.1 自然因素

自然因素对湿地生态系统影响，由于其发生方式和强度不同，差异也较大。有些自然因素破坏强度很大，如新构造运动，往往是彻底破坏了原有的生态系统；而有些自然因素对湿地的影响是逐渐的缓慢的过程，其作用结果在短时期内不易观测到。

（1）气候变化

气候变化是目前国际湿地退化研究的另一个热点领域。这里主要是指全球和区域气候变化所造成的影响。全球气候变暖、持续的高温干旱使降水量减少，地表水减少，甚至发生枯水，导致矿物质富集，水体矿化度增高，形成盐碱化湿地。气候变化主要影响水体生物地球化学过程（包括碳动态）、水生食物网结构和动态、生物多样性、初级和次级生产及水文过程。不同类型湿地，包括河流洪泛区、红树林、盐沼、北极湿地、泥炭地、淡水沼泽和森林湿地等，对气候变化具有不同的响应。

青藏高原作为世界上对环境变化最敏感的区域之一，对全球气候变化响应明显。青藏高原拥有世界上独一无二的大面积高寒湿地群，又是中国和亚洲众多大江大河的发源地。三江源自然保护区作为长江、黄河、澜沧江的发源地，是我国江河支流最多、湿地资源最为丰富的区域，有河流、湖泊、沼泽、雪山、冰川等多种湿地类型，面积超过 7.33 万 km^2。许多研究指出，导致高原湿地退化的重要原因之一是气候变化，对于人为活动较少的江河源头和偏远高海拔湿地尤其如此。以江河源区为例，根据区内 18 个气象台 1961—1999 年的气象分析资料发现，该地区全年气温变化的总趋势是递增的，全年降水进入 20 世纪 90 年代以后呈逐年递减态势。

有研究表明，气候变化改变了我国白洋淀湖泊湿地的水文特征，致使湿地水文补给减少，水分消耗增加，从而使湿地面积萎缩，发生退化。对于滨海湿地生态系统而言，更为重要的是由气候变化引起的海平面上升所带来的间接负面影响。有证据表明，海平面上升将增加海水盐度，减少沉积物和有机质的积累，进而影响滨海湿地植物和动物的多样性，使湿地退化。

（2）新构造运动

新构造运动是导致自然湿地退化的关键因素之一。新构造运动通过地壳隆起、沉降作用和河流侵蚀作用，显著地控制地形和水系格局的形成，使湿地趋向自然疏干，发生退化。欧洲潘诺尼亚盆地（Pannonian Basin）和匈牙利平原的天然湿地即在新构造运动的抬升作用下呈现旱生化的趋势。在我国，新构造运动上升也加剧了高原湿地的退化。有研究表明，新构造运动是造成黄河源区生态环境恶化的主导因素。在若尔盖高原沼泽湿地退化研究中也发现，新构造运动是高原湿地退化的主要原因之一。该地区的新构造运动有上升的特点，黑河、白河大部分河段河流下切作用十分明显，河床普遍下切至距原河漫滩地表 1 m 以下。白河、黑河普遍发育 2～3 级阶地。很多阶地被新发育的河谷切割，沼泽地被暂时性流水切割出冲沟，不仅切透泥炭层，而且切至泥炭层下伏矿质土层中。新构造运动上升导致侵蚀基准面下降、地表水文状况发生变化，这使沼泽发生旱化，以及逆向演替、类型改变等一系列连锁反应。目前，新构造运动与湿地退化的关系已成为湿地退化研究的一个新的内容。

需要指出的是，全球与区域气候的变化只是为湿地退化提供了一个基本背景，而关键气象要素在中小尺度上时空分配状态的变化和局地气候特征的改变则可能是湿地退化更直接的原因和动力。

3.3.1.2 人为因素

湿地退化最根本的原因是人口的压力。随着人口增长，人类对物质的需要也不断提高，迫使人类不断发展农牧业、工业及相关的服务业。由于人们对湿地价值缺乏必要的公共意识和政策性认识，对保护生态环境重要性认识不足等，长期以来未能正确处理社会经济发展与生态环境保护之间的关系，向土地要粮，大搞农田水利建设，从而使湿地补给水源减少，植被退化，动物栖息地丧失。人为因素主要包括农牧业的发展、水利工程的建设及点面源的污染。

（1）农牧业发展

在农业迅速发展时期，农民盲目开垦湿地，使得湿地面积大幅缩减。畜牧业粗犷的放牧方式对湿地植被造成了严重破坏。同时，农牧业的发展造成对地下水的过度开采、水位下降、湿地水大量补充地下水，进而使湿地系统物质能量失衡及生态功能减弱，直接导致湿地系统退化。如松嫩平原的原始自然景观为疏林草原，垦荒活动使草原面积大幅减少。1995年，平原上耕地面积达到784万km^2，占平原土地总面积的46%。20世纪40—90年代，松嫩平原负载的牲畜数量大幅增加。大牲畜由1949年的142万头增至1997年的670万头，增长了3.72倍；羊由1949年的6.85万只增至1997年的725.54万只，增长了104.92倍。又如，乌鲁木齐市湿地日益减少，主要原因首先是人为盲目开垦，垦荒彻底破坏了该区域的地表植被，目前能够开垦的草甸湿地几乎都已开完，造成湿地面积锐减，而且每年仍有约0.3 km^2湿地被开垦。其次是牧民超载放牧，过度放牧使湿地植被不断退化，草地面积不断减少，草地质量不断下降。目前，在低平地草甸湿地放牧、掠夺式的不合理利用造成草甸湿地整体退化。最后是人们过量开采地下水，造成大面积草甸湿地干枯消失。地表径流、地表植被受到干扰和破坏后，地下水位不断下降，造成湿地系统的不断沙化。特别是柴窝堡湖周围地区，局部地段已出现了近0.5 km^2的沙化区，湿地退化形势十分严峻。

（2）水利工程建设

中华人民共和国成立以来，水利工程建设得到飞速发展。据不完全统计，目前已修筑堤防25万km，建造各类船闸3万余座，兴建各类水库8.6万余座。这些水利工程在我国经济建设和社会发展中发挥了重大作用，产生了巨大的社会效益和经济效益，但同时也造成了一些不良的环境影响，在一定程度上推动了工程区域范围内湿地的退化。人为修建水库和堤防，特别是增加水库库容和堤防长度和高度，拦截水源，使得河流下游与上游以及周围的水利联系减少乃至被切断。这一方面减少了平原区湖泊、沼泽、滩涂等湿地的上游水源，另一方面水利工程切断了内流区的外泄通道，导致湖泊萎缩、沼泽化，沼泽湿地变干、萎缩，使地表盐分难以向下游排泄，从而加剧了湿地盐碱化。较为典型的是白洋淀库区。白洋淀位于大清河中游，通过上游 8 条河流注入和大气降水获得补给。由于 20 世纪 50—60 年代在上游潴龙河、唐河、漕河、瀑河、拒马河分别建立了横山岭水库、王快水库、西大洋水库、龙门水库及安各庄水库，拦蓄洪水，加上降水量的年际变化大，进入 80 年代后，降水量偏少，使上游注入白洋淀的水量明显减少，60 年代以后多次发生干淀。干淀使白洋淀及周围生态环境严重恶化，"华北之肾"曾一度消失。据统计，1966 年白洋淀的容积比 1924 年减少了 2.25 亿 m^3，1955—1979 年，潴龙河和唐河淤积总量为 2 618.4 m^3。1960 年以后，上游水库拦蓄大量泥沙，减少了入白洋淀泥沙量。1970 年，白沟引河投入使用，将大清河北支洪水引入白洋淀，给白洋淀造成新的淤积。白沟引河在 20 世纪七八十年代超行洪标准，输沙总量为 317 万 m^3，入淀泥沙为 215 万 m^3。在长 1 200 m、宽 500～1 500 m 的河口入淀部位淤积泥沙 1.4 km^2，平均淤高 0.75～2.8 m，平均年输沙量 29 万 t，形成对白洋淀有威胁性的新的淤积源。

（3）点面源污染

随着我国经济的高速发展，工农业生产规模的不断壮大，营养物质富集、土地盐碱化、农药杀虫剂污染以及重金属污染等一系列点面源污染问题日趋严重，使湿地水体受损，水质恶化，生态系统结构受到破坏，湿地功能减弱，湿地系统不断退化。

据调查统计，在洞庭湖湖区湿地大面积开发中，工农业生产排放污染物，使其污染严重。1999 年，区域内主要工业企业共计 100 家，年排放工业废水量约为 2 亿 m^3。其中，排放 COD 17 万 t、BOD 5.371 万 t、悬浮物 3.66 万 t、氨氮 24.9 万 t。在排污行业中，以造纸、化肥行业为主，其排放废水总量每年分别达 0.995 亿 t 和 0.569 亿 t，分别占湖区排污总量的 49.6%和 28.4%。其中，造纸行业年排放的 COD 和 BOD 分别占湖区排污总量的 81.71%和 79.13%，成为湖区的重点污染行业。随着入湖污染物的增加，湖泊富营养化现象日益突出。1990 年，洞庭湖水质属贫中营养类型，而 1999 年则属于中富营养类型湖水，其氮、磷含量已处于较高水平，分别达 2.10 mg/L 和 0.11 mg/L。此外，湖区农药年施用量超过 2 万 t，化肥年施用量超过 200 万 t。此外，沤制黄红麻废水，投放铬渣和五氯酚钠等血防药物。这些污染物使得洞庭湖区湿地水质下降，湖区内生物群落受损严重，物质、能量流失衡，生态功能降低，湿地系统退化。

滇池湿地退化的主要原因之一是纳入的污水量超过了水体承载能力，致使水体污染和富营养化，生态系统结构失调，环境恶化。滇池位于城市下游，成了城市生活污水、沿湖地区工业废水及地表径流的最终纳污水体，这些污水中的 40%未经处理就直接排入滇池。滇池北部每年约有 5 亿 m^3 的径流流经城区和郊区，最终汇入滇池，其污染危害较城区污水更为严重。同时，由污染物沉积的底泥形成的内源污染也是滇池严重污染的原因。滇池目前处于发育老年末期，水体交换慢，污染源从北向南流，出水口在其西南部海口。污染源少则 2～3 年，多则 3～4 年才能到达出水口，致使 90%以上的污染物沉积在湖底。同时湖区西南风强劲，湖水搅动强烈，致使底泥中的污染物向水中扩散，形成严重的内源污染。

3.3.2 湿地退化特征

3.3.2.1 湿地退化水文特征

湿地退化水文特征通常表现为水文周期和水位的变化。当前在气候变化和人类活动的影响下，大部分退化湿地都存在地表水与地下水位下降的问题。湿地退化水文特征还表现为湿地补给水源、水文物理性质（含水量、持水能力、水分和毛细管运动、热力状况与蒸发作用）与水分运动（毛管运动与渗透过程）、径流和地表水平衡等方面的变化，这也是当前该领域重点研究的内容。

3.3.2.2 湿地退化土壤特征

土壤退化首先表现为有机质、腐殖酸、容重、孔隙度、营养元素等理化特征的改变。美国佛罗里达州 Everglades 湿地在 20 世纪 40 年代被开垦为放牧场，土壤退化严重。与开垦之前相比，退化湿地总磷、总氮和碳含量均大幅减少。其次，土壤碳固存和吸附污染物等功能特征的研究也日益受到重视，研究指标趋于多样化，如土壤酶和土壤微生物等生化指标的应用，为湿地退化土壤特征研究开辟了新领域。

3.3.2.3 湿地退化植物特征

大型水生维管植物是湿地生态系统结构和功能维持的关键组成部分。在湿地退化过程中，植物生理过程及群落高度、生产力、种群繁殖方式和种间关系等生物生态特征均会发生退化，而且植物退化特征与湿地类型密切相关。对于沼泽湿地，由于过度放牧和排水疏干等人为活动干扰，原生湿地植物群落退化为杂草类群落，无论是种类的数量还是个体的数量均极大降低，使植物群落趋向同质化。对于浅水湖泊湿地（水深＜4 m）来说，湖泊富营养化造成植物退化，突出表现为浮游植物或大型水生植物的过量生长，使湖泊向“藻型湖”或“草型湖”退化。目前，植物群落退化与湿地退化关系的综合研究成为重点。

3.3.2.4 湿地退化动物特征

湿地退化动物特征的研究主要集中在动物种类和丰度的变化上，其变化特点依退化原因有别。排水疏干导致湿地退化，突出的特点是湿地动物种类减少，数量下降，陆生动物种类增加，数量增多。在污染胁迫下，湿地耐污染的种类保存下来，对污染敏感的种类消失。湿地退化动物特征研究的另一个特点是，其研究对象由传统的水禽、鱼类等大型湿地动物向昆虫、浮游生物等小型生物转变，这些小型生物类群是湿地生态系统生产力的主要构成部分，处于食物链底端，决定着大型动物的种群数量，即“上行控制效应”。

3.3.2.5 湿地退化功能特征

湿地具有 17 种生态环境功能，湿地退化最严重的后果是湿地生态功能削弱，甚至消失，危及人类生存环境，影响人类生态安全。伴随湿地生态系统退化，首先，大型维管植物的生产力和养分吸收能力下降，从而削弱湿地的水质净化功能。其次，湿地蓄洪能力降低，水文调节功能削弱，导致洪灾频繁发生。最后，土壤侵蚀和植被丧失将会进一步降低湿地的社会经济功能。此外，气候变化将对湿地固碳功能产生重大影响，有证据表明，在未来全球气温上升的背景下，温带北方泥炭地非生长季碳排放通量将会增加，影响泥炭地 CO_2 年度收支平衡。

3.3.3 湿地退化机制

与自然因素相比，人为因素已经成为生态系统退化的主要原因，而且人为因素已经改变了许多自然因素（如火灾和洪水）发生的频率和强度，尤其是在近现代工业化和自动化迅速发展之后，各国都出现了多种生态系统退化现象：20 世纪初席卷美国的“黑色风暴”，在欧亚大陆草原区频发的鼠灾、蝗灾，我国黄土高原的水土流失、大面积草原的荒漠化等，都是人为因素引起生态环境退化的有力证明。人为干扰是如何破坏生态系统的？这些因素影响了哪些生态系统过程？生态系统是如何对人为干扰做出响应的？这些问题已经受到生态学家的广泛关注。

3.3.3.1 生物学机理

在湿地退化过程中，人为活动造成了原生湿地植物种间关系的改变，动物和土壤微生物种类、数量的减少，外来物种的入侵，生态系统营养结构的改变等现象，进而导致湿地生态系统的退化。其中，外来物种的他感作用在当前研究中受到较多关注。Gopal 曾归纳水生生物群落中的几种主要的作用机制，指出他感作用、种间竞争是其中最重要的两种机制（图 3-1）。在滨海湿地生态系统中，入侵植物互花米草（*Spartina alterniflora*）

能够分泌他感物质，影响其他植物生长，从而改变群落结构、功能，导致湿地退化。Jarchow 的研究表明，北美的外来种狭叶香蒲（*Typha angustifolia*）也具有强烈的他感作用，能够降低本地种 *Bolboschoenus fluviatilis*（块茎藨草属的一种）的叶长、根、茎和总生物量。目前已发现，在湿地生态系统中，他感作用广泛存在。

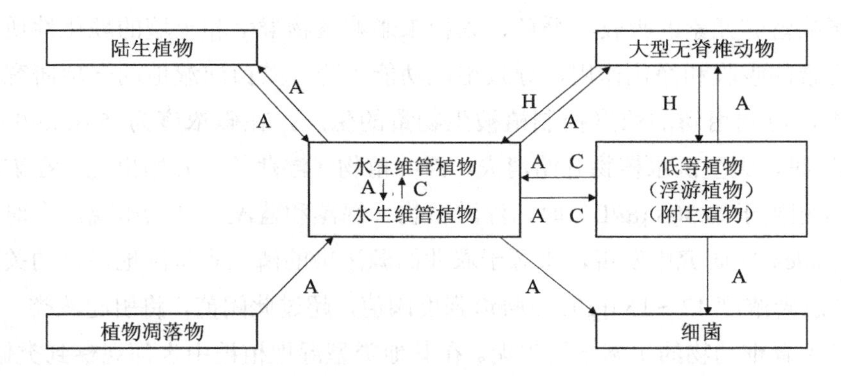

图 3-1　水生生物群落主要相互作用的概念

3.3.3.2　土壤学机理

在湿地退化过程中，土壤退化扮演着重要角色。土壤有机质、营养元素含量变化及其与植物、土壤动物、微生物、真菌等各生物类群之间的关系是当前土壤退化机理研究的主要内容。但对于不同湿地类型，土壤退化机理不尽相同。在过度放牧和开采泥炭等人为活动的干扰下，泥炭沼泽湿地土壤结构和功能发生改变，湿地地表趋干，土壤有机质分解加速，土壤酶活性降低。对于滨海湿地生态系统来说，石油开采导致湿地土壤受到有机物污染，从而改变植被发育的环境条件，减少动物栖息地，进而导致湿地发生退化。

3.3.3.3　生态学机理

湿地退化的生态学机理研究主要包括生物群落结构、演替、种群存活率、物种多样性、生态位等内容，其中物种生态位是核心研究内容。在湿地生物群落中，物种生态位往往因水体化学性质和地下水位的变化而变化，从而影响湿地生物群落的物种构成和功能。当前，鉴于人为活动导致天然湿地日益破碎化，大量物种灭绝，科研人员亦开始研究破碎化生境中物种迁入、迁出等空间动态过程，以揭示湿地退化机理。Cushman 研究发现，短期条件下生境破碎化主要影响两栖类幼体在局域生境之间的迁移，但对于扩散能力弱的种类，在长期条件下成体也会受到严重的影响。Lehtinen 的研究也表明，两栖类物种丰富度与生境破碎化程度呈负相关关系。

3.3.3.4 生物地球化学机理

生物地球化学过程是揭示湿地植物群落和土壤退化的重要研究内容之一，这方面的研究有助于进一步明确物质循环过程在湿地生态系统退化中的功能。生物地球化学过程主要通过影响营养元素的吸收、循环、累积来影响植物群落和土壤的理化性质，改变湿地对营养元素的吸收和净化作用，导致湿地功能下降。莱茵河湿地的一项研究表明，在水生环境中，可利用磷的浓度控制植被生物量的生产，在磷浓度为 5 μmol/L（相当于 0.154 μg/L）时，大型沉水植物开始消失，浮叶植物（浮萍等）开始出现；在磷浓度超过 10 μmol/L（相当于 0.308 μg/L）时，浮游植物（绿藻和蓝藻）开始出现。在对美国大沼泽地 Everglades 的研究中发现，来源于农业面源污染的磷元素是湿地退化的关键胁迫因子，水体中总磷浓度 12～15 μg/L 为胁迫强度阈值，超过此阈值，将引起藻类、水生维管植物和大型无脊椎动物的生态平衡失调。在其他类型湿地植被中也都观察到类似的现象，或受到磷的限制，或受到氮的限制，或二者兼而有之。由此可见，开展湿地生物地球化学过程的定量化研究对揭示湿地退化机理具有重要意义。

3.3.4 辽河保护区湿地退化分析

根据 2009 年辽河保护区调查，植被调查结果显示，代表性的湿地植物建群种 38 科 126 种；水生态调查显示，辽河干流 6 个站共采集到鱼类 397 尾，共计 9 种，分属于鲤科、银鱼科、鳑科和鲇科，其中 75%以上为鲤科鱼类；共采集到大型底栖动物 7 500 余头，隶属 3 门 4 纲 10 目 24 科 40 种；水生昆虫主要为双翅目的摇蚊幼虫以及毛翅目、蜉蝣目和鞘翅目的幼虫；寡毛类主要为水丝蚓；软体动物主要有腹足纲的椎实螺科、扁卷螺科以及真瓣鳃目的无齿蚌亚科和截蛏科；具有水质标志性的襀翅目昆虫没有采集到，说明水质污染严重。

3.4 结论

1）辽河保护区湿地退化原因主要包括自然因素和人为因素两个方面。自然因素主要是气候变化，全球气候变暖，持续的高温干旱，使降水量降低，地表水面积减少，甚至发生枯水，影响水体生物地球化学过程（包括碳动态）、水生食物网结构、动态和生物多样性、初级/次级生产以及水文过程。区域内人口增长导致农牧业发展、水利工程建设及点面源的污染。农牧业发展造成湿地面积大幅缩减，植被退化，动物栖息地丧失，同时造成地下水的过度开采，湿地水大量补充地下水，使湿地系统物质、能量流失衡及生态功能减弱。水利工程建设减少了湿地的上游水源，导致湿地干化、萎缩及盐碱化。点面源污染使湿地水体受损，水质恶化，生态系统结构受到破坏，湿地功能减弱，湿地系统不断退化。

2）辽河保护区于 2010 年成立，经过两年多的建设，生物多样性恢复较快，多样性指数由建设初期的 0.47 提高到 0.51，上升了 4 个百分点。保护区内各生物类群种类均有所增多：维管束植物由原来的 21 科 123 属 215 种提高到 58 科 159 属 229 种；鱼类由 12 种上升到 19 种；鸟类由 35 种增加到 62 种（不包括双台河口国家级自然保护区）；哺乳动物由 3 种增加到 7 种；昆虫由 7 目 36 科增加到 8 目 45 科；原生生物由 10 属 25 种上升到 26 属 40 种。

从调查结果来看，不同河段生物多样性变化也不同。总体来说，位于上游的昌图、康平，位于中游的辽中和位于下游的盘山，物种增加较快，多样性变化较大。辽河保护区昌图段由于地处辽河干流原点，是东西辽河交汇处，生境相对复杂。下游盘山段是辽河入海处，处于陆地与海洋生态系统交错地带，生境多样性程度较高。所以，昌图段和盘山河段维管束植物、哺乳动物等动植物类群增加较快。铁岭、新民、辽中 3 个河段原生生物种类增加幅度大。这 3 个河段流经辽宁省重要工业、农业区，保护区成立前污染严重，保护区成立后采取封育措施，限制污染物排放，水体内原生生物种类快速增长，多样性提高，说明河流水质好转。

外来生物的迅速增加也反映了保护区建成初期，其生态系统处于演替初级阶段，生境的多样性、不确定性给各种物种提供生存机会。随着演替进行，一些物种可能成为辽河保护区的优势物种，而另一些物种则可能随之退出辽河保护区。近年来，随着辽河周边环境的改善，很多人来到辽河保护区放生。对于巴西龟、吸盘鱼（俗称“清道夫”）等外来动物在辽河保护区的生活状态，应密切关注。同时，外来生物的增加也反映了辽河保护区贯穿辽宁省重要工业城市、农业区，交通发达也面临着各种干扰，为物种入侵提供了条件。

3）辽河保护区鱼类种类呈稳定的增加趋势，2013 年监测发现了锯齿新米虾（*Neocaridina denticulata*），表明水体中的食物链更加完善。辽河保护区的鸟类栖息地质量较高，处于食物链顶端的猛禽出现，说明辽河保护区已具备完整的生物链。辽河保护区内迁徙鸟类的数量明显增多，说明随着辽河保护区围栏封育的实施，保护区内的植被得到了良好的恢复，保护区内的物种多样性增加，为鸟类迁徙提供了栖息和觅食的场所。生境多样化增加，完整性提高。2011—2013 年调查结果显示，辽河保护区植物种类增加较快。灯心草科［小灯心草（*Juncus bufonius*）、细灯心草（*Juncus gracillimus*）、针叶灯心草（*Juncus wallichianus*）］、碱毛茛属［长叶碱毛茛（*Halerpestes ruthenica*）、圆叶碱毛茛（*Halerpestes cymbalaria*）］等湿地指示植物的重现，表明辽河保护区河岸带水质、土壤质量有了很大改善。

第4章　辽河保护区湿地恢复与补偿

4.1 湿地恢复的理论基础

4.1.1 湿地恢复的概念

湿地恢复是指通过生态技术或生态工程，对退化或消失的湿地进行修复或重建，再现干扰前的结构和功能及其相关的物理、化学和生物学特性，使其发挥应有的作用。它包括提高地下水位来养护沼泽，改善水禽栖息地；减少湖泊、河流中的富营养沉积物及有毒物质以净化水质；恢复泛滥平原的结构和功能以蓄纳洪水，提供野生生物栖息地及户外娱乐区，同时有助于水质恢复。

湿地生态恢复过程中，应明确以下概念的区别与联系：

①湿地恢复：把受损湿地或由于人类活动而发生改变的湿地恢复到干扰前的状况。

②湿地改进：将生态系统现有状态进行改善，增加生态系统稳定性。高强度的影响和管理，包括改变湿地的物理性质，例如，在一个本没有明水面的湿地中修建一个池塘，作为水禽的栖息地。管理活动不改变湿地的土壤和水文情势，如安装水禽的鸟巢、控制外来种的传播、维持环湿地的绿带等。

③湿地建造：通过人工措施把非湿地区域转变为湿地。

④湿地改建：将恢复与改进（重建）措施有机结合起来，使不良状态得到改造。改建结果是重新获得一个既包括原有特性，又包括对人类有益的新特性的状态。

4.1.2 退化湿地恢复与重建的基本模式

湿地恢复包括湿地基质恢复、水文恢复、水环境恢复、湿地生物（包括植物、动物和微生物）和生境恢复 4 个方面。已证实，植被的恢复是退化生态系统恢复和重建的首要工作，对于湿地生态系统而言也不例外。这是因为植物作为主要初级生产者，是湿地系统的重要组成部分，也是湿地系统的关键属性之一。

4.1.2.1　湿地恢复与重建的重要模式——湿地公园

退化湿地恢复与重建的重要模式之一是湿地公园模式，即以人工湿地方式进行建设，促进湿地恢复。湿地公园是湿地生态恢复的一种有效途径和主要模式，也是湿地保护体系的重要组成部分。其主旨在于培育自然资产，拓展环境容量，在发挥湿地多种生态系统服务功能的同时，满足人类社会经济发展的需求。

依据国内外湿地公园建设的实践经验，湿地公园建设大体可分为可行性论证、规划设计、生态工程和养护管理 4 个阶段。在每个阶段的实施过程中，都需要对湿地生态系统进行监测和评估。

（1）可行性论证

进行湿地公园建设首先必须明确需要恢复和重建的核心生态系统服务功能，这是做出符合生态完整性的规划设计的基础。而要确立湿地公园核心服务功能，有些前期研究是必需的，主要包括以下几个方面：

1）追溯本区域湿地演变历史

湿地是历史文化的发源地，具有深厚的文化底蕴。湿地公园的建设应突出自身特点，充分利用和体现拟恢复湿地的历史与文化。

2）调查所涉及湿地的生态现状，评估其生态价值

只有掌握了现有湿地的水、土壤、动植物等情况，才能对整体生态现状进行评价，也才能在规划设计中充分利用现有的环境资源，弥补目前的缺陷，保持生态系统的完整性。

3）明确区域发展对湿地的功能需求

在明确生态因子现状的基础上，了解所在区域的发展规划，清楚所规划湿地在区域规划中的定位，同时掌握周围居民的情况，这样才能在规划设计中定位该湿地公园的核心服务功能，将其建设为既保护自然资源，又能满足人们需求的湿地公园。

4）充分考虑区域可持续发展

随着城市的发展，城市环境容量会越来越小，预留一定面积的区域作为自然区域，包括预留一些湿地，到一定的阶段用来建设城市湿地公园，是一种明智的选择，且符合区域可持续发展规划。国际上许多著名的大城市，在城市规划时就为将来的城市人民留足了自然休闲的区域，值得我们在城市化过程中进行借鉴。

（2）规划设计

1）规划

运用生态学和生态工程学原理，对湿地生态系统组分进行整体定向的修复和重建，动态平衡生态系统的物质循环、能量流动、自我维持和自我修复等过程，是湿地公园规

划的生态学目标。湿地公园的规划必须遵循可持续发展和生态优先原则。湿地公园规划中的可持续发展原则体现为注重湿地生态价值的保值和增值及系统的抗干扰能力。在湿地公园规划中，生态优先的原则主要体现在修复和重建动态平衡的生态系统并提高系统总代谢率和生产力。

2）设计

在湿地公园建设设计中，必须遵循结构重建与功能恢复原则和复绿—治水—育土—建景原则。

①湿地结构重建与功能修复原则

湿地功能修复是结构重建的目标。在湿地生态系统修复过程中，要完全恢复原生态是不可行的，也是毫无意义的。生态修复的主要目标是通过适度的调节手段（包括对系统结构的调整、对辅助功能和物质输入的控制等），修复湿地生态系统的特有功能。

在进行功能修复时，要注意维持功能平衡，即在生态系统的生产—转化—分解的代谢过程中、生态系统与周边环境之间的物质循环及能流动关系保持动态平衡。

结构重建是功能修复的前提。生态系统的功能是以生态系统的结构为载体的。生态系统最主要的生态功能——能量流动与物质循环，也要依赖于生态系统的食物链。而在大多数生态系统中，每一项生态功能都由具有相似功能的若干物种组成的群体——功能群来完成。因此，功能群已经成为更有意义的生态系统结构单元，被广泛用于生态系统健康评价、生物多样性测度等研究工作。

功能群是结构重建的基本目标单元。这就要求在进行结构重建时，除了要增加生态系统的生物多样性，还要维持和增加各功能群的多样性，使生物与生物之间、生物与环境之间、环境各组分之间保持相对稳定、合理以及彼此间的比例协调关系，维护和保障物质的正常循环。

②复绿—治水—育土—建景原则

植被在湿地生态系统中具有重要意义，是生态系统能量流入生命组分的主要门户，能将光能转化为化学能，向所有各级营养水平提供有机分子和能量来源；为动物提供饵料和隐蔽栖息地。湿地生态系统中的初级生产力中，有相当一部分成为腐殖质进入土壤，增加土壤的营养物质含量，有利于其他生物的生长和繁衍，并促进生态系统的演替。此外，植被还是氧气的主要提供者。

在湿地公园的规划设计中，要提高湿地初级生产力，体现生态功能，主要需从以下3个方面来实现目标：a. 注重优化的植物群落结构；b. 获得相对高的生物量；c. 有相对低的营建和管护成本。

在复绿基础上，要充分考虑提高湿地蓄水、持水功能以及对污染物的降解功能。可通过营建目标植物物种，促进生态系统生产者、消费者和分解者组分的完整来实现这一目标。

育土功能包括保土、沃土和净土。湿地植物，尤其是某些功能植物物种，除可以提高湿地蓄水、持水和净水功能外，还可在一定程度上防止泥沙流失，改善土壤质量，提高土壤自净功能。同时，可以通过适当添加改良土壤的微生物制剂，来促进湿地土壤自净功能的恢复。

在湿地公园的规划设计中，除充分考虑复绿、治水和育土外，景观建设也是一个重要方面，可运用景观生态学原理设计生物廊道。

（3）生态工程

湿地公园的生态工程一般涉及湿地水文、土壤和湿地生物的修复或重建，以及相关景观的建设。在这些建设内容的实施和完成过程中，应充分关注以下3点：

1）坚持在建设过程中进行连续的生态监测和阶段性的生态评估

生态恢复是一个动态过程，要掌握这个动态过程中生态系统所发生的变化、恢复的程度等信息，需要建立完善的指标体系。在湿地公园建设过程中，对湿地相关指标要进行连续的监测、比较和分析，才能对恢复的状态进行合理有效的评价，从而掌握建设措施的有效性，以便做相应的调整或完善建设措施。

2）持续的目标微调

与上述生态监测和评估相对应，在建设过程中，通过监测发现难以达到的目标，可对规划目标进行适当的微调，以制定更加合理、完善的建设方案。

3）成功的标志：目标功能的成功体现和低成本管理的实现

一个成功的湿地公园，首先要实现规划中所确立的目标核心服务功能的正常发挥；其次要具备生态完整性，能自我维持，实现低成本管理，避免成为奢侈品，甚至成为区域发展的负担。

（4）养护管理

湿地公园建成后，合理有序的日常管理对于湿地公园中湿地生态系统的正常运行非常重要。除了制定相应的管理原则和管理制度，从生态学角度应注意以下几个方面：

1）适度增加正面的人工辅助

成功的湿地公园具有生态系统完整性，能够自我维持。因此，在湿地公园的日常管理中，应适度增加正面的人工干预，辅助自然系统的正常运行，尤其要保持目标物种及目标生境类型的稳定性，从而保证核心生态系统服务功能的正常发挥。

2）排除负面的人类活动干扰

排除人类活动的负面干扰是有效维护湿地公园的关键措施。要科学计算湿地公园的容量，控制入园人数和公园内休闲娱乐活动的项目和强度。

3）在环境容量上保持收支平衡

旅游不可避免地会对大气、水体、动植物等产生负面影响，通过统计日常旅游者的数量，可估算其所消耗的环境容量。要将游客所消耗的环境容量和湿地公园生态系统所能提供的环境容量相比较，通过拓展湿地公园的环境容量，达到环境容量上的收支平衡。

4.1.2.2 湿地公园重建的主要技术

（1）湿地生境恢复技术

湿地生境恢复，是指通过采取各项技术措施来增加生境的稳定性。湿地生境恢复主要包括湿地基底恢复、湿地水状况恢复和湿地土壤恢复等。湿地基底恢复是通过采取工程措施，例如，湿地驳岸保护改造工程、土地整治规划工程，对湿地基底进行恢复，维持湿地基底的稳定性，保证湿地面积，并对湿地的地形、地貌进行改造。其具体恢复技术有湿地基底改造技术、湿地及上游水土流失控制技术、清淤技术等。湿地水状况恢复包括改善湿地水环境质量和恢复湿地水文条件。湿地水环境质量改善技术包括污水处理技术、水体富营养化控制技术等；水文条件的恢复通常是通过筑坝修堤（抬高水位）、修建引水渠等水利工程来实现。需要注意的是，由于水文过程的变化性和连续性，需加强河流上游的生态建设，以提高湿地水源河流、湖泊的水质。土壤恢复技术包括土壤污染控制技术、土壤肥力恢复技术等。

（2）湿地生物恢复技术

主要包括物种选择和培育技术、物种引入保护技术、种群调控技术、种群行为控制技术、群落结构优化配置和组建技术、群落演替控制与恢复技术等。

（3）生态系统结构及功能恢复技术

主要包括生态系统构建技术、生态系统总体规划技术等。

4.1.3 湿地生态系统恢复的主要理论

4.1.3.1 生态学理论

生态学是研究生物之间以及生物与环境之间关系的自然科学，是湿地恢复研究的基础。湿地恢复研究涉及的生态学理论主要有以下8种：

（1）限制因子理论

环境中对生物生长、发育、生殖、行为和分布具有直接或间接影响的要素称为生态因子。任何一种生态因子，只要接近或超过生物的耐受范围，就会成为这种生物的限制因子。湿地恢复应考虑系统要素对各种生态因子的耐受限度。生物赖以生存的各种环境资源，如食物、饮水等，由于质量、数量、空间和时间等方面的限制，不能无限地供给，因而生物生产力通常都有一个大致的上限。所以，明确生态系统的限制因子，有利于植被恢复的设计和技术手段的确定，并可缩短植被恢复所必需的时间。当前，这一原理已在农业种植、果树栽培管理等领域广泛运用。

（2）生态适宜性原理

生物经过长期地与环境的协同进化，对生态环境产生了生态上的依赖。根据生态适宜性原理，在生态恢复设计时要先调查恢复区的自然生态条件，如土壤性状、光照特性、温度等。要根据生态环境因子来选择适当的生物种类，使得生物种类与环境生态条件相适宜，让最适合的植物或动物生长在最适宜的环境中。

（3）生态位理论

生态位主要指在自然生态系统中，一个种群在时间、空间上的位置及其与相关种群之间的功能关系。根据生态位理论，在湿地恢复过程中，要避免引进生态位相同的物种，尽可能使各物种的生态位错开，使各种群在群落中具有各自的生态位，避免种群之间直接竞争，保证群落的稳定性。组建由多个种群组成的生物群落，充分利用时间、空间和资源，更有效地利用环境资源，维持长期的生产力和稳定性。对于湿地而言，生态位又称湿地小生境或湿地生态龛位，是一个物种所处的湿地环境及其自身生活习性的总称。在湿地生态学中，关于湿地植物生态适宜性、湿地植物种内或种间竞争、湿地植被恢复、湿地群落演替动态研究方面已取得一定进展。应用生态位原理，就是把适宜的物种引入，填补空白的生态位，使原有群落的生态位逐渐饱和，这不仅可以抵抗病虫害的侵入，增强群落稳定性，还可增加生物多样性，提高群落生产力。

（4）生物群落演替理论

生态演替，按演替方向可分为顺向演替和逆行演替。生态系统的退化实质上是一个系统在超载干扰下逆向演替的动态过程。演替理论认为，只要将受损生态系统的生境条件（对于湿地而言，最重要的是水位）恢复至受损前的状态，该系统的植被（乃至整个生物群落）便可以循序地按照一定演替轨迹自动向前发展，直至恢复至受损前的水平（即所谓的轨迹模式，trajectory model）。在湿地植被恢复和重建时，应按照湿地演替方向、速度和阶段等演替的有关理念来合理设计恢复方案。

（5）生物多样性原理

湿地生态恢复中，应最大限度地采取技术措施，通过引进新的物种、配置好初始种类组成、种植先锋植物、进行肥水管理等，加快恢复与地带性生态系统相似的生态系统。同时利用就地保护的方法，保护自然生境中的生物多样性。多样性丰富的生态系统具有如下特点：具有高生产力的种类出现的机会增加；营养的相互关系更加多样化，能量流动可选择的途径较多，各营养水平间的能量流动趋于稳定；被干扰后，对来自系统外种类入侵的抵抗能力增强；某一个种所有个体间的距离增加，植物病体的扩散降低；各个种类充分占据已分化的生态位，因而系统对资源利用的效率有所提高。

（6）密度效应原理

密度效应是种群和群落中普遍存在的规律，物种生存受制于环境，合理的密度是物种存在、发展的前提。密度过大，超过了环境容纳量，个体间会由于竞争而发生自疏现象；过稀则不能充分利用环境资源，生产力低下。只有保持适当的密度，才能使个体间协调共生。在对湿地植被进行恢复重建时，需注意种植密度。

（7）干扰理论或中度干扰假说

干扰是景观的一种重要的生态过程，它是景观异质性的主要来源之一，能够改变景观格局，同时又受制于景观格局。在退化生态系统恢复过程中，可以适当采取一系列干扰措施以加速恢复，如增加湿地水系连通率可有效提高动植物利用生态空间，从而加快其恢复速率。干扰通过对资源利用的有效性产生作用，影响不同生活史物种对资源的竞争或分享，从而引起群落的非平衡特性。干扰理论和中度干扰假说本质上都说明，在植被恢复过程中，一定程度的某些因素的干扰可以促进植被的恢复与重建。

（8）边缘效应理论

在群落交错区，既可以有相隔群落的生物种类，又可以有交错区特有的生物种类。这种在群落交错区中生物种类增加或某些种类密度加大的现象叫作边缘效应。边缘效应理论认为，两种生境交会的地方由于异质性高而导致物种多样性高。湿地位于水体与陆地的边缘，又常有水位的波动，因而具有明显的边缘效应和中度干扰，是检验边缘效应理论和中度干扰理论的最佳场所。水位变化会导致湿地植物群落的结构发生变化。在人工恢复受损湿地的植被时，需要考虑恢复区与周围地区的结构及功能联系，对湿地与其他类型的生态系统连接的地区应当作特殊考虑，在植被恢复时可以设置一个缓冲区域（过渡带），以利于这个特殊区域的植被恢复，以及发挥过渡作用。

4.1.3.2 恢复生态学理论

恢复生态学是研究生态系统退化的原因、退化生态系统恢复与重建的技术与方法、生态学过程和机理的学科。恢复生态学的基础理论研究包括：生态系统结构、功能以及系统内在的生态学过程与相互作用机制；生态系统的稳定性、多样性、抗逆性、生产力、恢复力与可持续性；先锋与顶级生态系统发生、发展机理与演替规律；不同干扰条件下生态系统受损过程及其响应机制；生态系统退化的景观诊断及其评估指标体系；生态系统退化过程动态监测、模拟、预警及预测，以及生态系统健康等。

恢复生态学应用技术研究主要包括：

①退化生态系统恢复与重建的关键技术体系；

②生态系统结构与功能的优化配置及其调控技术；

③物种与生物多样性的恢复与维持技术；

④生态工程设计与实施技术；

⑤环境规划与景观生态规划技术；

⑥主要生态系统类型区中退化生态系统恢复与重建的优化模式、试验示范与推广。

4.1.3.3　其他理论

（1）自我设计和人为设计理论

自我设计理论认为，只要有足够的时间，退化生态系统将根据环境条件合理组织自己并最终改变其组分。例如，在微型干扰下，泥炭藓沼泽可自动恢复，在许多泥炭开采地和恢复后的湿地重现白毛羊胡子草群落即是证明。而人为设计理论则认为，通过恢复工程和湿地植物重建可直接恢复湿地，即把湿地物种的生活史作为湿地植被恢复的重要因子，通过干扰物种生活史的方法可加快湿地植被的恢复，强调了外界因素对湿地恢复过程的影响。该理论是一个恢复生态的理论，在生态恢复中发挥着重要作用。两者的不同点在于：自我设计理论把恢复放在系统层次上，是以自然演替为理论基础的；人为设计理论则把恢复放在个体或种群层次上。在对湿地植被进行恢复与重建时要充分利用自我设计（或人为设计）理论，如在引入植物繁殖体后，要给正在恢复的区域留下自我组织和设计的时间和空间，使其在一定程度上按照自己的方向进行恢复。尽管恢复力较弱又具有不确定性，但是一旦恢复就具有较强的稳定性。

（2）入侵理论

入侵理论主要讨论外来种或非湿地种对湿地植被的影响。目标种、非目标种以及外来种在受损湿地中的定居和扩散等，都可用该理论描述。通过引入物种进行湿地植被恢复，会使植物区系变化，也将导致湿地优势种发生更替。外来入侵物种易扩散，扩散后会对本地生态系统造成结构及功能上的负面影响。通过引种进行植被恢复时，控制外来物种的传播，消除外来物种对本地物种的威胁是至关重要的。因此，在湿地植被恢复与重建过程中，应当优先选用本地（乡土）物种。

（3）洪水脉冲理论

该理论认为，河流与漫滩之间的水文连通性是影响河流生产力和物种多样性的一个关键因素。洪水冲积湿地的生物和物理功能依赖于江河进入湿地的水的动态。被洪水冲过的湿地上，植物种子的传播和萌发，幼苗定居，营养物质的循环、分解过程及沉积过程均受到影响。在湿地恢复时，一方面应考虑洪水的影响，另一方面可利用洪水的作用，加速恢复退化湿地或维持湿地的动态。

（4）物种共生原理

共生是不同物种的有机体或系统的合作共存。共生可分为偏利共生和互利共生。共生的结果使所有共生者都大大节约物质和能量，减少浪费和损失，使系统获得多重效益。共生者之间差异越大，系统多样性越丰富，共生效益就越大。根据共生原理，应重视边缘交叉地带，创造具有共生关系的正边缘效应，杜绝他感作用等负的边缘效应。

（5）景观格局与景观异质性理论

景观异质性是景观的重要属性之一，是景观要素的变异及复杂程度。异质性在生态系统的各个层次上都存在。景观格局一般指景观斑块的空间分布，是景观异质性的具体体现，又是各种生态过程在不同尺度上作用的结果。景观异质性或时空镶嵌性有利于物种的生存和延续，以及生态系统的稳定。在进行湿地植被恢复时，需要通过一定的人为措施，如不同景观的优化配置，有意识地增加和维持景观异质性。在湿地植被恢复过程中，景观的优化配置主要体现在基本景观元素的形状、大小、数目和空间关系，以及这些空间属性对景观的影响上。

4.1.4 湿地恢复的原则、策略和方法

4.1.4.1 湿地生态恢复应遵循的原则

（1）可行性原则

可行性是许多计划项目实施时首先要考虑的。湿地恢复的可行性主要包括两个方面：环境的可行性和技术的可操作性。通常情况下，湿地恢复方式的选择在很大程度上由现有的环境条件及空间范围所决定。现时的环境状况是自然界和人类社会长期发展的结果，其内部组成要素之间存在相互依赖、相互作用的关系。尽管可以在湿地恢复过程中人为地创造一些条件，但只能在退化湿地基础上加以引导，而不能强制管理。只有这样，才能使恢复具有自然性和持续性。例如，在温暖潮湿的气候条件下，自然恢复速度比较快；而在寒冷干燥的气候条件下，自然恢复速度比较慢。在不同的环境状况下，花费的时间不同，在恶劣的环境条件下，恢复甚至很难进行。另外，一些湿地恢复的愿望是好的，设计也很合理，但操作起来却非常困难，恢复实际上是不可行的。因此，全面评价可行性是湿地恢复成功的保障。

（2）生态学原则

生态学原则要求我们在课题研究中，应根据生态系统自身的演替规律，分阶段、分步骤地对湿地进行恢复，且运用生态位概念和生物多样性原理构建湿地生态系统结构及生物群落，使物质循环、能量转化处于最大利用和最优循环状态，从而达到湿地生态恢复保护的目的。因此，生态原则主要包括生态位原则、生态演替规律、生物多样性原则等。

（3）稀缺性和优先性原则

计划一个湿地恢复项目必须从当前最紧迫的任务出发，应该具有针对性。为充分保

护区域湿地的生物多样性及湿地功能，在制订恢复计划时应全面了解区域或计划区湿地的信息，了解该区域湿地的保护价值，了解它是否是高价值的保护区，是否是湿地的典型类型，是否是候鸟飞行固定路线的重要组成部分等。尽管任何一个恢复项目的目的都是恢复湿地的动态平衡而阻止其陆地化过程，但轻重缓急在恢复前必须明确。例如，一些濒临灭绝的动植物物种，它们的栖息地恢复就显得非常重要，即所谓的稀缺性和优先性。因为小规模的物种、种群或稀有群落比一般的系统更脆弱，更易丧失。而恢复这种类型的湿地难度也更大，常常会事与愿违。

（4）地域性原则

我国地大物博，湿地分布广泛，从热带到寒温带，从内陆到沿海，从平原到高原山区，分布着各种类型的湿地。因此，在对湿地进行生态恢复时，应充分考虑其地理位置、气候特点、湿地类型、功能要求、社会经济影响等因素，创造性地提出和制定适当的湿地生态恢复策略、指标体系及技术路线。

（5）最小风险和最大效益原则

湿地生态系统具有脆弱性和复杂性，加上人们对生态系统、生态过程及其内部运行机制的认识存在局限，退化湿地系统的生态恢复成为一项耗时长、技术复杂、投资巨大的工作。此外，人们往往对生态恢复的结果以及最终生态演替方向的估计不够准确，使得退化生态系统的恢复从某种意义上说具有一定的风险性。这就要求对拟恢复的湿地进行系统综合的分析和反复地考证、论证，将风险降低，同时在投资最小的情况下获得最大的生态和社会经济效益，实现生态效益、经济效益、社会效益相统一。

（6）美学原则

湿地具有多种功能和价值，不但表现在生态环境功能和湿地产品的用途上，而且表现在具有美学、旅游和科研价值上。因此，在许多湿地恢复研究中，应特别注重对美学的追求。许多国家湿地公园的建设经验值得借鉴。美学原则主要包括最大绿色原则和健康原则，体现在湿地的清洁性、独特性、愉悦性和可观赏性等许多方面。美学是湿地价值的重要体现。

4.1.4.2 湿地恢复的基本策略

湿地退化和受损的主要原因是人类活动的干扰，其实质是系统结构的紊乱和功能的减弱与丧失，而外在表现上则是生物多样性的下降或丧失，以及自然景观的衰退。湿地恢复和重建，最重要的理论基础是生态演替。由于生态演替的作用，只要克服或消除自然或人为的干扰压力，并且采用适当的管理方式，湿地是可以恢复的。恢复的最终目的就是再现一个自然的、自我持续的生态系统，使其与环境背景保持完整的统一。

湿地类型不同，恢复的指标体系及相应策略也不同（表 4-1）。对于沼泽湿地而言，泥炭提取、农业开发和城镇扩建，使湿地受损和丧失。如要发挥沼泽在流域系统中原有的调蓄洪水、滞纳沉积物、净化水质、美学景观等功能，必须重新调整和配置沼泽湿地的形态、规模和位置，因为并非所有的沼泽湿地都有同样的价值。在人类开发规模空前巨大的今天，合理恢复和重建具有多重功能的沼泽湿地，而又不浪费资金和物力，需要科学的策略和合理的生态设计。

表 4-1 不同湿地类型恢复策略

湿地类型	恢复的水质指标	恢复策略
低位沼泽	水文（水深、水温等）	减少营养物质输入
	营养物（氮、磷）	恢复高地下水位
	植被（盖度、优势种）	草皮迁移
	动物（珍稀及濒危动物）	割草及清除灌丛
	生物量	恢复对富含钙、铁的地下水的补给
湖泊	富营养化	增加湖泊的深度和广度
	溶解氧	减少点源、非点源污染
	水质	转移富营养沉积物
	沉积物毒性	清除过多草类
	鱼体化学含量	生物调控
	外来物种	清除、抑制外来物种
河流、河缘湿地	河水水质	疏浚河道
	浑浊度	切断污染源
	鱼类毒性	增加非点源污染净化带
	沉积物	河漫滩湿地的自然化
	河漫滩及洪积平原	防止侵蚀沉积
红树林湿地	溶解氧	禁止开采矿物
	潮汐波	严禁滥伐
	生物量	控制不合理建设
	碎屑	减少废物堆积
	营养物质循环	增加生物多样性

对于河流及河缘湿地来讲，面对不断的陆地化过程及其污染，恢复的目标应集中在洪水危害的减小及水质的净化上，通过疏浚河道，使河漫滩湿地再自然化，增加水流的持续性，防止侵蚀或沉积物进入，以控制陆地化。通过切断污染源和加强非点源污染净化，使河流水质得以恢复。而对湖泊的恢复却并非如此简单，因为湖泊是静水水体，尽管其面积不难恢复到先前水平，但其水质恢复要困难得多。其自净作用要比河流弱得多，仅仅切断污染源是远远不够的。水体尤其是底泥中的毒物很难自行消除，不但要进行点源、非点源污染控制，而且要进行污水深度处理及生物调控。

红树林沼泽发育在河口湾和滨海区边缘，在高潮和风暴期是滨海的保护者，在稳定滨海线以及防止海水入侵方面起着重要作用。它为渔业生产提供了丰富的营养物源，也是许多物种的栖息地。在人类的各种活动中，红树林被不断地开发和破坏。为恢复这一重要的生态系统，需要保持陆地径流的合理方式，严禁滥伐及开采矿物，保证营养物的稳定输入。这些措施是恢复退化红树林的关键所在。

湿地恢复策略的实施经常由于缺乏科学的知识而受阻，特别是对湿地丧失的原因、自然性和对一些显著环境变量的控制，有机体对这些要素的反应等，人们还不够清楚。因此，获得对湿地水动力的理解，评价不同受损类型的影响是决定恢复策略的关键。

4.1.4.3 恢复湿地的主要方法

关于湿地植被恢复的技术方法颇多，如郑州黄河保护区在植被恢复时考虑保护优先、依法治理、自然为主、人工为辅、因地制宜、适地适植被、适度利用、持续发展、统筹规划、多措并举等原则，并提出自然恢复、人促自然恢复、人工生态恢复 3 种植被恢复模式；泥炭地植被受损后的恢复技术方法主要有播种法、泥炭藓片段散布法、营养体移植法、草皮移植法等；对受损湿地植被恢复与重建概括出以下技术：废水处理技术（包括物理处理技术、化学处理技术、氧化塘技术）、点源和非点源控制技术、土地处理（包括湿地处理）技术、光化学处理技术、沉积物抽取技术、先锋物种引入技术、土壤种子库引入技术、生物技术（包括生物操纵、生物控制和生物收获等技术）、种群动态调控与行为控制技术、物种保护技术等。国内还有研究人员通过生物操纵、浮水植物和植物浮岛原位净化、岸边人工湿地净化和科学种植等措施，成功地对武汉月湖重建了以菹草和伊乐藻为优势种的沉水植物先锋群落；也有研究者从改善退化湿地热质传递关系入手，通过土壤层结构调整、区域水体停留时间调整、地气界面的密度处理等绿色生态生物措施、水利工程技术及围栏封育工程措施，有效地改善了项目区湿地的生态环境，使退化湿地得到了有效治理。这些技术有的已经形成了一套比较完整的理论体系，有的正在进一步发展和完善，相关方法如下：

（1）环境改善法

湿地是陆地生态系统和水域生态系统之间具有独特水文、土壤、植被与生物特征的生态系统，交互作用因素较多，具有很多特殊性和复杂性。在对湿地植被进行恢复的过程中，应当充分考虑其环境状况并对其进行调查和诊断，包括水文、土壤、植被和其他生物特征等。依据调查和诊断的结果，可先行对一些导致植被退化的关键环境要素加以改善，如通过基底改造改善底泥，进行水源控制、水质净化和水位调节，对有害生物进行防控。将多种措施和方法组合使用，以改善环境状况，促使植被完成恢复与重建。在环境得到改善后，植被恢复主要借助自然的力量，即自我修复，因此恢复的强度相对较弱，速度缓慢，可能需要较长的时间才能够完成恢复过程，且具有很大的不确定性。对于植被已经遭到严重破坏甚至灭绝的湿地而言，利用这种方法进行植被恢复和重建的可行性不大，但是可以将此法作为湿地植被恢复的前期工作方法。

（2）湿地植物种植法

依据湿地植被恢复的原理选取湿地植物，直接种植到受损湿地中，种植方法包括用播种和移植根茎植物的根茎等繁殖体的方法。种植时应根据植被恢复湿地的特点，选择适宜的湿地植物种类，充分考虑植物对水位深度的适应关系。如对于深水区可种植挺水植物和沉水植物，浅水或无水区可选择种植一些沼生、中生植物。要合理搭配植物种类，不能过于单一。否则，即使能够完成植被的恢复和重建，也缺乏安全性和稳定性。这是因为单一物种会降低恢复后整个湿地生态系统的物种多样性与结构复杂性，继而导致其稳定性降低，使其很容易遭到二次破坏甚至毁灭。直接种植法也被应用于其他生态系统的修复过程中，例如，为了防止水土流失而实施的植树造林，以及为了阻止和防治荒漠化而实施的种草植树等措施。

（3）土壤种子库引入法

土壤种子库是指存在于土壤上层凋落物和土壤中的存活种子的总和。它是潜在的植物群落，影响地表植被的物种组成、空间结构和演替动态。土壤种子库引入技术就是对含有种子库的土壤实施喷洒等，使其覆盖于受损湿地表层，利用土壤中的种子完成其上植被的恢复与重建。土壤种子库具有区域特有的物种组成和遗传特性，对维持物种多样性起着十分重要的作用。区域内植被状况及生境类型不同，土壤种子库中所包含的植物种子的数量和种类就会有很大差异。在对湿地进行植被恢复和重建时，应尽量选择与湿地环境状况相似或者接近的种子库土壤。已有一些研究人员强调种子库在湿地植被恢复中的作用。这一方法在国内外的湿地恢复项目中已经得以运用。土壤种子库具有积累作用，根据种子在土壤中存活的时间不同，分为瞬时土壤种子库和持久土壤种子库。具体的方法即表土法，也称客土法，或原位土壤覆盖法。此法可较好地应用于水域植被的恢复中，主要是湖沼等。将河流施工产生的泥土中的种子库应用于河流周边的湖沼等湿地植被的恢复，不仅可以保全河流固有的植物群落，还可以减少搬运沙土所产生的费用，可谓有效利用工程废土的好方法。土壤种子库引入法在引入种子库的同时也引入了土壤，这些土壤可以改善受损生态系统的土壤质地和结构，为植物的恢复和重建创造了良好的生长环境。当前，这一方法不只是应用于湿地的植被恢复，在其他受损生态系统的恢复中也被采用。

4.2 辽河保护区湿地恢复要素

湿地特有的生态效益及生态系统服务功能，使退化湿地的恢复、重建显得尤为重要。

4.2.1　辽河保护区湿地恢复研究方法

由辽河保护区管理局牵头来整合相关资源，在系统规划的基础上，实施湿地恢复与保育试点工程，如野生动物栖息地的恢复、湿地植被的恢复等。要探索辽河保护区湿地保育技术，总结经验，全面推动保护区湿地恢复。

4.2.1.1　辽河保护区湿地恢复过程研究

利用卫星遥感资料，以 2008 年为基准年，对 2012 年辽河保护区生态恢复状况进行监测分析。根据保护区地表实际状况，将分类目标确立为水体、滩涂、沙化土地、芦苇型湿地、水田、旱地、草地、林地、其他（包括建设用地、道路等）9 种地表覆被类型。所用的卫星遥感影像数据主要拍摄于 2008 年和 2012 年的 6—10 月（以其他月份的影像作为补充；为了体现水体变化特征，时相选择以 9 月，即秋季为主），遥感卫星是分辨率为 10 m 的法国 SPOT 卫星和日本 ALOS 卫星。在利用图像处理软件 ERDAS IMAGING 9.2 对原始影像数据进行几何精校正处理的基础上，通过遥感影像判读训练，确定将最优组合波段合成图作为目视解译图。利用 ArcGIS 9.3 软件 ArcMap 模块平台，采用人机交互目视解译对辽河保护区地类特征进行提取。在正式目视解译前，进行分类特征判断训练，并到判读区实地核实，建立遥感影像解译标志；利用 ArcGIS 9.3 软件的 ArcCatalog 模块建立线要素类图层，沿植被类型边界进行数字化；利用 ArcCatalog 模块把线要素类转换为多边形要素类，生成各植被类型面积信息，实现对各个植被类型面积信息的统计；利用 ArcGIS 9.3 软件 ArcMap 模块制作 2 幅年份植被图，对重点区域的遥感图像进行增强处理（包括边缘增强、色彩调整、直方图拉伸等），并对解译结果进行野外实地调查验证，保证最终解译结果精度达到 80%及以上。基于差值法，评价不同年份相应评价指标（如面积、类型、结构、分布等信息）的差异。

几何精校正采用多项式校正法，用 GPS 点作地理参照，选取地面控制点，控制点主要选取道路交叉口、河流汇合口、桥梁、田间地块的转折点等处。控制点个数的计算方法是（T+1）×（T+2）/2，其中 T 为多项式的次数，这里 T=2。选点时保证数量尽量多且分布均匀，这里选取了 10 个控制点，控制点主要分布在图廓四周，中间内插几个点，总的误差控制在一个像元内。具体操作方法如下：利用 ERDAS IMAGING 9.2 软件 Raster 模块中的 Geometric Correction 功能进行几何校正，校正模型选择多项式法，选取双线性内插法进行重采样，计算内插新像素的灰度值。

目视解译具体分为以下 5 个过程：目视解译准备阶段、初步解译与判读区的野外考察、室内详细判读、野外验证与补判、目视解译成果转绘与制图。

（1）目视解译准备阶段

确定解译任务和要求，收集与分析相关图件资料，选择合适的波段组合及遥感影像。这里选取的 SPOT 5 波段组合为近红外—红—绿波段，SPOT 4 波段组合为绿—红—近红外波段，ALOS 波段组合为红—绿—蓝波段，重点突出绿色植被影像特征。

（2）初步解译与判读区的野外考察

初步解译的主要任务是掌握解译区域的特点，确立典型解译样区，建立目视解译标志，研究解译方法，为全面解译奠定基础。在野外考察时，填写各种地物判读标志登记表，作为建立地区性判读标志的依据。在此基础上，建立影像判读的专题分类系统，建立遥感影像解译标志。此次判读区选取的是地物类型较为丰富的盘锦地区，勘探、调查、寻找代表各类影像特征的明确地物点 30 个。

（3）室内详细判读

采取人机交互方式，逐块进行影像判读和图斑勾绘与更新。在 ArcGIS 9.3 软件 ArcMap 模块中，采用目视解译方法，具体步骤见图 4-1。在初判基础上，交叉进行核判。如核判过程中发现漏判、误判和判读、意见不一致等问题，由交叉双方根据实际情况和技术规程进行解决。对初判、核判后的阶段成果，直接在计算机上进行检查，发现疑问时做好记录，查明原因，及时更正，并提出修改意见。然后，根据提出的意见对初判、核判后的阶段性成果再次进行修改完善，确保成果质量。

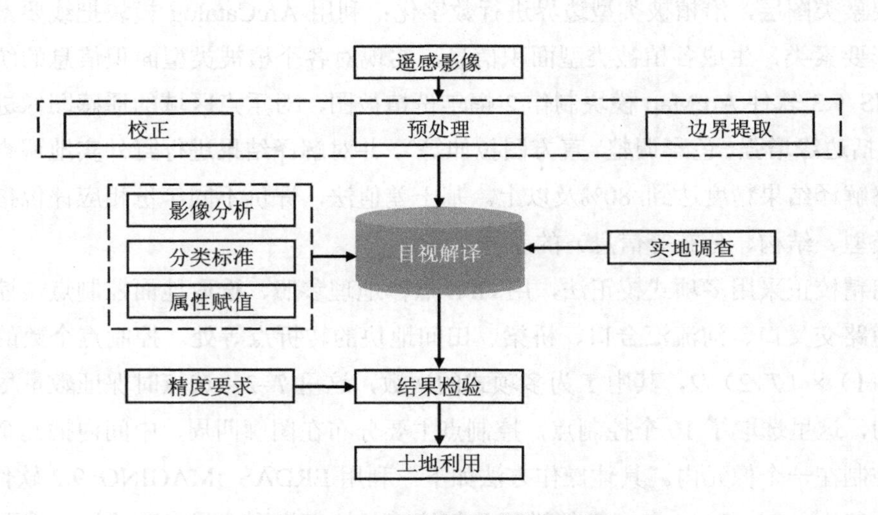

图 4-1 土地利用遥感解译流程

（4）野外验证与补判

野外验证主要是检验专题解译中图标的内容是否正确，进一步检验解译标志。同时，对室内判读中遗留的疑难点进行再次解译。此次野外验证遍布整个保护区，验证的重点区域主要有昌图县福德店、京四高速公路桥周边、昌图县通江口、哈大高速铁路二桥周边、铁岭市双安桥周边、铁岭县新调线公路桥周边、西孤家子、康平三河下拉、沈北石佛寺、沈北七星山、新民市马虎山桥周边、新民市巨流河桥—毓宝台桥周边、辽中县满都户桥周边、台安县大张桥周边、盘锦盘山闸等地，选取验证点80个左右，验证解译精度为80.5%，可满足对10 m分辨率遥感影像进行普查调查的精度。

（5）目视解译成果转绘与制图

影像地图的版面设计，在ArcGIS 9.3软件ArcMap模块的View/Layout View中实现。

植被覆盖度计算方法：植被覆盖度是指植被植株冠层或叶面在地面的垂直投影面积占植被区总面积的比例。植被覆盖度（f_c）计算方法见式（4-1）：

$$f_c=\frac{\text{保护区内除耕地之外的所有绿色植被面积}}{\text{保护区总面积}}\times 100\% \tag{4-1}$$

4.2.1.2　辽河保护区湿地环境特征研究

水质环境研究方法与陆生生境监测方法：

①监测时间：对植被季相进行3次监测；物候观测应长期进行。

②监测地点：在辽河保护区内11座橡胶坝上游、铁岭福德店、康平三河下拉、汎河湿地、石佛寺水库、台安县达牛镇、盘山闸、辽河口国家级自然保护区和潮间带等重要节点设19个长期观测区，作为重点监测地点。

③监测方法：将陆生生境监测与植物监测结合进行。

④监测指标：陆生生境监测指示物种或优势物种的物候（乔木或灌木包括芽开放期、展叶期、开花始期、开花盛期、果实成熟期、叶变色期、落叶期等，草本包括萌动期、开花期、果实成熟期、种子散布期、黄枯期等）。

⑤数据处理：形成植被类型、群落名称、地理位置、分布特征。

4.2.1.3　辽河保护区湿地生物特征研究

（1）植被

①监测时间：选择植物生长旺盛期进行监测，一般为夏季（7—8月）。

②监测地点：在辽河保护区内11座橡胶坝上游、铁岭福德店、康平三河下拉、汎河湿地、石佛寺水库、台安县达牛镇、盘山闸、辽河口国家级自然保护区等重要节点设18个长期观测区，作为重点监测地点。

③监测方法：采用样带法与样方法。从辽河河道至大坝设置宽50 m的样带（样带是指能够反映植物群落基本特征的一定地段。样带的选择标准是：各类成分的分布要均匀一致；群落结构要完整，层次要分明；生境条件要一致（尤其是地形和土壤），应是最能

反映该群落生境特点的地段；样带要设在群落中心的典型部分，避免选在两个类型的过渡地带；样带要有显著的实物标记，以便明确观察范围。在符合上述 5 个选择标准的基础上确定样带)，在样带内根据监测对象不同设置大小不同的样方。样方数目：乔木 2 个，灌木 3 个，草本 5 个。

乔木层样方大小为 10 m×10 m～40 m×50 m；

灌木层为 4 m×4 m～10 m×10 m；

草本层为 1 m×1 m～3 m×3.3 m。

④监测指标：

乔木：种类、胸径、高度、物候期、生活状态、生活力；

灌木：种类、平均高度、盖度、物候期、生活状态、生活力；

草本：种类、多度（丛）、平均高度、盖度、物候期。

⑤数据处理：计算植物种类、种群大小、群落结构（空间、时间）、物种多样性指标（α多样性、β多样性）。

α多样性计算方法：植物尤其是草本植物数目多，且禾本科植物多为丛生的，计数很困难，故采用每个物种的重要值来代替每个物种个体数目这一指标，作为多样性指数的计算依据。因此，首先按照下面的计算公式，计算出每个物种的重要值，再将每个物种的重要值代入辛普森（Simpson）多样性指数和香农-威纳（Shannon-Wiener）指数计算公式中，分别计算出群落的多样性指数。

辛普森多样性指数（D）的计算方法，见式（4-2）：

$$D = 1 - \sum_{i=1}^{s} P_i^2 \tag{4-2}$$

式中，P_i —— 种 i 的重要值；

S —— 物种数目。

香农-威纳指数（H'）的计算方法，见式（4-3）：

$$H' = -\sum_{i=1}^{s} P_i \ln P_i \tag{4-3}$$

式中，P_i —— 种 i 的重要值；

S —— 物种数目。

重要值的计算方法，见式（4-4）：

$$I = \frac{1}{300}(\text{相对密度} + \text{相对优势度} + \text{相对频度}) \tag{4-4}$$

式中，相对密度=每个种的密度/所有种的密度之和×100%；

相对优势度=每个种所有个体的胸径断面积之和/所有种个体的胸径断面积之和×100%；

相对盖度（频度）=每个种的盖度/所有种的盖度之和（该种的频度/所有种的频度总和）×100%。

Pielou 均匀度指数（J'）（式 4-5）表示α 多样性。

$$J' = H' / \ln S \tag{4-5}$$

式中，S——样地中的物种数目；

P_i——种 i 的重要值（IV）。

种间相遇概率（PIE）或群落组织水平相互关系的指数，反映物种在随机情况下个体之间相遇的概率，见式（4-6）：

$$\text{PIE} = \sum_{i=1}^{s}\left(\frac{n_i}{N}\right)\left(\frac{N-n_i}{N-1}\right) \tag{4-6}$$

式中，S——种的数目；

N——所有种的个体总数；

n_i——第 i 个种的个体数目。

β多样性指数计算方法：

Whittacker 指数（β_{w}）见式（4-7）：

$$\beta_{\mathrm{w}} = S / ma - 1 \tag{4-7}$$

式中，S——所研究系统记录的物种总数；

ma——各样方或样本的平均物种数。

Cody 指数（β_{c}）见式（4-8）：

$$\beta_{\mathrm{c}} = [g(H) + l(H)] / 2 \tag{4-8}$$

式中，g（H）——沿生态梯度 H 增加的物种数目；

l（H）——沿生态梯度 H 失去的物种数目，即在上一个梯度中存在而在下一个梯度中没有的物种数目。

（2）鱼类

①监测时间：从繁殖季节之前开始，持续到繁殖季节结束，包括整个繁殖季节。鱼类资源监测在春秋两季或干湿两季各进行 1 次，每次 10～20 d。

②监测地点：在辽河保护区内 11 座橡胶坝上游、铁岭福德店、康平三河下拉、汎河湿地、石佛寺水库、台安县达牛镇、盘山闸、辽河口国家级自然保护区和潮间带等重要节点设 19 个长期观测区，作为重点监测地点。

③监测方法：一是走访调查，询问当地居民；二是调查期间采用各种网捕。常规生

物学测定：体长、体重。

④监测指标：种类、数量等。

⑤数据处理：计算种类组成、鱼类群落结构。

（3）两栖爬行动物

①监测时间：每年进行 3 次监测，分别在 5 月、8 月和 10 月。每次调查分白天和夜间两个时间进行。

②监测地点：在辽河保护区内 11 座橡胶坝上游、铁岭福德店、康平三河下拉、汎河湿地、石佛寺水库、台安县达牛镇、盘山闸、辽河口国家级自然保护区等重要节点设 18 个长期观测区，作为重点监测地点。

③监测方法：采用直数法调查成体蛙类与爬行动物。由东向西调查，设长 50 m、宽 100 m 的调查样方，查数样方中动物数量，记录种类与生境，利用改进的样方拍照计数法调查蝌蚪数量。

④监测指标：种类、数量。

⑤数据处理：计算两栖爬行动物种类、种群密度。

（4）鸟类

①监测时间：繁殖期鸟类监测和冬季鸟类监测分别在 6 月和 12 月（或 1 月初）进行。根据实际情况确定监测频次。

②监测地点：在辽河保护区内 11 座橡胶坝上游、铁岭福德店、康平三河下拉、汎河湿地、石佛寺水库、台安县达牛镇、盘山闸、辽河口国家级自然保护区和潮间带等重要节点设 19 个长期观测区，作为重点监测地点。

③监测方法：

a. 常规陆生鸟调查方法

在晴朗、风力不大（3 级以下）的天气条件下进行，最佳时间为清晨和傍晚，步行速度为每小时 1～2 km，只记录向后飞和各向侧飞的鸟，向前飞的不计。

b. 水禽调查方法

由于水禽分布比较集中，样带调查无法得到真实数量分布特征，因此采用直数法与现场估测法进行调查。使用高倍望远镜进行直数调查，并记录生境。

④监测项目：种类、数量。

⑤数据处理：计算鸟类数量、密度、分布。

（5）哺乳动物

①监测时间：在 6—9 月的青草期及 10 月至第二年 5 月的草枯期进行监测。在青草期，每月开展两次样线监测，枯草期每 2 个月开展 1 次样线监测。

②监测地点：在辽河保护区内 11 座橡胶坝上游、铁岭福德店、康平三河下拉、汎河

湿地、石佛寺水库、台安县达牛镇、盘山闸、辽河口国家级自然保护区等重要节点设 18 个长期观测区，作为重点监测地点。

③监测方法：根据文献资料，采用访问和实地核实相结合的方法进行调查。采访有经验的基层相关技术人员、村民等，结合样带（长 5.5 km，宽 4 km）调查中所见到的动物尸体、粪便、足迹、洞穴等，以及各种动物的生境要求、经验分布、密度、核实访问到的数量，从而确定样带面积内各种兽类的数量。

其中，鼠类中褐家鼠 1 洞 1 鼠（洞口外显 1 个），鼠数=洞穴数。

小家鼠 1 洞 1 鼠（洞口外显 2～3 个），鼠数=洞穴数/3。

大仓鼠、小家鼠 1 洞 1 鼠（洞口外显 3～4 个），鼠数=洞穴数/4。

④监测指标：种类、数量。

（6）昆虫

①监测时间：分别于每年 7—8 月监测 1 次。

②监测地点：在辽河保护区内 11 座橡胶坝上游、铁岭福德店、康平三河下拉、汎河湿地、石佛寺水库、台安县达牛镇、盘山闸、辽河口国家级自然保护区和潮间带等重要节点设 19 个长期观测区。

③监测方法：网捕与灯诱。

（7）土壤微生物

①监测时间：分别于每年 6 月监测 1 次。

②监测地点：在辽河保护区内 11 座橡胶坝上游、铁岭福德店、康平三河下拉、汎河湿地、石佛寺水库、台安县达牛镇、盘山闸、辽河口国家级自然保护区和潮间带等重要节点设 19 个长期观测区。

③监测方法：在每个取土地点分别做 5 个样方，每个样方大小均为 10 m×10 m，样方间距离大于 10 m。用土钻（直径 3 cm）钻洞，取 10～20 cm 厚的土样。去除石块、植物根系和土壤动物等，置于聚乙烯袋中，立即带回实验室，过 2 mm 筛。每个样方的土样取约 50 g，放于 4℃冰箱中保存，用于可培养土壤真菌类群分析，并在 2 周内完成真菌的数量测定。

采用平板法对土壤真菌进行分离培养：称取 0.001 5～0.0150 g 土样，置于培养皿中，分散、粉碎后，将已熔化并冷却至 45℃的孟加拉红培养基倒入培养皿中，旋转以使土粒分散，置于 25℃恒温培养箱中培养。为抑制细菌，在孟加拉红培养基里加入少许链霉素。5 d 后，进行菌落计数和记录，随后转入马铃薯葡萄糖琼脂（PDA）培养基中进行纯化、保存，待进一步地观察和鉴定。对每个样方的土样进行 3 次重复培养、分离及纯化，培养的真菌鉴定到属。

真菌计数方法：真菌培养 5 d 后开始统计并记录真菌菌落数量，分离率计算公式如下：

真菌分离率（%）=（某一分离真菌菌落数/总分离真菌菌落数）×100 (4-9)

④监测指标：真菌、生物量（菌落数）。

⑤数据处理：种类组成，采用 Shannon-Wiener 的多样性指数（H'）、Pielou 的均匀度指数（J'）进行物种多样性分析。

（8）浮游原生生物

①监测时间：在浮游原生生物生长温度适宜时进行监测，一般为 5—10 月，每年监测 2 次。

②监测地点：在辽河保护区内 11 座橡胶坝上游、铁岭福德店、康平三河下拉、汎河湿地、石佛寺水库、台安县达牛镇、盘山闸等重要节点设 18 个长期观测区，作为重点监测地点。

③监测方法：使用灭菌玻璃瓶或塑料瓶进行现场水样采集，回实验室进行分析。进行浮游原生生物的培养和计数，采用平板计数法或血球板计数法。

④监测指标：种类、数量。

⑤数据处理：计算浮游原生生物种类组成、种群结构、物种多样性指数。

4.2.2 辽河保护区湿地恢复结果与分析

4.2.2.1 辽河保护区湿地恢复过程

（1）辽河保护区生态系统构成

详见 6.4.1 节生态系统类型与分布。

（2）生态系统构成变化分析

详见 6.4.2 节生态系统构成变化分析。

（3）生态系统类型转换特征分析

辽河保护区成立前后生态系统构成转移矩阵和类型相互转化强度，见表 4-2 和表 4-3。从表中可知，2008—2012 年，辽河保护区生态系统中，农田和滩地是主要的转出类型，转出面积分别为 149.84 km^2 和 156.64 km^2。其中，主要的变化转移发生在农田、草地、滩地和河口水域之间。随着辽河保护区的建立、退耕还林还草工程的实施，农田向草地转出 135.62 km^2。而滩地是水体和自然植被交会的过渡地带，滩地向河口水域转出 152.44 km^2。这说明辽河保护区湿地恢复效果显著，且潜力巨大。辽河保护区 2008—2012 年的综合生态系统动态度见表 4-4。

表 4-2 辽河保护区成立前后生态系统构成转移矩阵

单位：km^2

年份	类型	林地	防护林	草地	芦苇沼泽	库塘	河流	农田	居住地	河口水域	滩地
2008—2012 年	林地	17.34		5.68			0.41	4.08			
	防护林		37.14	0.00				0.31			
	草地	0.90		70.79	0.26	0.01	10.72	4.37			
	芦苇沼泽				418.97		0.09				
	库塘			0.23		61.99	0.15	0.00			
	河流	0.00		11.94	0.00	0.07	120.10	1.25		0.00	0.00
	农田	0.89		135.62	5.42	1.41	6.23	620.65	0.12	0.16	
	居住地			0.01				0.08	15.74		
	河口水域									79.58	
	滩地					3.32		0.88		152.44	79.77

表 4-3 辽河保护区成立前后生态系统类型相互转化强度

单位：%

年份	类型	林地	防护林	草地	芦苇沼泽	库塘	河流	农田	居住地	河口水域	滩地
2008—2012 年	林地	63.03		20.66			1.48	14.83			
	防护林		99.18	0.00				0.82			
	草地	1.04		81.32	0.30	0.01	12.31	5.02			
	芦苇沼泽				99.98		0.02				
	库塘			0.36		99.39	0.24	0.01			
	河流	0.00		8.95	0.00	0.06	90.05	0.94		0.00	0.00
	农田	0.12		17.60	0.70	0.18	0.81	80.55	0.02	0.02	
	居住地			0.08				0.51	99.41		
	河口水域									100.00	
	滩地					1.41		0.37		64.48	33.74

表 4-4 综合生态系统动态度

综合生态系统动态度/%	2008—2012 年
EC	18.57

4.2.2.2 辽河保护区湿地环境特征

（1）水质环境变化趋势

辽河全流域水质综合分析结果显示，2002—2012 年，辽河流域水质有明显改善：Ⅰ～Ⅲ类水质断面比率由 17.9%上升至 43.6%，Ⅳ、Ⅴ类水质断面比率由 29.9%上升至 41.9%；劣Ⅴ类水质断面比率下降了近 40%。2010 年以后，辽河流域水质趋于稳定，有 40%以上断面水质维持在Ⅰ～Ⅲ类，40%以上断面水质维持在Ⅳ、Ⅴ类，仅有 10%左右的断面仍处于劣Ⅴ类水质（图 4-2）。

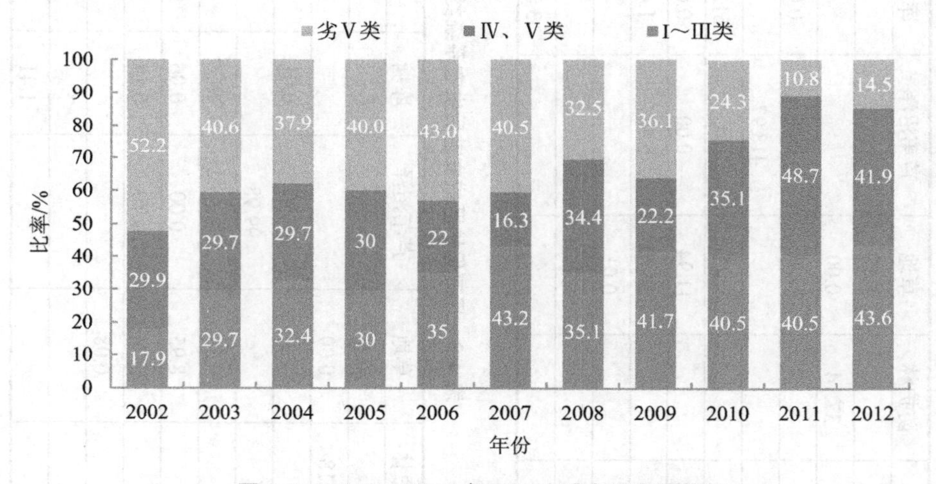

图 4-2 2002—2012 年辽河流域水质变化趋势

2012 年，辽河流域水质明显好转，特别是氨氮浓度明显下降，流域主要河流干流氨氮浓度比 2002 年下降了 38.1%～88.4%，比 2007 年下降了 55.1%～83.0%，支流氨氮浓度比 2007 年下降了 47.7%～89.2%，水质总体回复到 20 世纪 80 年代中期水平。自 2012 年 7 月开始，全流域水质为轻度污染。按照 21 项指标评价，自 2012 年 8 月开始，辽河流域 90 个断面水质达标率在 90%以上，10—12 月连续 3 个月保持 100%达标率。

（2）陆生环境变化趋势

根据辽河保护区生态环境的特点，确定陆生生境监测指示物种（目前为优势物种）。草本植物为薤白、紫花地丁、长刺酸模、委陵菜、茵陈蒿、黄花蒿、三裂叶豚草、地肤、藜、蛇床、华黄耆、加拿大蓬，其中三裂叶豚草为辽河保护区内分布最广的外来入侵植物；蛇床、华黄耆为一年生和多年生草本的代表；长刺酸模与委陵菜为杂类草代表。乔木主要有柳、榆、杨，为辽河保护区内主要的人工防护林树种。

调查其物候（乔木或灌木包括芽开放期、展叶期、开花始期、开花盛期、果实成熟期、叶变色期、落叶期等，草本包括萌动期、开花期、果实成熟期、种子散布期、黄枯期等），确定监测区植物群落特征。

2012 年监测结果表明，辽河保护区最早萌动的植物是薤白、紫花地丁、委陵菜和蛇床；最早开花的植物为紫花地丁，4 月底即进入花期，其次为薤白、长刺酸模、委陵菜、蛇床，华黄耆，均在 6 月进入花期。紫花地丁果实成熟较早，长刺酸模和薤白的果实于 6 月成熟。以上 6 种植物黄枯期在 8 月。茵陈蒿、黄花蒿、三裂叶豚草、加拿大蓬、地肤和藜等 4 月末种子萌动，7 月进入花期，8 月进入果实成熟期。三裂叶豚草和加拿大蓬的种子成熟后即开始散播，茵陈蒿、地肤、藜等植物的种子均在黄枯期才开始散播。

（3）辽河保护区湿地生物特征

1）植物多样性变化

通过文献调查可知，辽河保护区成立前，区内植物主要有 215 种，分属于 21 科、123 属；成立两年后，主要有 229 种，分属于 58 科、159 属（表 4-5）。

表 4-5　辽河保护区成立前后植物种类

时间	科	属	种
成立前	21	123	215
成立后	58	159	229
变化	+37	+36	+14

由表 4-5 可知，辽河保护区成立后，植物在科及属的水平上增加较快，而在种的水平上增加较慢。同属植物所需生境相似，说明辽河保护区生境多样性程度有所提高。种水平增加较慢，且增加数量低于科属，可能由于保护区成立前大量不同类型耕作区存在，各种农田杂草种类较多；成立保护区后，采取围封措施，农田杂草中优势物种得以迅速增长，而原来部分小种群的生长力较弱的农田杂草退出保护区。例如，莎草科牛毛毡（*Eleocharis yokoscensis*）通常生长在水稻田埂，随水稻田弃种而消失。同科植物还有苔草属柔苔草（*Carex bostrichotigma*），不影响原有科属数量。取而代之的是一些新增加物种，如罗布麻（*Apocynum lancifolium*）、补血草（*Limonium sinense*），二者分属夹竹桃科罗布麻属与蓝雪科补血草属，均为新增加的科与属。因此建成后的辽河保护区植物物种在科属水平上增加较快，而这种水平上增加较慢。

结合文献进行实地调查时发现，辽河保护区各县域河段植物物种多样性变化不同。

保护区成立初期，开原、辽中、台安植物种类较少，分别为 20 种和 21 种；昌图与法库较高，分别为 45 种与 40 种。总体来看，各县域河段植物种类均有增加，其中昌图、康平、法库、铁岭植物种类均超过 40 种。但各河段增加幅度不同，台安植物种类增加最快，幅度达到 42.86%；其次为开原河段，增加幅度达到 35.00%；康平达到 26.47%；铁岭达到 22.86%；新民达到 20.69%。可见，不同河段植物种类增加幅度并不完全相同（图 4-3）。

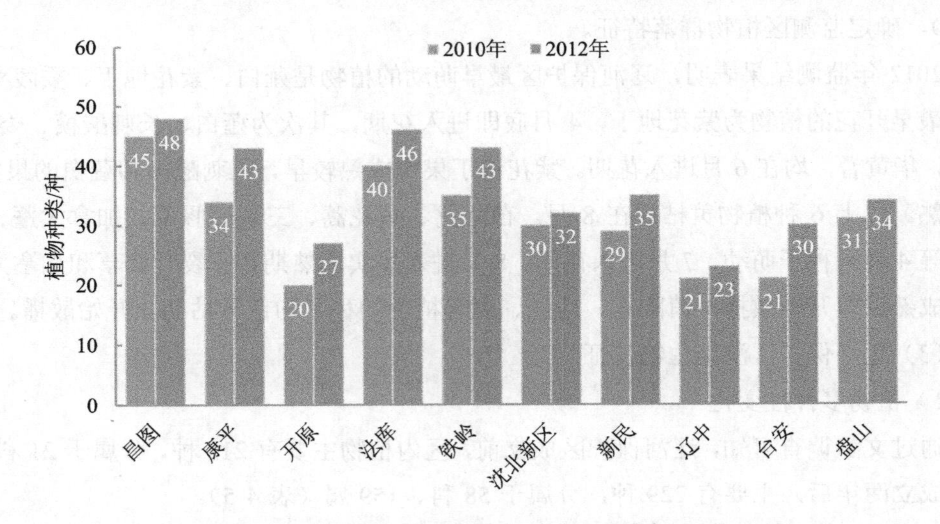

图 4-3 辽河保护区成立前后各县域河段植物物种多样性变化

从文献调查结果中只能获得植物种类数据，因此，本次植物多样性评价采用调查区域植物种类占辽河保护区植物总种类的百分比作为标准。由图 4-4 可知，辽河保护区建立两年后，植物多样性均有所提高，其中提高较快的河段为台安、开原、康平、铁岭、新民。

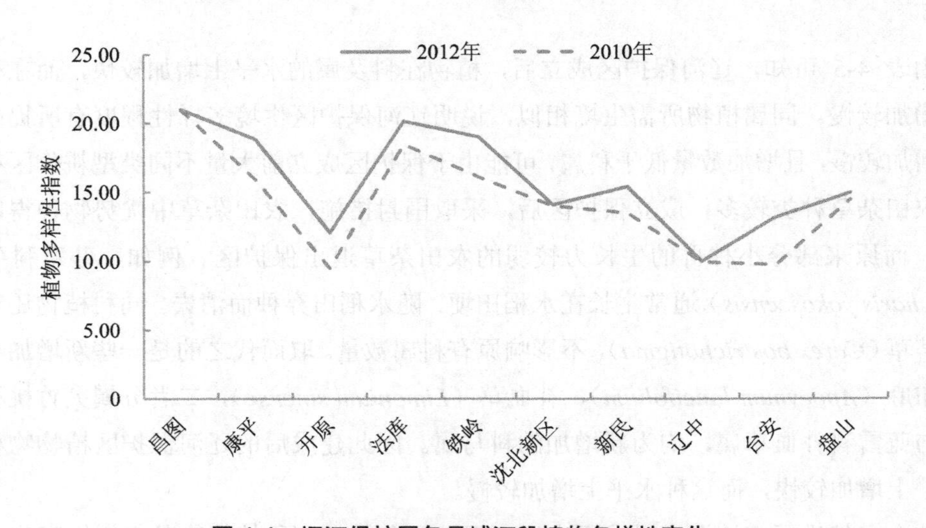

图 4-4 辽河保护区各县域河段植物多样性变化

2）鱼类多样性变化

通过文献调查可见，辽河保护区成立初期，该区鱼类共有 12 种，主要为鲢鱼（*Hypohpthalmichthys molitrix*）、草鱼（*Ctenopharyn odon idellus*）、麦穗鱼（*Pseudorasbora parva*）、黑斑狗鱼（*Esox reicherti*）、鳑鲏（*Rhodeus fangi*）、鳙鱼（*Hypophthalmichthys molitrix*）、鲫鱼（*Carassius auratus*）、葛氏鲈塘鳢（*Perccottus glehni*）、鲤鱼（*Cyprinus carpio*）、泥鳅（*Misgurnus anguillicaudatus*）、鲇鱼（*Silurus asotus*）、大银鱼（*Protosalanx hyalocranius*）；保护区成立两年后，鱼类共有 19 种，包括鲢鱼、草鱼、麦穗鱼、黄颡鱼、黑斑狗鱼、鳑鲏、鳙鱼、鲫鱼、翘嘴红鲌、鲤鱼、泥鳅、鲇鱼、大银鱼、葛氏鲈塘鳢、沙塘鳢（*Odontobutis obscurus*）、黄黝鱼（*Hypseleotris swinhonis*）、餐条（*Hemiculter leucisculus*）、黑鱼（*Channa argus*）、辽河刀鲚（*Coilia ectenes*）。尤其是辽河刀鲚的在盘山段的出现，说明辽河保护区生态环境的恢复较好。

保护区成立前，昌图、盘山、康平鱼类种类较多；建成后，各县域河段鱼的种类除昌图与康平河段与建立初期持平外，其他河段均有增加。其中，沈北新区鱼类增加最快，增幅达到 100%；其次是新民，增幅为 75%；开原、法库、辽中和台安鱼类增幅达到 50%（图 4-5）。

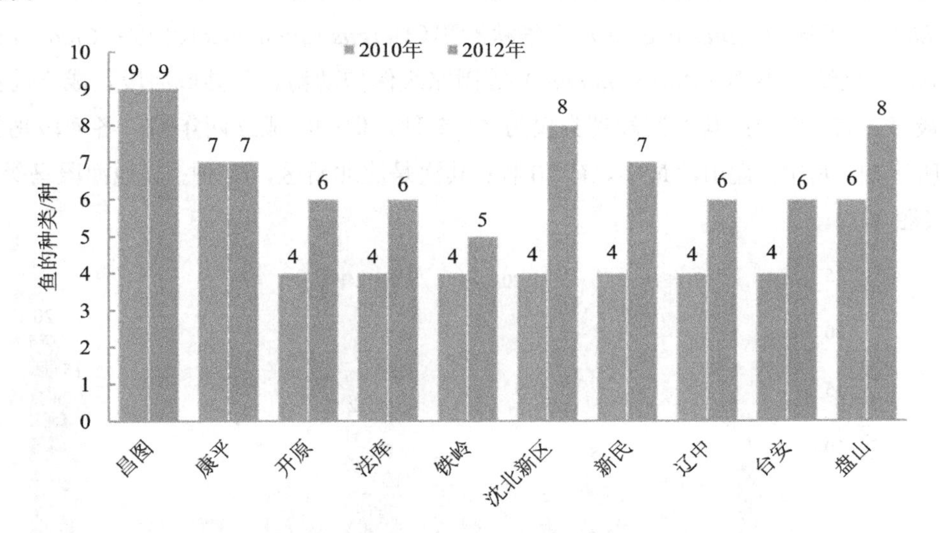

图 4-5 辽河保护区成立前后县域河段鱼类种类变化

辽河保护区成立两年后，各河段鱼类种类总体增加。由于鱼类的流动性较大，各河段鱼类种类相近，多样性变化情况也相近。除沈北新区鱼类多样性提高外，其他河段鱼类多样性均降低（图 4-6）。

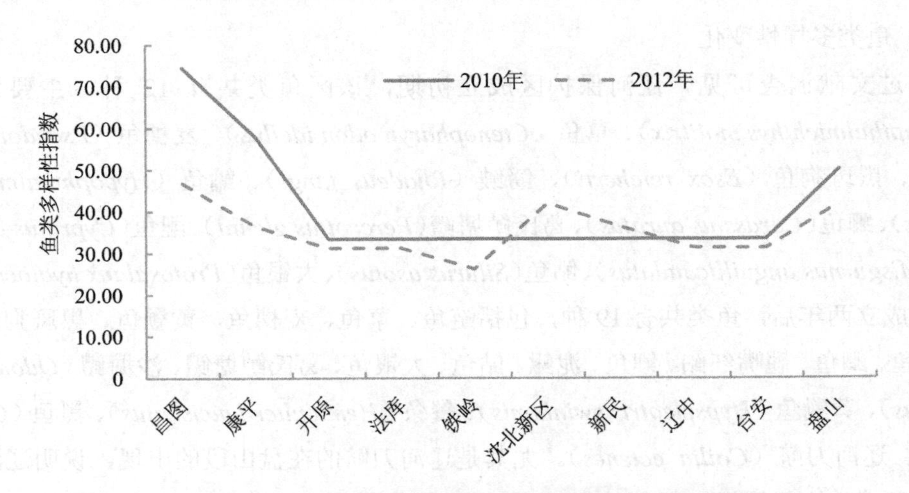

图 4-6　辽河保护区成立前后县域河段鱼类多样性变化

3）鸟类多样性变化

辽河保护区成立前，区内鸟类多样性总体水平较低，仅有 35 种（不包括双台河口国家级自然保护区），而建成两年后，达到 62 种，尤其是发现了小天鹅（*Cygnus columbianus bewickii*）、大天鹅（*Cygnus cygnus*）、中华秋沙鸭（*Mergus squamatus*）、白鹳（*Ciconia ciconia asiatica*）、纵纹腹小鸮（*Athene noctua*）等国家级保护动物。各县域河段，成立前盘山段鸟类最多，有 15 种；其他河段鸟类仅为 4～5 种。保护区成立两年后，各河段鸟类种类均有所增加。其中，盘山段最多，有 20 种；其次是沈北新区，12 种；其他河段鸟类有 7～9 种（图 4-7）。

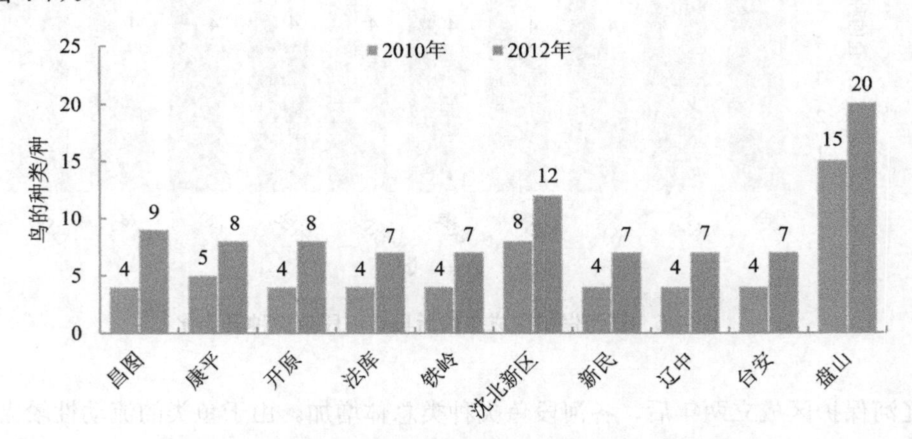

图 4-7　辽河保护区成立前后县域河段鸟类种类变化

保护区成立前后，各河段鸟类多样性变化较为稳定。随着鸟类种类增加，栖息地多样化，鸟类活动范围扩大。各河段鸟类种类差异不显著，多样性略有下降（图 4-8）。

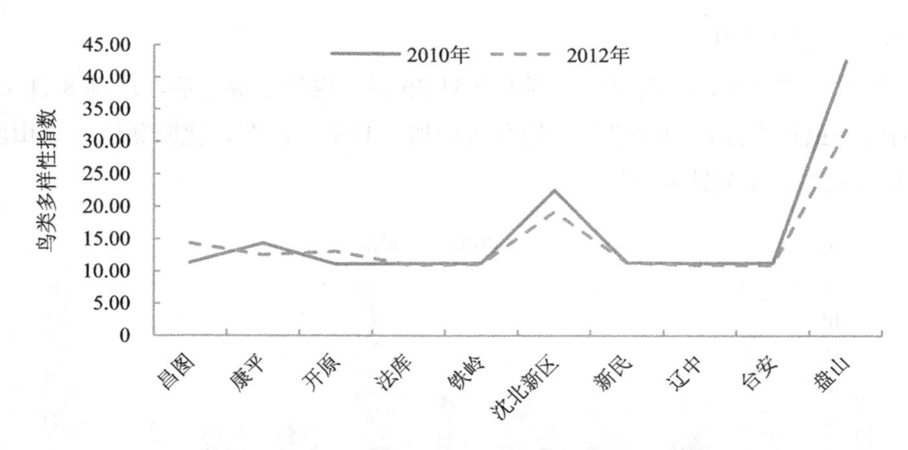

图 4-8　辽河保护区成立前后县域河段鸟类多样性变化

4）两栖动物和爬行动物多样性变化

辽河保护区成立前后，两栖动物和爬行动物的种类没有增加，仅有花背蟾蜍（*Pseudepidalea raddei*）、中华蟾蜍（*Bufo gargarizans*）和红纹滞卵蛇（*Ocatochus ufodorsatus*）3 种。

5）哺乳动物多样性变化

辽河保护区成立前，区内仅有褐家鼠、小家鼠、大仓鼠；建成后，先后又发现野兔、黄鼬、东方田鼠、豹猫。保护区成立前，各河段均有褐家鼠、小家鼠、大仓鼠；保护区成立后，各河段均出现东方田鼠；在昌图又发现野兔；在台安与盘山发现黄鼬，在盘山又发现豹猫。保护区建成前，各河段哺乳动物种类一致。保护区建成后，盘山段哺乳动物增加最多，达到 7 种；其次为昌图河段、台安河段，增加到 5 种（图 4-9）。

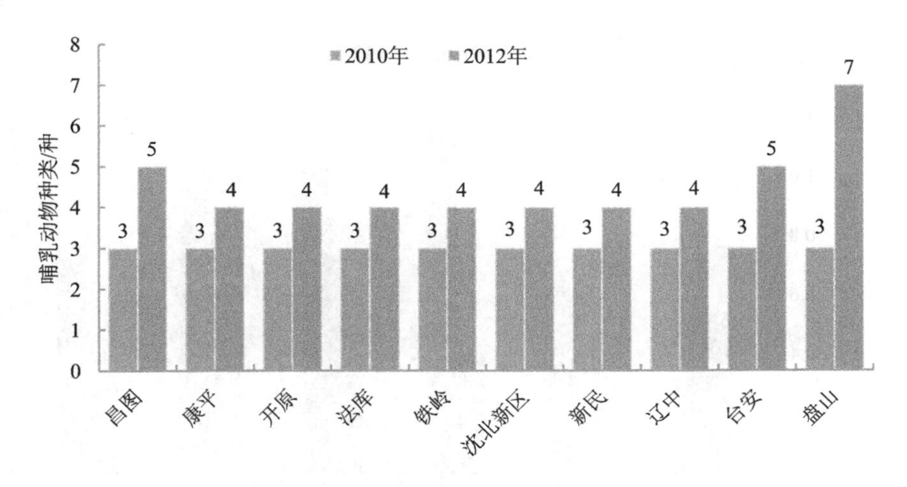

图 4-9　辽河保护区成立前后县域河段哺乳动物种类变化

6）昆虫多样性变化

辽河保护区成立前，区内昆虫主要有 7 目 36 科；保护区成立后，达到 8 目 45 科。各县域河段昆虫种类除辽中河段外，均有所增加。其中，昌图、沈阳新区、盘山段增加较快，增幅达到 25%（图 4-10）。

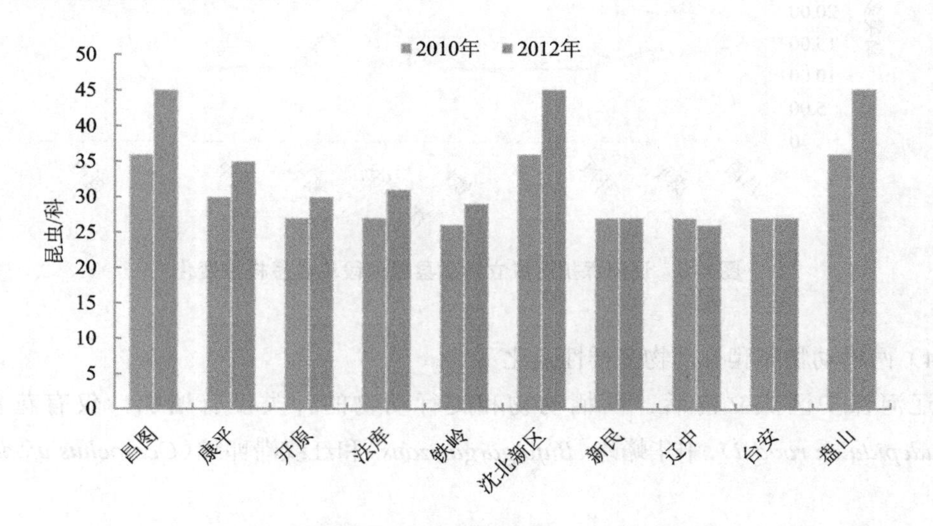

图 4-10　辽河保护区成立前后县域河段昆虫种类变化

7）原生动物多样性变化

辽河保护区成立前，6 个主要河段原生生物构成主要有 10 属 25 种，成立后则达到 26 属 40 种。除台安段外，其他河段原生生物多样性均提高。从种类与数量上来看，2012 年植鞭亚纲种类个体数量显著增加，这可能预示着水体富营养程度显著改善（图 4-11）。

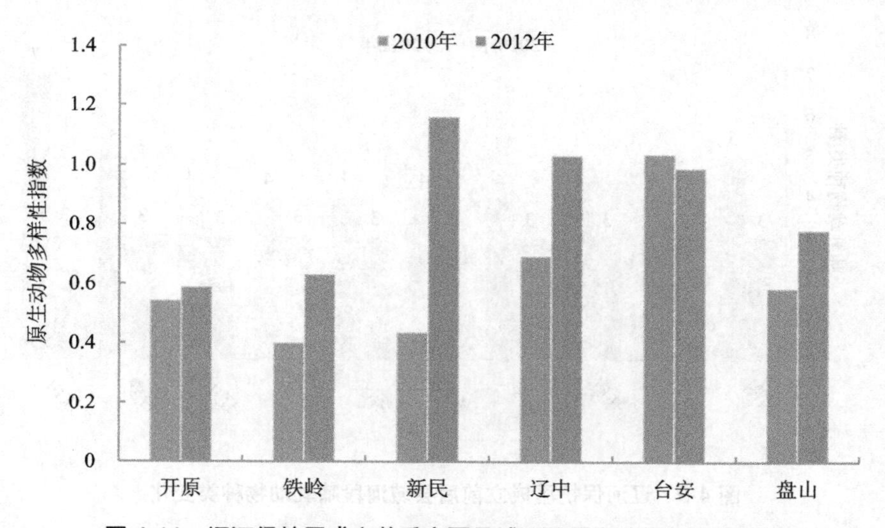

图 4-11　辽河保护区成立前后主要县域河段原生动物多样性变化

8）外来生物多样性变化

辽河保护区成立前，区内入侵植物共有 19 种；成立后，区内入侵植物增加了 4 种，达到 23 种。各县域河段，除开原、辽中与沈北新区入侵植物种类降低或持平外，其他河段均有所增加，其中昌图、康平、法库、台安入侵植物种类增加较快，建成后分别增加了 4～7 种（图 4-12）。

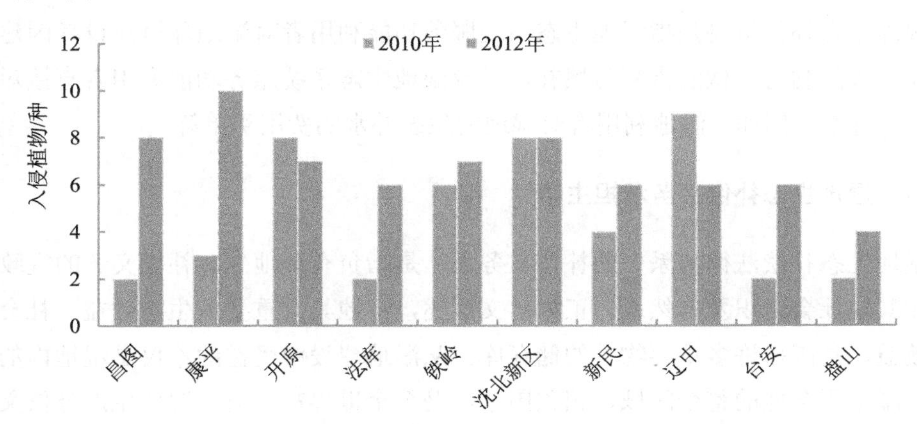

图 4-12　辽河保护区成立前后县域河段外来入侵植物种类变化

9）辽河保护区生物多样性变化

利用 Shannon-Wiener 指数评价辽河保护区生物多样性变化发现，2010 年辽河保护区生物多样性指数为 0.47，2012 年为 0.51，提高了 0.04。在所调查的生物类群中发现，除鱼类与哺乳动物多样性下降外，两栖动物和爬行动物持平，其他生物类群多样性均有所提高。多样性变化较大的生物类群为鸟类与原生生物，分别提高了 0.04 和 0.1（图 4-13）。

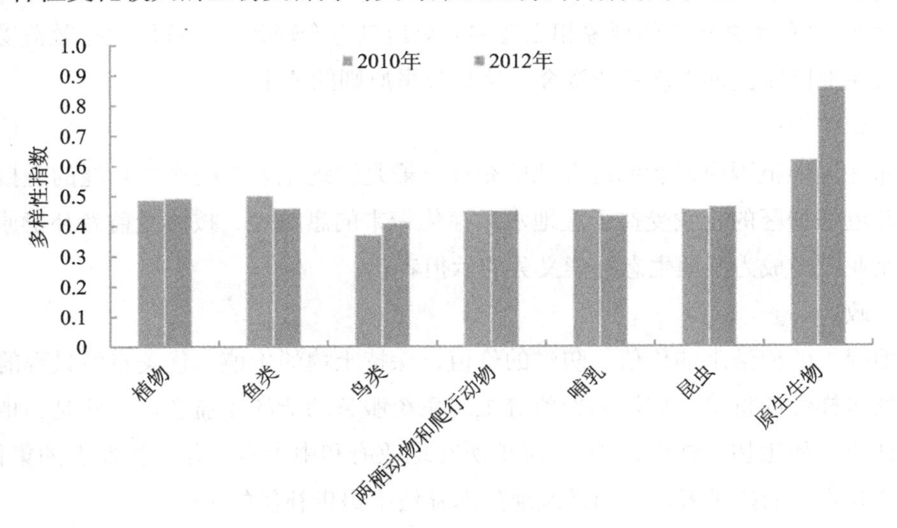

图 4-13　辽河保护区成立前后生物类群多样性变化

4.3 湿地生态补偿机制

4.3.1 湿地生态补偿机制

湿地生态补偿机制是指湿地生态系统服务功能利用者对湿地环境建设者因建设湿地环境而损失的利益所做的恢复与填补，以及湿地生态系统服务功能利用者直接对湿地生态环境的补偿，例如，湿地利用者对湿地的生态补水的费用买单等。

4.3.1.1 湿地生态补偿义务承担主体

湿地生态补偿法律关系中的补偿义务主体是指负有湿地生态补偿义务的行政机关、法人和其他社会组织及自然人。正如前文所述，湿地具有重要的生态效益、社会效益和经济效益，是国家许多重要物种的储存库。从湿地建设中受益的不仅是湿地内的人、企业等，湿地所在地的整个区域、相关国家，乃至全世界都受益。湿地生态补偿义务承担主体是所有湿地生态系统服务功能的使用者或受益者。所有湿地生态系统服务功能的使用者都应为其使用而付费，成为湿地生态补偿义务承担主体。结合中国实际情况来看，湿地生态补偿义务承担主体主要有以下几类。

（1）受益国

一个主权国家是该国对外、对内一系列环境资源保护法律关系的主体，也应是生态补偿义务的承担主体。国家、地区之间在环境资源占有、分配上存在不公平的现象，表现为湿地生态系统服务功能的提供国未能得到受益国的经济补偿。市场失灵问题在国际上同样存在，“免费搭车”的现象相当普遍。湿地具有全球效益，湿地生态效益受益国应向湿地所在地国家提供生态补偿资金，这是公平原则的要求。

（2）相关企业

分布在湿地范围内或者邻近湿地的企业一般是湿地生态系统服务功能的直接受益者。例如，邻近保护区的企业受益于湿地水质净化带来的惠益等。按照受益者补偿原则，这些相关企业应当成为湿地生态补偿义务的承担者。

（3）政府

湿地提供的清洁水的价值、防洪的价值、保持土壤的价值、优美自然景观的价值、保护生物多样性的价值、碳汇的价值等生态系统服务功能的受益者，有些是当地人，有些是全社会（如生物多样性保护）。湿地所在地政府和中央政府作为受益者的集体代表，也作为公共物品的提供者，应当是湿地生态补偿中提供补偿的主体。

（4）湿地内的农民、渔民及其他受益者

对湿地的保护，可以使保护区内的农民、渔民及其他受益者增加收入，他们也应为湿地环境建设支付一定的费用。

（5）湿地管理机构

湿地是经济价值和生态价值较丰富的区域，如湿地优美的自然环境可以带来丰厚的旅游收入。湿地管理机构作为湿地管理者。是湿地生态系统服务功能的受益者，也应作为湿地生态补偿的义务主体之一。

（6）普通公民

湿地提供的碳汇、重要物种栖息地、补给地下水等功能的受益者也包括普通公民，因此，普通公民也应通过市场手段或其他社会化手段支付一定的湿地生态补偿费用。

4.3.1.2　湿地生态补偿的受偿主体

湿地生态补偿的受偿主体是指基于保护湿地而向社会提供湿地生态产品，从事湿地生态环境建设，或使用与湿地相关的绿色环保技术，或者因其居所、财产位于湿地，致使其生活工作条件或者财产利用、经济发展受到限制，依照法律规定应当得到物质、技术、资金补偿或税收优惠的行政机关、法人和其他社会组织以及自然人。主要有如下几类。

（1）湿地生态环境建设者

依法从事湿地生态环境建设的单位和个人应当得到相应的经济或实物补偿。例如，因湿地的保护而退牧还草、禁牧、休牧的牧民应获得相应的粮食和饲料等费用的补偿。

（2）湿地所在地的政府和居民

湿地是对生态环境保护具有重要意义的地理单元。在该区域范围内及其周边地区，生态环境保护的标准往往高于其他地区，一般需要对当地的经济活动设置较多的限制，如自然资源的开发受到限制或禁止等。湿地所在地的政府和居民因此付出较大的机会成本，应得到补偿。

以三江源湿地为例，为保护“三江”河水免受污染，避免源头水土流失的发生和保护野生动植物，那里几乎停止了一切资源开发和利用活动。当地政府的财政收入也因此大大减少，严重影响了地方教育、医疗、交通和其他公益事业的发展，居民就业机会也受到严重影响，居民生活水平大幅下降。当地政府或居民为三江源湿地生态建设付出了较大的机会成本，应当得到相应的资金、实物、优惠政策、技术等补偿。

（3）湿地环境保护技术研发者及使用者

为保护湿地生态环境和自然资源而进行相关技术的开发、研究、教育、培训的单位和个人，以及那些积极主动采用这些技术的企业，都是湿地生态系统服务功能的间接提供者。对上述行为人也应当给予合理补偿。

（4）合同一方当事人

从国际、国内的生态补偿案例来看，生态补偿既有政府主导型的公共财政支付体系，也有市场手段，如排污权交易、生态标识等多种形式。湿地生态补偿也应当包括这些内容，相关合同一方当事人也是受偿主体。

（5）国家

国家既可能是湿地生态补偿的给付主体，也可能是湿地生态补偿的受偿主体。国家通常通过征收各种自然资源税费来筹集资金，维持生态环境建设和保护活动，并向社会和全体公民提供相应的生态产品和服务。在国际上，湿地生态系统服务提供国可以作为受偿主体，接受湿地生态效益受益国提供的生态补偿资金。

（6）湿地管理机构

湿地管理机构既可能是湿地生态补偿的给付主体，也可能是湿地生态补偿的受偿主体或补偿对象。湿地管理机构通过湿地生态环境建设和保护活动，向社会和全体公民提供足额的湿地生态产品和服务。当湿地生态环境出现问题时，湿地管理机构可以作为湿地生态代理人接受湿地生态补水费用等补偿，以便进行生态补水等活动。

4.3.1.3 湿地生态补偿的范围

湿地生态补偿的范围是指在当前社会经济条件和公平观念下，对因湿地生态环境和湿地资源的保护活动及相关的研究、教育活动等所发生的，依照法律规定或合同约定应当给予补偿的经济损失或费用支出。湿地生态补偿的范围比较广泛，主要有以下几个方面：

①湿地生态环境的保护、建设等各种行为的实际费用支出；

②社区居民和当地政府因保护湿地生态环境而承受的机会成本；

③根据生态补偿主体之间的合同约定所支付的补偿费用；

④有关湿地生态环境保护教育、科研等费用；

⑤其他湿地生态保护费用。

4.3.1.4 湿地生态补偿的标准

生态补偿标准是指补偿时据以参照的条件，主要涉及生态补偿客体的自然资本、生态系统服务功能价值以及环境治理或生态恢复成本。生态补偿一般是经济性的补偿，常常以货币价值方式进行衡量。对于生态保护补偿标准的核算，主要有两种方法：一是对生态系统服务功能进行价值评估；二是对生态系统服务功能提供者的机会成本损失进行核算。

湿地生态补偿标准，从理论上来讲，是介于湿地生态系统服务功能价值与保护湿地生态系统的机会成本之间。生态补偿标准应不高于该湿地提供的生态系统服务功能价值，同时不低于保护该湿地生态系统的机会成本损失。因生态系统服务功能价值的准确评估目前还存在不少技术性困难，湿地生态补偿标准的具体数额往往参照湿地保护成本和因湿地保护活动而承受的机会成本损失之和进行计算。湿地保护成本应包括湿地保护实际支付的费用、付出的劳动力、实物等的成本，加上因保护湿地而承受的损失。这里的机会成本损失既包括直接损失，也包括因保护湿地而导致的发展机会丧失所造成的间接损失。当然，某一个湿地补偿标准的具体数额也可按照补偿者的支付意愿协商解决。

4.3.1.5 湿地生态补偿的方式

湿地生态补偿的方式可分为直接补偿方式和间接补偿方式。

直接补偿方式有如下几种：

①货币补偿，如补偿金、补贴、财政转移支付等；

②实物补偿，给予受偿主体一定的物质产品；

③智力补偿，即向受偿主体提供智力服务，如生产技术咨询，输送各级各类人才等；

④政策性补偿，中央政府给予地方政府，上级政府给予下级政府，或各级地方政府给予其管辖范围内的社会成员某些优惠政策，使受偿者在政策范围内享受优惠待遇；

⑤项目补偿，是指补偿者通过在受偿者所在地区从事一定工程项目的开发或建设等方式进行补偿。

间接补偿方式主要通过市场机制进行，如排污权交易、生态认证和生态标识。

湿地生态补偿方式的选择应按照补偿义务主体便利原则，不同的付费主体可以采用不同的付费手段。例如，其他受益国家作为补偿义务主体时，适宜采取项目性的生态补偿工程方式；本国中央政府或地方政府作为补偿义务主体时，适宜采用项目工程或某些优惠政策等方式。

4.3.2 监管机制

（1）加速生态补偿机制的法律法规建设

生态补偿在我国仍处于探索阶段，国家还没有统一的法规和制度要求，所以各地难以实行统一的标准和模式，不同地区、不同企业的操作模式千差万别。这一现状，客观上给环境管理带来了困难，还有待于加快立法进程，完善生态补偿的基础性支撑制度，使其与生态保护与建设的发展需要相适应。

（2）拓宽融资渠道，扩大资金来源

应改变财政转移支付制度等由政府买单支付的单一模式，建立地方、民间、企业、个人等多种融资体制；整合各种与生态环境保护相关的税种，优化税收结构，有差别地征收生态环境建设税，为中央实施全局性的生态补偿制度提供稳定和可持续的资金来源。

（3）通过多元化的方式建立完善的磋商机制

在明确不同湿地保护管理部门责权范围的基础上建立协调机构，形成共同参与的协商机制，提高湿地保护管理效率；同时，通过管理制度的建立，确保湿地保护政策的稳定性和可持续性。

（4）积极开展湿地保护教育，重视并制定制度，保证公众参与

通过立法和相关制度建设，搭建公众参与湿地保护的平台，利用社会力量增加湿地保护投入，并通过湿地保护信息公布制度加大社会监督。这也是发达国家湿地保护政策的新走向。

4.4 辽河保护区湿地恢复过程分析

4.4.1 自然环境状况

2010 年以前，河道乱采、乱挖、乱建现象严重，导致河岸摇摆不定。除玉米、水稻等农作物外，河滩地植被覆盖率仅为 13.7%，主要为杨树、柳树人工林，植被类型单一。河岸坑塘有零星其他物种分布，水生植物稀少，鸟类、鱼类种类及数量较少，迁徙鸟类没有停歇地。

2011 年，辽河保护区建成生态廊道后，河道物理完整性，生态完整性也逐步恢复。如今，辽河保护区内物种相当丰富，生态系统结构复杂，拥有水生生态系统、湿地生态系统、森林生态系统、草地生态系统等众多生态系统类型，不同生态系统内部拥有丰富的食物链和营养级水平，使得辽河保护区内生态系统保持了较好的多样性和稳定性。

4.4.2 生态环境状况

1986—2000 年，辽河中下游地区的土地利用变化幅度较大，耕地面积净增加 85 028.41 hm^2，林地、草地面积都呈下降趋势，且以林地缩减最为明显，减少了 58 868.01 hm^2。水域面积减少了 6 149.41 hm^2，未利用土地面积从 136 341.50 hm^2 降到了 121 885.67 hm^2。随着区域经济的发展和人口增长，工矿、交通等建设用地不断增加，净增了 16 664.58 hm^2。按动态度模型计算得到研究区各土地利用类型年变化率，耕地以 0.18% 的年变化率缓速上升，其旱地年增长速度达 0.95%。受到区域气候和水文的影响，水田年变化率为−1.6%。草地减少的速度快于耕地的增长速度，年变化率为−1.29%，以沼泽湿地为主要类型的未利用地年缩减率达−0.701%。

辽河保护区总面积为 1 869.20 km^2。利用卫星遥感资料对 2009 年辽河保护区生态环

境状况进行监测分析。根据保护区地表实际状况，将分类目标确立为水域、滩涂、沙化土地、芦苇型湿地、水田、旱地、草地、林地、其他（包括建设用地、道路等）9 种地表覆被类型。所用的卫星遥感影像数据拍摄于 2009 年 6—10 月，所用卫星是分辨率为 10 m 的日本 ALOS 卫星。

遥感监测结果（图 4-14）显示，2009 年保护区内植被覆盖率为 30.3%。在 10 种土地利用类型当中，以旱田占地面积最大，为 34.1%；其次是芦苇型湿地，为 19.9%；再次是水域，为 18.9%。沙化土地面积占保护区总面积的 1.5%。

图 4-14　2009 年辽河保护区内遥感解译

保护区内耕地面积为 692.61 km^2，占保护区总面积的 37.1%。其中，水田面积为 55.53 km^2，旱田面积为 637.08 km^2，分别占保护区总面积的 3.0%和 34.1%；草地面积为 110.91 km^2，林地面积为 84.29 km^2，分别占保护区总面积的 5.9%和 4.5%。辽河保护区内各土地利用类型如图 4-15 所示，辽河保护区内各土地利用类型面积及其占保护区总面积的比例见表 4-6。

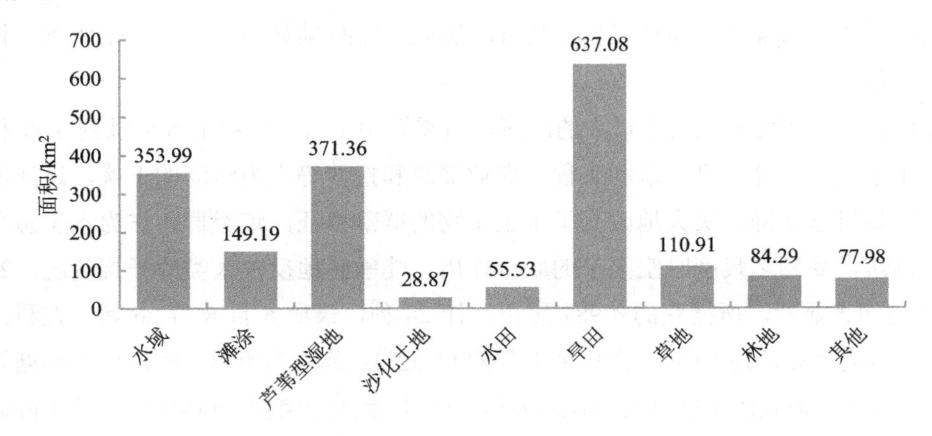

图 4-15　2009 年辽河保护区内各土地利用类型

表 4-6 2009 年辽河保护区内各土地利用类型面积及其占保护区总面积的比例

土地利用类型	面积/hm^2	比例/%
水域	353.99	18.9
滩涂	149.19	8.0
芦苇型湿地	371.36	19.9
沙化土地	28.87	1.5
水田	55.53	3.0
旱田	637.08	34.1
草地	110.91	5.9
林地	84.29	4.5
其他	77.98	4.2
总和	1 869.20	100.0

水域状况：2009 年保护区的水域面积为 353.99 km^2，占保护区总面积的 18.9%。

湿地状况：2009 年芦苇型湿地面积为 371.36 km^2，占保护区总面积的 19.9%。

沙化状况：2009 年保护区内沙化面积为 28.87 km^2，占保护区总面积的 1.5%。

4.4.3 生物多样性状况

4.4.3.1 保护区建设初期

根据 2009 年对辽河保护区内的生物多样性调查结果，代表性的湿地植物建群种 38 科 126 种；水生态调查显示，辽河干流 6 个站共采集到鱼类 397 尾，计 9 种，分属于鲤科、银鱼科、鲶科和鲇科，其中 75%以上为鲤科鱼类；共采集到大型底栖动物 7 500 余头，隶属 3 门 4 纲 10 目 24 科 40 种；水生昆虫主要为双翅目的摇蚊幼虫及毛翅目、蜉蝣目和鞘翅目的幼虫；寡毛类主要为水丝蚓；软体动物主要有腹足纲的椎实螺科、扁卷螺科以及真瓣鳃目的无齿蚌亚科和截蛏科；具有水质标志性的襀翅目昆虫没有采集到，说明水质污染严重。

辽河是我国东北地区南部最大的河流，鱼类资源丰富，资料上曾记录到 106 种。近年来，由于受到水体污染、水利工程、农业灌溉和挖沙等人为活动的干扰，辽河流域生态环境质量日益下降，极大地改变了水生生物的群落特征。鱼类群落作为水生态系统中的顶级群落，受到多尺度时空因子的联合作用，能敏感地反映人类的干扰状况。2010—2011 年的调查显示，所捕获的 4 987 尾鱼，计 28 种，隶属 6 目 8 科 26 属。在科级水平上，鲤科鱼类最多，共 19 种，占总种类数的 65.52%；其次为鳅科、鰕虎鱼科和塘鳢科，各 2 种。与历史记载的鱼类种类相比较发现，鲤科、鳅科和鰕虎鱼科鱼种类数下降明显，塘鳢科鱼种类数无变化，其他科的鱼种类数下降幅度最大。依据生活水层划分，中下层鱼类占总种数的 58%。与历史调查相比发现，中下层鱼类所占比例提高。肉食性鱼类所占比例大幅降低，杂食性、植食性鱼类所占比例提高。辽河以产黏性卵的鱼类居多，产浮性卵的鱼类所占比例较历史大幅降低。喜栖静水或缓流水域的鱼类所占比例仍在提高，江海洄游性鱼类所占比例大幅降低，河湖洄游性鱼类所占比例上升。

辽河鱼类群落组成与历史相比发生了巨大变化。第一，鱼类群落结构趋于简单化，与历史记录相比，物种数已大幅降低；第二，鱼类资源小型化明显；第三，鱼类群落功能特征单一化，肉食性鱼类比例大幅减小，草食性、植食性鱼类比例有所提高，均是河流生态环境质量下降的典型特征。

4.4.3.2 恢复期

（1）鱼类

2013 年，各监测点监测到辽河鱼类共 31 种（表 4-7），隶属 6 目 9 科，较 2012 年增加 9 种，分别为棒花鱼、丁鱥、怀头鲇、镜鲤、青鱼、蛇鮈、乌鳢、圆尾斗鱼、中华鳑鲏鱼。本年度调查发现，在三河下拉与石佛寺区域，鱼类相对较多，这与石佛寺库区水流缓慢，水生植物较多以及三河下拉处于辽河、八家子河交会处，且河道在此处迂回，水流较为缓慢等有关。其中，辽河刀鲚为走访调查时获知的品种，辽河刀鲚的出现标志着辽河水质进一步好转。新发现了锯齿新米虾（*Neocaridina denticulata*），表明水体中的食物链更加完善。

表 4-7 2013 年辽河保护区监测区鱼类统计

序号	中文名	学名	目	科	监测点
1	辽河刀鲚	*Coilia nasus Temminck*	鲱形目	鳀科	17
2	沙塘鳢	*Odontobutis obscurus*	鲈形目	塘鳢科	2
3	棒花鱼	*Abbottina rivularis*	鲤形目	鲤科	2、3、7
4	草鱼	*Ctenopharyng odon idellus*	鲤形目	鲤科	15
5	大银鱼	*Protosalanx hyalocranius*	鲑形目	银鱼科	2
6	丁鱥	*Tinca tinca*	鲤形目	鲤科	2、3、7
7	葛氏鲈塘鳢	*Perccottus glehni*	鲤形目	塘鳢科	1
8	怀头鲇	*Silurus soldatovi*	鲇形目	鲇科	3
9	黄颡鱼	*Pelteobagrus fulvidraco*	鲇形目	鲿科	1
10	黄黝鱼	*Hypseleotris swinhonis*	鲤形目	塘鳢科	7
11	鲫	*Carassius auratus*	鲤形目	鲤科	17
12	镜鲤	*Cyprinus carpio* var *specularis*	鲤形目	鲤科	3
13	鲤	*Cyprinus carpio*	鲤形目	鲤科	9
14	鲢	*Hypohpthalmichthys molitrix*	鲤形目	鲤科	16
15	麦穗	*Pseudorasbora parva*	鲤形目	鲤科	3
16	泥鳅	*Misgurnus anguillicaudatus*	鲤形目	鳅科	3

序号	中文名	学名	目	科	监测点
17	鲇鱼	*Silurus asotus*	鲶形目	鲶科	17
18	鳑鲏	*Rhodeus fangi*	鲤形目	鲤科	1
19	翘嘴红鲌	*Erythroculter ilishaeformis*	鲤形目	鲤科	2
20	青鱼	*Mylopharyngodon piceus*	鲤形目	鲤科	3
21	蛇鮈	*Saurogobio dabryi*	鲤形目	鲤科	2
22	鲦鱼	*Hemicculter leuciclus*	鲤形目	鲤科	1-18
23	乌鳢	*Channa argus*	鲤形目	鳢科	3、7
24	鳙鱼	*Hypophthalmichthys nobilis*	鲤形目	鲤科	2
25	圆尾斗鱼	*Macropodusocellatus*	鲈形目	斗鱼科	3
26	中华鳑鲏鱼	*Rhodeus sinensis gunther*	鲤形目	鲤科	3
27	马口鱼	*Opsariichthys bidens*	鲤形目	鲤科	1
28	北方花鳅	*Cobitis granoci*	鲤形目	鳅科	1
29	狗（音）鱼	未确定	鲑形目	狗鱼科	2
30	日本沼虾	*Macrobrachium nipponense*	十足目	长臂虾科	1-18
31	锯齿新米虾	*Neocaridina denticulata*	十足目	匙指虾科	1-7

（2）浮游生物

2013 年，浮游生物总种数较 2012 年 8 月增加了 10 种，原生生物总种数较 2012 年 8 月减少了 3 种；种数最多的浮游生物类群为纤毛虫（14 种）；种数最少的浮游生物类群为肉足虫（1 种）；浮游生物种数最多的站点为马虎山和大张（38 种），与 2012 年同期调查结果基本吻合；浮游生物种数最少的站点为盘山闸（8 种），与 2012 年同期调查结果基本吻合；2012 年，盘山闸站点浮游生物种数为 0，2013 年提高至 8 种，说明该季节水质污染状况有所改善。各监测点原生动物种类组成及分布见表 4-8。

表 4-8 辽河保护区各监测点原生动物种类组成及分布 单位：个/5 mL

采样地	原生生物	轮虫	线虫	节肢动物	环节动物	软体动物	扁形动物	缓步动物
福德店	19	3	3	5	1			
和平橡胶坝	13	1	2	3	1		1	
平顶堡	11	1	1	3	1	1		
哈大铁路二号桥	13	1	1	4				
曙光大桥	15	4	2	3				
达牛	10	5	1	5				
巨流河	15	1	3	6				
满都户	16	2	1		7			
盘山闸	5	1		2				
红庙子	13	5	1	5				
五棵树	7	2	2	2		1	1	1
通江口	7	3	1	3	1			

采样地	原生生物	轮虫	线虫	节肢动物	环节动物	软体动物	扁形动物	缓步动物
大张	20	5	3	6	2	3		
毓宝台	18	3	3	6				
三河下拉	16	3	2	6				
笔架岭	9	1		1	1	2		

（3）两栖动物和爬行动物

2013 年 5 月、8 月和 10 月，采用样带法对辽河保护区内的两栖动物与爬行动物进行调查。调查结果（表 4-9）表明，辽河保护区目前有两栖动物 1 科 2 属 2 种，较 2012 年减少 1 种，即观赏蛙；爬行动物 1 科 2 种，较 2012 年减少 1 种。

表 4-9　辽河保护区监测区内两栖动物和爬行动物

监测区	花背蟾蜍（*Pseudepidalea raddei*）	中华蟾蜍（*Bufo gargarizans*）	龟类	巴西龟（*Trachemys scripta elegans*）
福德店	0	1	1	0
三河下拉	1	1	0	0
通江口	0	1	0	0
哈大高铁桥	0	1	0	0
双安桥	0	1	0	0
汎河口	0	1	0	0
蔡牛	1	1	0	1
石佛寺	0	1	×1	0
马虎山	0	1	0	0
巨流河	0	1	0	0
毓宝台	×1	1	0	1
满都户	0	1	0	0
红庙子	0	1	0	0
达牛	0	1	0	0
大张	0	1	0	0
盘山闸	0	1	0	0
曙光大桥	0	1	0	0
酒壶咀	0	0	0	0

注：0 代表无分布，1 代表有分布，×代表新发现。

中华蟾蜍在辽河保护区内分布最广，除酒壶咀监测区内调查期间没有发现中华蟾蜍外，其他监测区均有其分布。

辽河保护区内蝌蚪密度调查结果与 2012 年相近，毓宝台监测区内蝌蚪密度最大，达到 82 尾/m^2。

汎河河口与盘山闸监测区，蝌蚪密度分别为 33 尾/m^2 和 31 尾/m^2；哈大高铁监测区蝌蚪密度最小，为 5 尾/m^2；曙光大桥与酒壶咀没有监测到蝌蚪。

（4）鸟类

2013 年，共监测发现鸟类 73 种（图 4-16 和表 4-10），分属 12 目 30 科 49 属，较 2012 年新增 11 种（2012 年 4 月、8 月与 10 月调查发现鸟类 62 种，分属 12 目 31 科 48 属）。其中，在招苏台河口和石佛寺湿地发现国家一级保护鸟类东方白鹳，在昌图境内发现国家二级保护鸟类大天鹅，在七星山湿地发现国家一级保护鸟类白头鹤，在汎河河口发现国家二级保护鸟类红隼。此外，在辽河沿岸多处发现红隼、阿穆尔隼等猛禽。

2013 年调查发现，上游的鸟类多样性高于中下游，在盘锦监测区内的鸟类多样性高于中下游的其他地区。这与上游的人口相对较少、对保护区的干扰相对减少有关。保护区内的植被恢复状况较好，为迁徙鸟类提供了栖息和觅食的场所。而中下游辽河两岸的居住人口较多，对河流的干扰相对较大，这对迁徙鸟类的栖息和觅食造成一定影响。盘锦境内有相对较多的湿地，有利于鸟类栖息和觅食。但不排除天气造成调查时盘锦境内监测区的鸟类多样性较低。总体来看，上游和盘锦段的监测区植被好于中游监测区内的植被，这是鸟类多样高低变化的重要原因。

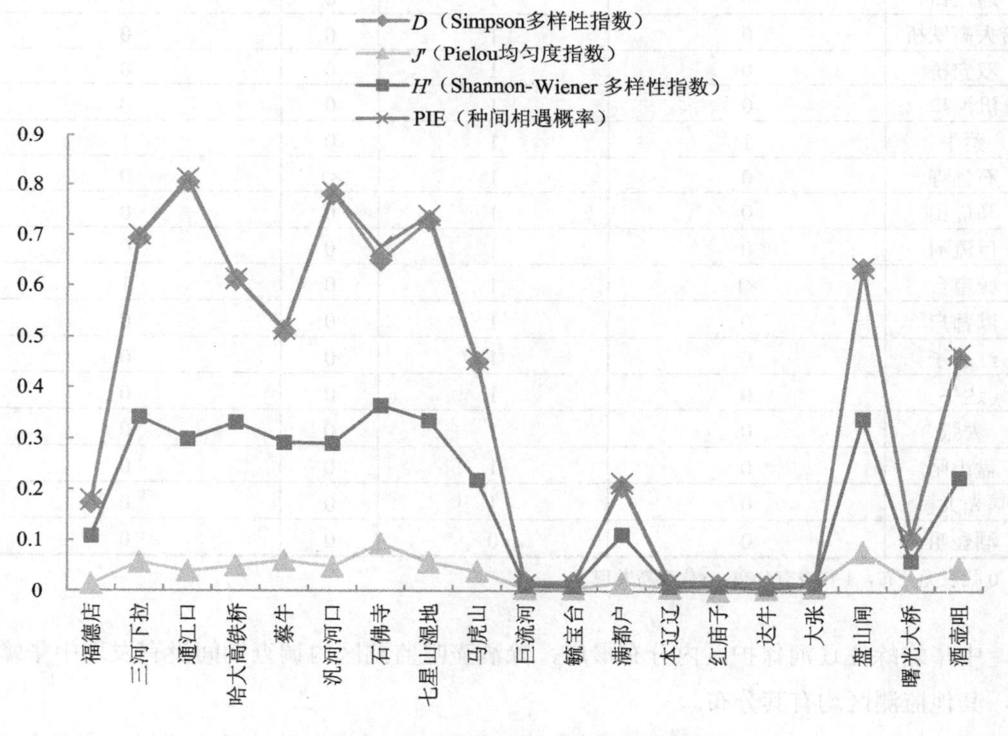

图 4-16 辽河保护区内鸟类多样性

表 4-10　2013 年辽河保护区鸟类名录

序号	中文名	学名	目	科	属
1	雀鹰	*Accipiter gularis*	隼形目	鹰科	鹰属
2	黑眉苇莺	*Acrocephalus bistrigiceps*	雀形目	莺科	苇莺属
3	矶鹬	*Actitis hypoleucos*	鸻形目	鹬科	鹬属
4	翠鸟	*Alcedo atthis atthis*	佛法僧目	翠鸟科	翠鸟属
5	针尾鸭	*Anas acura*	雁形目	鸭科	鸭属
6	绿翅鸭	*Anas crecca*	雁形目	鸭科	鸭属
7	花脸鸭	*Anas formosa*	雁形目	鸭科	鸭属
8	赤颈鸭	*Anas penelope*	雁形目	鸭科	鸭属
9	绿头鸭	*Anas platyrhynchos*	雁形目	鸭科	鸭属
10	斑嘴鸭	*Anas poecilorhyncha*	雁形目	鸭科	鸭属
11	白眉鸭	*Anas querquedula*	雁形目	鸭科	鸭属
12	鸿雁	*Anser cygnoides*	雁形目	鸭科	雁属
13	豆雁	*Anser fabalis*	雁形目	鸭科	雁属
14	苍鹭	*Ardea cinerea*	鹳形目	鹭科	鹭属
15	草鹭	*Ardea purpurea*	鹳形目	鹭科	鹭属
16	短耳鸮	*Asio flammeus flammeus*	鸮形目	鸱鸮科	耳鸮属
17	纵纹腹小鸮	*Athene noctua*	鸮形目	鸱鸮科	小鸮属
18	红头潜鸭	*Aythya ferina*	雁形目	鸭科	潜鸭属
19	凤头潜鸭	*Aythya fuligula*	雁形目	鸭科	潜鸭属
20	大麻鳽	*Botaurus stellaris*	鹳形目	鹭科	麻鳽属
21	黑雁	*Branta bernicla nigricans*	雁形目	鸭科	黑雁属
22	鹊鸭	*bucephala clangula*	雁形目	鸭科	鹊鸭属
23	绿鹭	*Butorides striatus*	鹳形目	鹭科	绿鹭属
24	滨鹬	*Calidris*	鸻形目	鹬科	滨鹬属
25	夜鹰	*Caprimulgus indicus*	夜鹰目	夜鹰科	夜鹰属
26	环颈鸻	*Charadrius alexandrinus*	鸻形目	鸻科	鸻属
27	浮鸥属	*Chlidonias*	鸻形目	燕欧科	浮鸥属
28	东方白鹳	*Ciconia boyciana*	鹳形目	鹳科	鹳属
29	白鹳	*Ciconia ciconia asiatica*	鹳形目	鹳科	鹳属
30	白尾鹞	*Circus cyaneus*	隼形目	鹰科	鹞属
31	原鸽	*Columba*	鸽形目	鸠鸽科	鸽属
32	大杜鹃	*Cuculus canorus*	鹃形目	杜鹃科	杜鹃属
33	小天鹅	*Cygnus columbianus bewickii*	雁形目	鸭科	天鹅属
34	大天鹅	*Cygnus cygnus*	雁形目	鸭科	天鹅属
35	黑卷尾	*Dicrurus macrocercus*	雀形目	卷尾科	卷尾属
36	大白鹭	*Egretta alba*	鹳形目	鹭科	白鹭属
37	白鹭	*Egretta eulophotes*	鹳形目	鹭科	白鹭属
38	阿穆尔隼	*Falco amurebsis*	隼形目	隼科	隼属
39	红隼	*Falco tinnunculus*	隼形目	隼科	隼属
40	骨顶鸡	*Fulica atra*	鹤形目	秧鸡科	骨顶属

序号	中文名	学名	目	科	属
41	丹顶鹤	*Grus japonensis*	鹤形目	鹤科	鹤属
42	白鹤	*Grus leucogeranus*	鹤形目	鹤科	鹤属
43	白头鹤	*Grus monacha*	鹤形目	鹤科	鹤属
44	白燕鸥	*Gygis alba candida*	鸻形目	燕欧科	白玄鸥属
45	黑翅长脚鹬	*Himantopus himantopus himantopus*	鸻形目	反嘴鹬科	长脚鹬属
46	家燕	*Hirundo rustica*	雀形目	燕科	燕属
47	银鸥	*Larus argentatus*	鸥形目	鸥科	鸥属
48	黑尾鸥	*Larus crassirostris*	鹳形目	鸥科	鸥属
49	黑嘴鸥	*Larus ridibundus*	鹳形目	鸥科	鸥属
50	红嘴鸥	*Larus ridibundus*	鸻形目	鸥科	鸥属
51	黑尾塍鹬	*Limosa limosa melanuroides*	鸻形目	鹬科	塍鹬属
52	斑头秋沙鸭	*Mergus albellus*	雁形目	鸭科	潜鸭属
53	普通秋沙鸭	*Mergus merganser*	雁形目	鸭科	秋沙鸭属
54	中华秋沙鸭	*Mergus squamatus*	雁形目	鸭科	秋沙鸭属
55	白鹡鸰	*Motacilla alba*	雀形目	鹡鸰科	鹡鸰属
56	灰鹡鸰	*Motacilla cinerear*	雀形目	鹡鸰科	鹡鸰属
57	大杓鹬	*Numenius madagascariensis*	鸻形目	鹬科	杓鹬属
58	中杓鹬	*Numenius phaeopus*	鸻形目	鹬科	杓鹬属
59	黄鹂	*Oriolus oriolus oriolus*	雀形目	黄鹂科	黄鹂属
60	大山雀	*Parus major*	雀形目	山雀科	山雀属
61	麻雀	*Passer montanus*	雀形目	雀科	麻雀属
62	环颈雉	*Phasianus colchicus*	鸡形目	雉科	雉属
63	喜鹊	*Pica pica bactriana*	雀形目	鸦科	鹊属
64	凤头	*Podiceps cristatus*	鹳形目	凤头䴙䴘科	䴙形目
65	反嘴鹬	*Recurvirostra avosetta*	鸻形目	反嘴鹬科	反嘴鹬属
66	长尾贼鸥	*Stercorarius longicaudus pallescens*	鸻形目	贼鸥科	贼鸥属
67	灰斑鸠	*Streptopelia decaocto decaocto*	鸽形目	鸠鸽科	斑鸠属
68	赤麻鸭	*Tadorna ferruginea*	雁形目	鸭科	麻鸭属
69	鹤鹬	*Tringa erythropus*	鸻形目	鹬科	鹬属
70	斑鸫	*Turdus eunomus*	雀形目	鸫科	鸫属
71	戴胜	*Upupa epops*	佛法僧目	戴胜科	戴胜属
72	灰头麦鸡	*Vanellus cinereus*	鸻形目	鸻科	麦鸡属
73	凤头麦鸡	*Vanellus vanellus*	鸻形目	鸻科	麦鸡属

（5）哺乳动物

2013年，辽河保护区监测发现哺乳动物9种（表4-11），分别为褐家鼠、大仓鼠、小仓鼠、野兔、黄鼬、东方田鼠、豹猫、斑海豹、江豚。从数量上来看，鼠类占有绝对优势。另外，通过调查走访可知，保护区还存在部分酒壶咀斑海豹和江豚。

表 4-11　2013 年辽河保护区内哺乳动物名录

监测区	褐家鼠	小家鼠	大仓鼠	野兔	黄鼬	东方田鼠	豹猫	江豚	斑海豹
福德店	1	1	1	×1	0	0	0	0	0
和平	0	1	1	0	0	0	0	0	0
通江口	0	1	1	0	0	0	0	0	0
哈大高铁桥	0	1	1	0	0	0	0	0	0
双安桥	1	1	1	0	0	0	0	0	0
汎河河口	0	1	1	0	0	0	0	0	0
蔡牛	1	1	1	0	0	0	0	0	0
石佛寺	0	1	1	0	0	0	0	0	0
马虎山	0	1	1	0	0	0	0	0	0
巨流河	0	1	1	0	0	0	0	0	0
毓宝台	0	1	1	0	0	1	0	0	0
满都户	0	1	1	0	0	1	0	0	0
红庙子	1	1	1	0	0	1	0	0	0
达牛	1	1	1	0	0	1	0	0	0
大张	1	1	1	0	0	1	0	0	0
盘山闸	1	1	1	0	0	1	0	0	0
曙光大桥	1	1	1	0	0	1	0	0	0
酒壶咀	0	0	1	0	1	0	1	1	1

（6）昆虫

2013 年，对昆虫做进一步鉴定，又鉴定出昆虫 17 科 106 种（2012 年在辽河保护区内鉴定出昆虫 8 目 45 科 87 种），目前合计 62 科 193 种（表 4-12）。

表 4-12　2013 年辽河保护区昆虫鉴定名录

科	中文名	学名	采集地点
巢蛾科	卫矛巢蛾	*Yponomeuta polystinellus* Felder	昌图
卷蛾科	苹褐卷蛾	*Pandemis heparana* Deni & Schiffermuller	大张公路桥
	未鉴定		双安桥
			大张公路桥
			双台河口东郭管理所
谷蛾科	未鉴定		大张公路桥
螟蛾科	四斑绢野螟	*Diaphania quadrimaculalis*（Bremer et Grey）	昌图
			双安桥
			大张公路桥
			双台河口东郭管理所

科	中文名	学名	采集地点
螟蛾科	旱柳原野螟	*Proteuclasta stotzneri*（Caradja）	昌图
			大张公路桥
			双台河口东郭管理所
	亚洲玉米螟	*Ostrinia furnacalis* Guenee	昌图
			双安桥
			大张公路桥
			双台河口东郭管理所
	玉米螟	*Ostrinia nubilalis*	双台河口东郭管理所
	二化螟	*Chilo suppressalis*（Walker）	昌图
			双安桥
			大张公路桥
			双台河口东郭管理所
	褐小野螟	*Pyrausta cespitalis* Schiffermüller et Denis	昌图
	尖锥额野螟	*Loxostege verticalis* Linnaeus	昌图
			双安桥
			双台河口东郭管理所
	红云翅斑螟	*Nephopteryx semirubella* Scopoli	双安桥
	元参趾野螟	*Anania verbascalis* Schiffermüller et Denis	双安桥
	棉卷叶野螟	*Sylepta derogata* Fabricius	双安桥
	楸蠹野螟	*Omphisa plagialis* Wileman	双安桥
	棉水螟	*Nymphula interruptalis*（Pryer）	大张公路桥
	桃蛀野螟	*Dichocrocis punctiferalis*（Guenee）	大张公路桥
	灰双纹螟	*Herculia glaucinalis* Linnaeus	大张公路桥
			双台河口东郭管理所
	甜菜白带野螟	*Hymenia recurvalis* Fabricius	大张公路桥
	葡萄卷叶野螟	*Sylepta luctuosalis*（Guenée）	双台河口东郭管理所
	芦禾草螟	*Chilo luteellus*（Motschulsky）	双台河口东郭管理所
	横线连镰翅野螟	*Circobotys heterogenalis*（Bremer）	双台河口东郭管理所
	荸荠白禾螟	*Scirpophaga praclata* Scopoli	双台河口东郭管理所
	未鉴定		昌图
			双安桥
			大张公路桥
			双台河口东郭管理所
尺蛾科	二线绿尺蛾	*Euchloris atyche* Prout	昌图
	曲带尺蛾	*Alcis qudai* Yang	昌图
	大造桥虫	*Ascotis selenaria*（Sehiffermüller et Denis）	昌图
			双安桥
			大张公路桥
	紫线尺蛾	*Calothysanis comptaria* Walker	昌图
			双安桥
			大张公路桥

科	中文名	学名	采集地点
尺蛾科	锯翅尺蛾	*Angerona glandinaria* Motschulsky	昌图
	半驼尺蛾	*Pelurga taczanowskiaria*（Oberthür）	昌图
			大张公路桥
	驼尺蛾	*Pelurga comitata*（Linnaeus）	昌图
			双安桥
			大张公路桥
	雨尺蛾	*Semiothisa pluviata*（Fabricius）	双安桥
			大张公路桥
			双台河口东郭管理所
	木橑尺蛾	*Culcula panterinaria* Bremer et Grey	双安桥
	三线银尺蛾	*Scopula pudicaria* Motschulsky	双安桥
	棒金星尺蛾	*Calospilos sylvata* Scopokli	双安桥
	丝棉木金星尺蛾	*Calospilos suspecta* Warren	大张公路桥
	焦边尺蛾	*Bizia aexaria*（Walker）	大张公路桥
	青颜绣腰尺蛾	*Hemithea marina*（Butler）	大张公路桥
	枯斑翠尺蛾	*Ochrognesia difficta* Walker	大张公路桥
	萝藦艳青尺蛾	*Agathia carissima* Butler	大张公路桥
	葎草洲尺蛾	*Epirrhoe supergressa albigressa*	大张公路桥
	颐和岩尺蛾	*Scopula yihe* Yang	双台河口东郭管理所
	黄灰尺蛾	*Tephrina flavescens*（Alphéraky）	双台河口东郭管理所
	槐庶尺蛾	*Semiothisa cinerearia* Bremer et Grey	双台河口东郭管理所
	未鉴定		昌图
			双安桥
			大张公路桥
枯叶蛾科	杨枯叶蛾	*Gastropacha populifolia* Esper	昌图
			双安桥
			大张公路桥
天蛾科	绒星天蛾	*Dolbina tancrei* Staudinger	昌图
	黄脉天蛾	*Amorpha amurensis* Staudinger	昌图
	雀纹天蛾	*Theretra japonica*（Orza）	昌图
	蓝目天蛾	*Smerithus planus planus* Walker	昌图
	白须天蛾	*Kentrochrysalis sieversi* Alhéraky	昌图
	榆绿天蛾	*Callambulyx tatarinovi*（Bremer et Grey）	昌图
			双安桥
	霜天蛾	*Psilogramma menephron*（Gramer）	双安桥
舟蛾科	拟扇舟蛾	*Pygaera timon*（Hübmer）	昌图
	短扇舟蛾	*Clostera curtuloides* Erschoff	昌图
	杨扇舟蛾	*Clostera anachoreta*（Fabricius）	昌图
			大张公路桥
	黑尾舟蛾	*Furcula furcula*	昌图
	杨二尾舟蛾	*Cerura menciana* Moore	双安桥

科	中文名	学名	采集地点
舟蛾科	燕尾舟蛾	*Furcula furcula*（Clerck）	大张公路桥
	角翅舟蛾	*Gonoclostera timoniorum*（Bremer）	大张公路桥
	分月扇舟蛾	*Clostera anastomosis*（Linnaeus）	大张公路桥
	未鉴定		昌图
毒蛾科	舞毒蛾	*Lymantria dispar*（Linnaeus）	昌图
			大张公路桥
	雪毒蛾	*Leucoma saLicis*（Linnaeus）	昌图
			双安桥
			双台河口东郭管理所
	白毒蛾	*Actornis lnigrum*（Muller）	双安桥
	盗毒蛾	*Porthesia similis*（Fueszly）	大张公路桥
	未鉴定		双安桥
灯蛾科	人纹污灯蛾	*Spilarctia subcarnea*（Walker）	昌图
			双安桥
苔蛾科	黄边美苔蛾	*Miltochrista pallida*（Bremer）	大张公路桥
			双台河口东郭管理所
夜蛾科	宽胫夜蛾	*Melicleptria scutosa* Schiffermüller	昌图
			双安桥
			大张公路桥
			双台河口东郭管理所
			盘山闸
	实夜蛾	*Heliothis viriplaca*（Hfunage）	昌图
			大张公路桥
			双台河口东郭管理所
	一点钻夜蛾	*Earias pudicana* Staudinger	昌图
			双安桥
			大张公路桥
	筱客来夜蛾	*Chrysorithrum flavomaculata*（Bremer）	昌图
	榆剑纹夜蛾	*Acronicta hercules* Felder	昌图
	麟角希夜蛾	*Eucarta virgo*（Treitschke）	昌图
	裳夜蛾指名亚种	*Catocala nupta nupta*（Linnaeus）	昌图
	雪疽夜蛾	*Nodaria niphona*（Butler）	双安桥
	纯肖金夜蛾	*Plusiodonta casta*（Butler）	双安桥
	涓夜蛾	*Rivula sericealis*（Scopoli）	双安桥
	标瑙夜蛾	*Maliattha signifera*（Walker）	双安桥
	乏夜蛾	*Niphonix segregata*（Butler）	双安桥
	白斑兜夜蛾	*Cosmia restituta* Walker	双安桥
	柳裳夜蛾	*Catocala electa* Borkhauson	双安桥
	矛夜蛾	*Spaelotis ravida*（Denis et Schiffermüller）	双安桥
	冥灰夜蛾	*Polia mortua*（Staudinger）	大张公路桥

科	中文名	学名	采集地点
夜蛾科	长冬夜蛾	*Cucullia elongata*（Butler）	大张公路桥
	井夜蛾	*Dysmilichia gemella*（Leech）	大张公路桥
	滑长须夜蛾	*Herminia dolosa* Butler	大张公路桥
			双台河口东郭管理所
	隐金夜蛾	*Abrostola triplasia*（Linnaeus，1758）	大张公路桥
	八字地老虎	*Xestia cnigrum*（Linnaeus，1758）	大张公路桥
	甜菜夜蛾	*Spodoptera exigua* Hiibner	大张公路桥
	委夜蛾	*Athetis furvula*（Hünbner）	大张公路桥
	清文夜蛾	*Eustrotia candidula*（Denis et Schiffermüller）	大张公路桥
	戚夜蛾	*Paragabara flavomacula*（Oberthür）	大张公路桥
	碧金翅夜蛾	*Plusia nadeja* Oberthür	大张公路桥
	淡银纹夜蛾	*Puriplusia purissima*（Butler）	大张公路桥
	瘦银锭夜蛾	*Macdunnoughia confusa* Stephens	双台河口东郭管理所
	银纹夜蛾	*Argyrogramma agnata*（Staudinger）	双台河口东郭管理所
	黏虫	*Pseudaletia separata*	双台河口东郭管理所
	未鉴定		昌图
			双安桥
			大张公路桥
			双台河口东郭管理所
凤蝶科	金凤碟	*Papilio machaon* Linnaeus	昌图
粉蝶科	斑缘豆粉蝶	*Colias erate* Esp.	昌图
			双安桥
			曙光公路桥
			盘山闸
			通江口
	菜粉蝶	*Pieris rapae*	昌图
			双安桥
			通江口
	云粉蝶	*Pontia daplidice*	双安桥
眼蝶科	牧女珍眼蝶	*Coenonympha amaryllis*	昌图
蛱蝶科	黄钩蛱蝶	*Polygonia caureum*	昌图
			双安桥
			通江口
			盘山闸
			前施堡
	白钩蛱蝶	*Polygonia calbum*	昌图
	大红蛱蝶	*Vanessa indica* Herbst	昌图
	细带闪蛱蝶	*Apatura metis* Freyer	昌图
	小红蛱蝶	*Vanessa cardui*	双安桥

科	中文名	学名	采集地点
灰蝶科	红珠灰蝶	*Lycaeides argyrognomon* Bergstrasser	昌图
			前施堡
			通江口
			鲁家大桥
	蓝灰蝶	*Everes argiades*	昌图
			双安桥
			通江口
			鲁家大桥

（7）植物

监测区内共有植物 55 科 150 属 200 种，国家二级保护植物 1 种，即野大豆。与 2012 年相比，2013 年调查区域内的植物种类减少了 3 科 25 种，其中菊科种类减少了 6 种，为 36 种；禾本科减少了 1 种，为 26 种；豆科减少了 2 种，为 19 种。虽然监测区内分布的植物种类有所减少，但实际调查中菊科、禾本科和豆科植物在种类和数量上仍有明显优势，菊科和禾本科在群落的分布上优势更为明显。蔷薇科为 6 种，相比上年减少 6 种，主要为杂草类；蓼科较 2012 年减少 4 种，仍为 7 种；藜科增加 1 种，为 12 种；其他如毛茛科、十字花科等变化不大（图 4-17）。2013 年，保护区内植物仍然以草本植物为主，草本植物共计 178 种。其中，一年生植物 80 种，二年生植物 34 种，多年生植物 64 种。与 2012 年相比，一年生植物增加 4 种，二年生植物增加 14 种，多年生植物减少 28 种（图 4-18）。

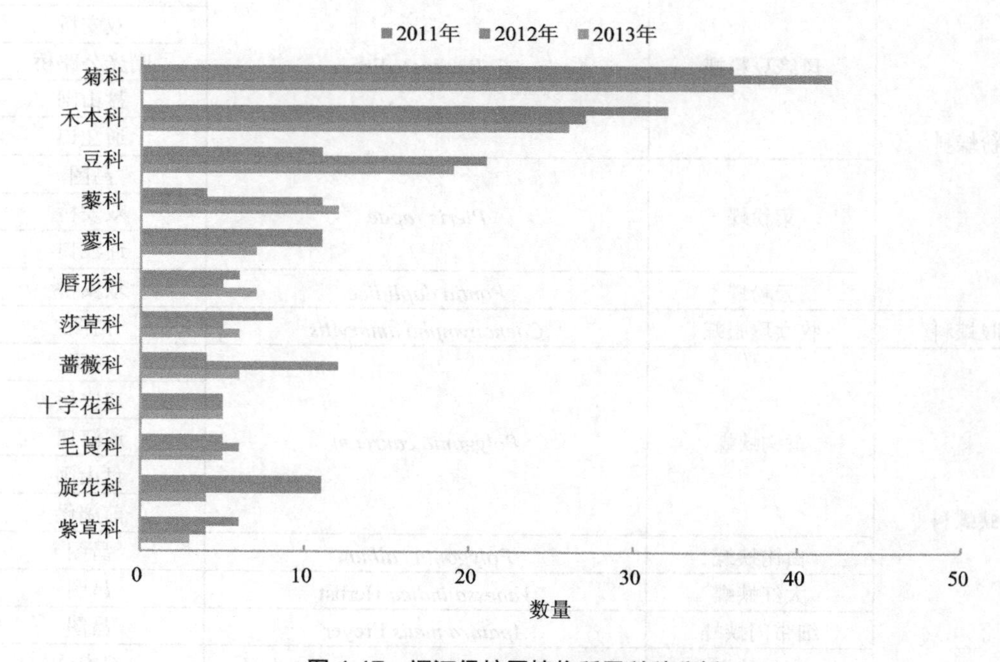

图 4-17　辽河保护区植物所属科种分析

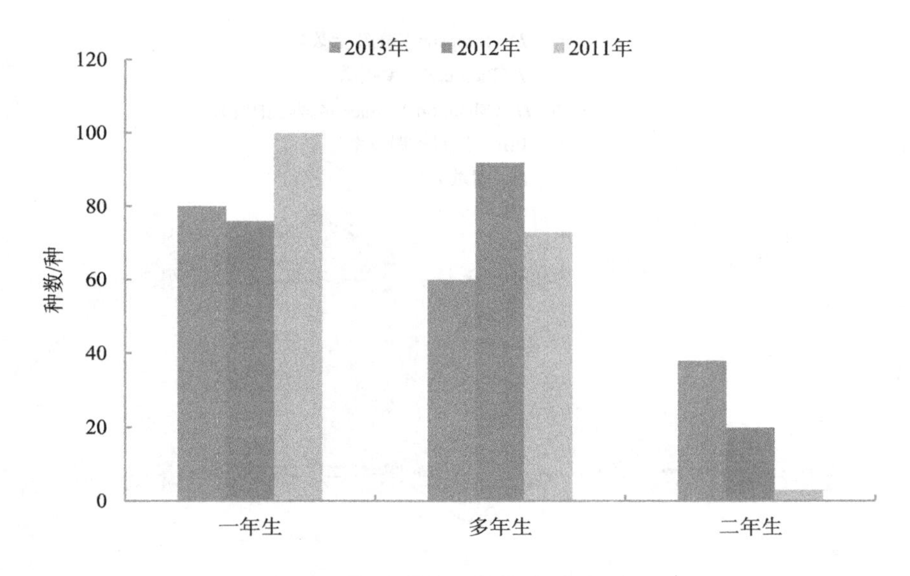

图 4-18　辽河保护区植物生活型分析

经过两年的封育后，各监测区内植物多样性呈现出新态势，既有相似性，又有各自的特点。由于监测区内地理、水文等条件的差异，监测区域内环境的不均一性，各监测区的植物群落朝着不同的方向演替变化。由于人为干扰和自然条件的影响，区域内植物的分布呈现变化和规律性。通过整体比较发现，其监测区域内的生物多样性，在垂直河岸的方向上变化呈无序状态，且变化不明显。

根据 2013 年调查结果发现，由于辽河保护区两岸分布的人口较多，且保护区处于建设的初期，各种施工活动较多，所以受各种人为和自然因素的交叉影响，其植物种类的变化呈现多样性，同时，不同监测区多样性的变化呈现出一定的规律性。其中，几个受人为和自然因素影响较小、植被自然恢复较好的监测区，其生物多样性在相近区域内处于较低的水平。福德店、石佛寺和酒壶咀监测区，其生物多样性都处于所在区域的低点。在本监测区中，由于监测区的位置较低，在丰水期受河水水位的影响较大，很容易被河水全部或部分淹没。河水可能带来不同的植物种子，同时水体流动和水淹危害也使地区的原有植被发生变化，而这种变化导致了监测区域内的生物多样性上升（图 4-19）。

2013 年，保护区内植物多样性中，上下游的多样性变化幅度不大，总体上相近。在 2013 年调查中发现，群落呈现出多样性，既有空间上的多样性，也有时间上的多样性。群落内部的复杂性继续增加，同时大面积的多年生草本群落增加。

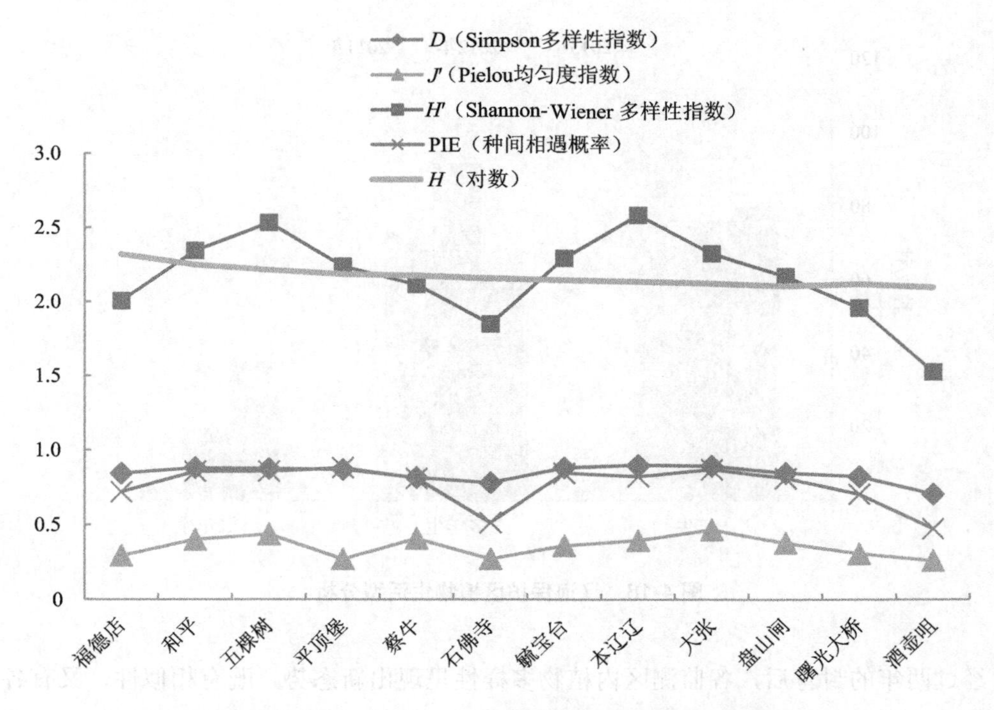

图 4-19　2013 年辽河保护区监测区植物α多样性

（8）土壤微生物

通过对辽河保护区土壤真菌的分离培养，鉴定出 17 个属的真菌（表 4-13）。其中，以木霉属（*Trichoderma*）、青霉属（*Penicillium*）、镰孢菌属（*Fusarium*）、帚霉属（*Scopulariopsis*）、链格孢属（*Alternaria*）、曲霉属（*Aspergillus*）种类较多，为该地区的优势类群，分离率分别为 22.46%、14.86%、9.42%、9.06%、8.33%、7.97%。其中，上层土壤中以木霉属、青霉属、帚霉属、拟青霉属（*Paecilomyces*）、链格孢属、镰孢菌属为主，是该区的优势类群，分离率分别为 22.05%、14.17%、11.81%、9.45%、8.66%和 7.87%；下层土壤中以木霉属、青霉属、镰孢菌属、曲霉属、链格孢属、帚霉属为主，是该区的优势类群，分离率分别为 22.82%、15.44%、10.74%、8.72%、8.05%和 6.71%。

毓宝台地区，以木霉属、镰孢菌属、帚霉属、青霉属、曲霉属和黏帚霉属（*Cliocladium*）为优势类群，分离率分别为 37.50%、12.50%、12.50%、6.25%、6.25%和 6.25%。

表 4-13 辽河保护区土壤真菌菌落数量及分离率

属名（Genus）	辽河保护区		上层		下层		毓宝台		本辽辽		满都户		盘山闸		巨流河		曙光大桥	
	CN	IR/%	CN	IR/%	CN	IR/%	CN	IR/%	CN	IR/%	CN	IR/%	CN	IR/%	CN	IR/%	CN	IR/%
木霉属（*Trichoderma*）	62	22.46	28	22.05	34	22.82	6	37.50	10	28.57	13	24.07	14	16.28	12	24.00	17	20.00
青霉属（*Penicillium*）	41	14.86	18	14.17	23	15.44	1	6.25	4	11.43	10	18.52	13	15.12	8	16.00	5	14.29
镰孢菌属（*Fusarium*）	26	9.42	12	7.87	14	10.74	2	12.50	3	8.57	7	12.96	5	5.81	6	12.00	3	8.57
帚霉属（*Scopulariopsis*）	25	9.06	15	11.81	10	6.71	2	12.50	4	11.43	4	7.41	7	8.14	5	10.00	3	8.57
链格孢属（*Alternaria*）	23	8.33	11	8.66	12	8.05	0	0.00	5	14.29	6	11.11	10	11.63	1	2.00	1	2.86
曲霉属（*Aspergillus*）	22	7.97	9	7.09	13	8.72	1	6.25	4	11.43	4	7.41	7	8.14	3	6.00	3	8.57
拟青霉属（*Paecilomyces*）	19	6.88	12	9.45	7	4.70	0	0.00	2	5.71	1	1.85	9	10.47	4	8.00	3	8.57
腐质霉属（*Humicola*）	6	2.17	2	1.57	4	2.68	0	0.00	0	0.00	1	1.85	1	3.49	1	2.00	1	2.86
黏帚霉属（*Cliocladium*）	5	1.81	3	2.36	2	1.34	1	6.25	0	0.00	0	0.00	2	2.33	1	2.00	1	2.86
丝核菌属（*Rhizoctonia*）	5	1.81	2	1.57	3	2.01	0	0.00	0	0.00	0	0.00	1	3.49	1	2.00	0	2.86

属名（Genus）	辽河保护区		上层		下层		毓宝台		本辽辽		满都户		盘山闸		巨流河		曙光大桥	
	CN	IR/%	CN	IR/%	CN	IR/%	CN	IR/%	CN	IR/%	CN	IR/%	CN	IR/%	CN	IR/%	CN	IR/%
葡萄穗霉属（*Stachybotrytis*）	4	1.45	1	0.79	3	2.01	0	0.00	0	0.00	1	1.85	1	2.33	1	2.00	0	0.00
疣瓶孢属（*Eladia*）	3	1.09	2	1.57	1	0.67	0	0.00	0	0.00	2	3.70	1	0.00	1	2.00	0	0.00
茎点霉属（*Phoma*）	3	1.09	1	0.79	2	1.34	0	0.00	1	2.86	0	0.00	1	0.00	1	2.00	1	2.86
拟叉壳属（*Microsphaeropsis*）	2	0.72	0	0.00	2	1.34	0	0.00	0	0.00	0	0.00	0	2.33	0	0.00	0	0.00
（*Phaeostalagmus*）	2	0.72	0	0.00	2	1.34	0	0.00	0	0.00	1	1.85	0	1.16	0	0.00	0	0.00
疣丝孢属（*Stenella*）	1	0.36	1	0.79	0	0.00	0	0.00	0	0.00	0	0.00	1	0.00	1	2.00	0	0.00
漆斑菌属（*Myrothecium*）	1	0.36	0	0.00	1	0.67	0	0.00	0	0.00	0	0.00	0	1.16	0	0.00	0	0.00
未定属	26	9.42	12	9.45	14	9.40	3	18.75	2	5.71	4	7.41	7	8.14	4	8.00	6	17.14
总计	276	100.00	127	100.00	149	100.00	16	100.00	35	100.00	54	100.00	86	100.00	50	100.00	35	100.00

注：CN 表示菌落数；IR 表示分离率。

本辽辽地区，以木霉属、链格孢属、青霉属、曲霉属、帚霉属为优势类群，分离率分别为 28.57%、14.29%、11.43%、11.43%和 11.43%。

满都户地区，以木霉属、青霉属、镰孢菌属、链格孢属、曲霉属和黏帚霉属（*Cliocladium*）为优势类群，分离率分别为 24.07%、18.52%、12.96%、11.11%、7.41%和 7.41%。

盘山闸地区，以木霉属、青霉属、链格孢属、拟青霉属、曲霉属为优势类群，分离率分别为 16.28%、15.12%、11.63%、10.47%和 8.14%。

巨流河地区，以木霉属、青霉属、镰孢菌属、帚霉属、拟青霉属为优势类群，分离率分别为 24.00%、16.00%、12.00%、10.00%和 8.00%。

曙光大桥地区，以木霉属、青霉属、曲霉属、帚霉属、镰孢菌属为优势类群，分离率分别为 20.00%、14.29%、8.57%、8.57%和 8.57%。

4.4.4 陆生生境状况

根据辽河保护区生态环境特点，确定陆生生境监测指示物种 14 种，草本植物为薤白、紫花地丁、长刺酸模、委陵菜、茵陈蒿、黄花蒿、三裂叶豚草、地肤、藜，其中三裂叶豚草为辽河保护区内分布最广的外来入侵植物，小叶章、大蓟、野艾蒿、华黄耆、蛇床为二年生和多年生草本的代表；长刺酸模与委陵菜为杂类草代表；乔木为柳、榆、杨，为辽河保护区内主要人工防护林树种。

通过调查其物候（乔木或灌木包括芽开放期、展叶期、开花始期、开花盛期、果实成熟期、叶变色期、落叶期等，草本包括萌动期、开花期、果实成熟期、种子散布期、黄枯期等），可以确定监测区植物群落特征。

2013 年监测结果见图 4-20，辽河保护区最早萌动的植物是薤白、紫花地丁、委陵菜和蛇床；最早开花的为紫花地丁，4 月底即进入花期；其次为薤白、长刺酸模、委陵菜、蛇床、华黄耆，均在 6 月进入花期；紫花地丁果实成熟较早，长刺酸模和薤白果实于 6 月成熟，以上 6 种植物黄枯期均在 8 月。茵陈蒿、黄花蒿、三裂叶豚草、加拿大蓬、地肤和藜等，4 月末种子萌动，7 月进入花期，8 月进入果实成熟期；三裂叶豚草和加拿大蓬，种子成熟后即开始散播；茵陈蒿、地肤、藜等，种子均在黄枯期才开始散播。

2013 年，辽河保护区在部分监测区种植树木，大部分处于适应期，只有火炬树生长旺盛，形成一定的群落。辽河保护区多年生的人工防护林——乔木为主要监测对象，即杨、柳、榆。监测结果（图 4-21）表明，榆芽萌动最早，3 月即开始萌动，其芽即花芽，所以花期与芽萌动期一致；杨春芽也是花芽，所以萌动期与开花期一致，均于 4 月底即萌动开花。柳芽萌动期为 4 月，但由于为先花植物，展叶期为 6 月，同时达到开花盛期；杨、柳的果实成熟期晚于榆；3 种乔木均于 10 月进入叶变色期，11 月进入落叶期。

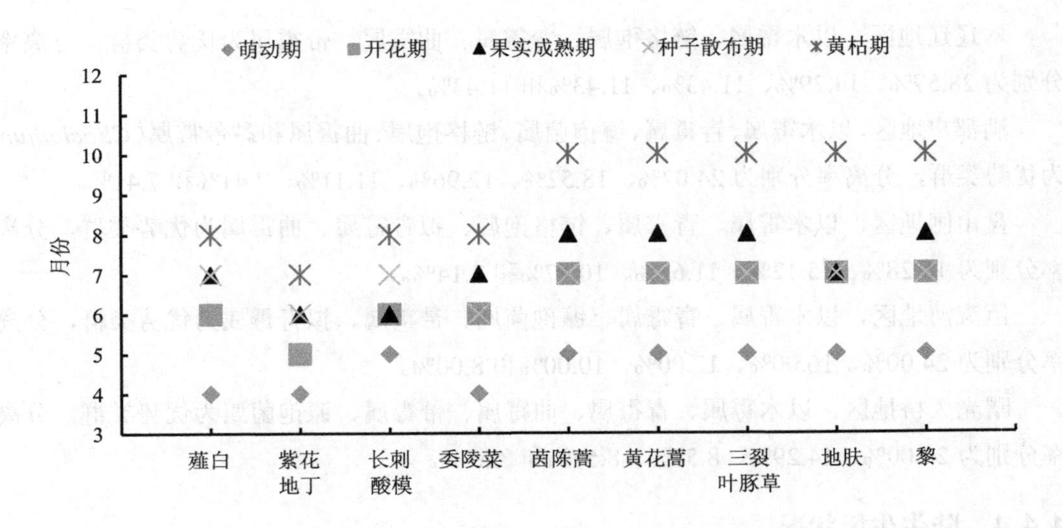

图 4-20 辽河保护区监测区重点监测草本植物季相变化

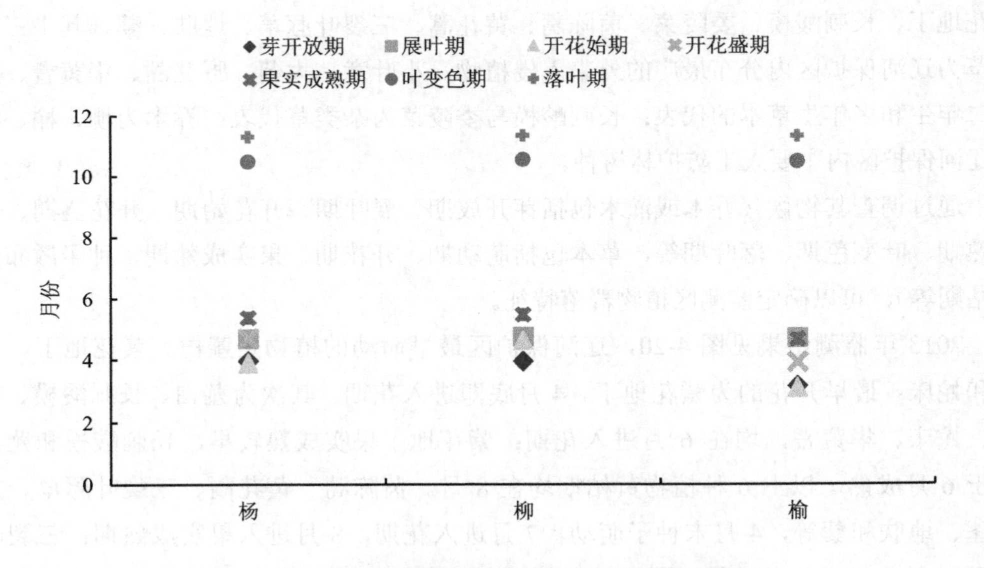

图 4-21 辽河保护区监测区重点监测乔木季相变化

辽河保护区有落叶阔叶林、落叶阔叶灌丛林、草甸、沼泽、水生植被、农业植被 6 种植被型组合；还有河谷河岸沙地落叶阔叶林、河谷沿河沙地落叶阔叶灌丛、暖温性落叶阔叶灌草丛、平原沼泽化草甸、一年生草地、多年生草地、莎草沼泽、禾草沼泽、水生植物、种植群落 10 种植被类型，以及杂交杨人工林、杂交柳人工林、榆人工林、沿河旱柳灌丛、沿河杞柳灌丛、黄背草灌丛、芦苇草甸、水田稗草甸、杂类草甸、苘麻草地、三裂叶豚草草地、藜草地、地肤草地、华黄耆草地、野青茅、蛇床草地、小叶章草地、鹅观草草地、柳叶旋覆花草地、加拿大蓬草地、加拿大蓬+茵陈蒿草地、黄花蒿+茵陈蒿草地、荻草草地、野艾蒿草草地、大蓟草草地、水蒿草草地、杂类草草地、滨海盐地碱蓬盐生草地、草甸化莎草沼泽、莎草沼泽、芦苇沼泽、拂子茅沼泽、杂类草沼泽、浮水水生植物、挺水水生植物、粮菜 35 种植物群系（表 4-14～表 4-16）。

表 4-14　辽河保护区监测区主要植被与群落

植被型组合	植被类型	群系
Ⅰ. 落叶阔叶林	一、河谷、河岸、沙地落叶阔叶林	1. 杂交杨人工林
		2. 杂交柳人工林
		3. 榆人工林
Ⅱ. 落叶阔叶灌丛	二、河谷、沿河、沙地落叶阔叶灌丛	4. 沿河旱柳灌丛
		5. 沿河杞柳灌丛
	三、暖温性落叶阔叶灌草丛	6. 黄背草灌草丛
Ⅲ. 草甸	四、平原沼泽化草甸	7. 芦苇草甸
		8. 水田稗草甸
		9. 杂草类草甸
	五、一年生草地	10. 苘麻草地
		11. 三裂叶豚草草地
		12. 藜草地
		13. 加拿大蓬草地
		14. 加拿大蓬+茵陈蒿草地
		15. 黄花蒿+茵陈蒿草地
		16. 杂草类草地
		17. 地肤草地
		18. 滨海盐地碱蓬盐生草地
		19. 蛇床草地
	六、多年生草草地	20. 鹅观草草地
		21. 柳叶旋覆花草地
		22. 华黄耆草地
		23. 野青茅草地
		24. 大蓟草草地
		25. 野艾蒿草草地
		26. 荻草草地
		27. 水蒿草草地

植被型组合	植被类型	群系
Ⅳ. 沼泽	七、莎草沼泽	28. 草甸化莎草沼泽
		29. 莎草沼泽
	八、禾草沼泽	30. 芦苇沼泽
		31. 拂子茅沼泽
		32. 杂类草沼泽
Ⅴ. 水生植被	九、水生植物	33. 浮水水生植物
Ⅵ. 农业植被		34. 挺水水生植物
	十、种植群落	35. 粮菜

表 4-15　辽河保护区各监测区植物群落类型

监测区	群落数量	群落类型
福德店	10	杂交杨人工林、沿河旱柳灌丛、芦苇沼泽、黄花蒿+茵陈蒿草地、杂类草草地、杂类草沼泽、华黄耆草地、柳叶旋覆花草地、野艾蒿草草地、大蓟草草地
和平	7	杂交杨人工林、杂类草沼泽、野艾蒿草草地、杂类草草甸、柳叶旋覆花草地、茵陈蒿+黄花蒿草草地、水蒿草草地
五棵树	7	杂交杨人工林、加拿大蓬草地、野艾蒿草草地、大蓟草草地、野艾蒿草草地、杂类草草地、杂类草沼泽
平顶堡	6	杂交杨人工林、沿河杞柳灌丛、大蓟草草地、杂类草草地、加拿大蓬草地、茵陈蒿+黄花蒿草地
新调线	8	杂交杨人工林、水田稗草甸、加拿大蓬草地、大蓟草草地、三裂叶豚草草地、杂类草草地、华黄耆草地、野艾蒿草草地
石佛寺	7	杂交杨人工林、黄背草灌丛、芦苇草甸、水田稗草甸、三裂叶豚草草地、杂类草草地、野艾蒿草草地
毓宝台	8	杂交杨人工林、沿河杞柳灌丛、黄花蒿+茵陈蒿草地、杂类草草地、柳叶旋覆花草地、大蓟草草地、华黄耆草地、野艾蒿草草地
本辽辽	4	杂交杨人工林、杂类草草地、荻草草地、三裂叶豚草草地
大张	6	杂交杨人工林、杂类草草地、黄花蒿+茵陈蒿草地、大蓟草草地、加拿大蓬草地、三裂叶豚草草地
盘山闸	2	杂交杨人工林、杂类草草地
曙光大桥	3	大蓟草草地、杂类草草地、芦苇草甸
酒壶咀	1	芦苇沼泽

表4-16 辽河保护区监测区主要植物群落分布情况

植物群落	监测区						总数
杂交杨人工林	福德店-盘山闸						10
沿河旱柳灌丛	福德店						1
沿河杞柳灌丛	平顶堡	毓宝台					2
黄背草灌草丛	石佛寺						1
芦苇草甸	石佛寺						1
水田稗草甸	石佛寺	新调线					2
杂类草草甸	和平						1
加拿大蓬草地	和平	新调线	大张				3
蛇床草地	本辽辽	大张	毓宝台				3
小叶章草地	福德店	大张	新调线				3
华黄耆草地	福德店	新调线	毓宝台				3
藜草地	大张						1
黄花蒿+茵陈蒿草地	福德店	新调线	大张				3
三裂叶豚草草地	五棵树	新调线	石佛寺	大张	本辽辽		5
大蓟草草地	福德店	五棵树	新调线	平顶堡	曙光大桥		5
野艾蒿草草地	福德店	和平	石佛寺	五棵树	毓宝台	新调线	6
杂类草草地	福德店	毓宝台	新调线	石佛寺	大张	盘山闸	6
芦苇沼泽	酒壶咀						1
柳叶旋覆花草地	福德店	和平	毓宝台				3
拂子茅沼泽	福德店						1
杂类草草地	福德店	和平					2

第 5 章　辽河保护区不同类型湿地对水体污染物阻控效率及植物发育规律研究

5.1　研究背景

随着工业化、城镇化的快速发展，许多河流、湖泊等水体受到了不同程度的污染，水体富营养化问题也变得严峻。影响水体富营养化的因素有很多，水体氮、磷含量偏高是其重要因素。水体富营养化不仅会产生生态环境方面的影响，也会威胁饮用水的安全。在众多污水处理技术和系统中，人工湿地具有投资及运行费用低、管理方便、经济及生态环境效益好等优势，有较高的应用价值，因而被广泛使用和大量研究。

人工湿地处理污水的机理较为复杂，目前仍在进一步地探索中。在已有的研究中，人工湿地的搭载设计方式、不同人工湿地基质对污染物的去除效果以及不同植物包括不同植物组合对水体污染物的吸收能力等方面的研究相对较多。影响氮、磷去除的内外因素很多，一般影响人工湿地对水体污染物的去除效果的因素主要是人工湿地基质和湿地植物。湿地基质主要通过对污染物的吸收和对微生物的附着作用而达到对污染物的去除作用。但从长期来看，基质对污染物的吸收达到饱和之后，对污染物的处理效果就会有所下降。湿地植物的根系不仅可以作为微生物的附着点加强对水体污染物的去除，而且能够在自身对污染物的利用和吸收中，通过定期收割将污染物移至系统之外。因此，在自然界中受污染的水体中，构建合理的人工湿地进行修复至关重要。

根据辽河保护区主要湿地类型——支流汇入口湿地、牛轭湖湿地和坑塘湿地，分别构建 3 种类型的人工湿地。关于这些人工湿地，目前鲜有报道。这 3 种人工湿地对水体污染物的处理效果也尚不清楚。对此，本研究在参考前人湿地植物研究的基础上，选取芦苇、香蒲、水葱、菖蒲 4 种植物进行组合，在温室构建支流人工湿地、坑塘人工湿地、牛轭湖人工湿地装置，以考察不同人工湿地类型水体中氮、磷浓度的变化及氮、磷去除能力，为水专项“辽河保护区水生态建设综合示范”项目的子课题 3——辽河保护区湿地网构建关键技术项目提供理论支持，同时为辽河保护区人工湿地建设提供方法指导，并为人工湿地的建设和水体污染物的去除提供科学依据。

5.2 实验材料与方法

5.2.1 供试植物

实验所用 4 种水生植物分别为宽叶香蒲、水葱、菖蒲、芦苇。对购买的植物先用自来水驯化培养 1 周，再洗净根部所带土壤，最终选取已适应水环境、长势良好且大小相近的植株，以相间的方式分别栽种在各装置中，进行同密度栽种实验。

5.2.2 实验用水

实验参照辽河水质，采用人工配置污水的方式进行，水体主要成分为$(NH_4)_2SO_4$、KNO_3和KH_2PO_4，其余营养成分根据 Hoagland's 营养液进行配置。模拟污水中氮、磷元素的初始浓度是根据对辽宁省不同河流中氮、磷实际测定的值来确定的。

5.2.3 实验装置

实验于 2014 年 7 月 5 日—9 月 1 日在中国环境科学研究院生态模拟实验区进行，周期为 58 d。该区根据不同湿地的特点设计了 4 个人工湿地试验箱。水生植物培养装置设计中，支流人工湿地（A 装置）和坑塘人工湿地（B 装置）采用长 150 cm、宽 60 cm 的长方体实验装置，牛轭湖人工湿地（C 装置）采用外径 150 cm、内径 70 cm 的半圆形封闭实验装置。实验中，各装置所用水体体积分别为 130 L、130 L、115 L，旨在保证装置基底上覆盖水深均为 15 cm。基底以粒径 4～12 mm 的砾石填充，厚度为 20 cm。

实验中，3 个湿地装置均以相间的形式按照相同的密度，种植 4 种植物，最终植物密度为 70 株/m^2，与辽河保护区实际植物密度相当，并保证以第四个无植物的实验装置（D 装置）作为空白对照。每个实验装置箱用水泵控制水流循环并设置相同的流量。实验期间，每天通过加自来水来补充蒸发、蒸腾和采样所消耗的水分，以保持箱中水体体积的恒定。

5.2.4 实验监测方法

水体方面的监测方法：①为了探究不同人工湿地在水力停留时间（HRT）内对水质的净化效果，将 3 个装置的取样周期设置为 A 装置 3 d，B 装置 6 d，C 装置 9 d。每个装置试验周期结束后，继续用药品配制水样，将水样相关指标浓度恢复到初始值。对每个实验装置重复实验 3 次。②为了探究不同人工湿地在相同时间段内对水质的处理效果，每隔 3 d 分别对 4 个装置进行水样采集并进行检测，每次试验周期为 9 d，每次新一轮周期开始时，同样将水质调整为初始浓度。

植物方面，在A、B、C装置中随机对每种植物选择5株植物并做标记，分别检测各个装置中各种植物的数量，以及各个装置中每个种类每株植物的株高变化。其中，植物数量检测周期为6 d，株高和叶片数量检测周期为3 d。

实验开始时，测定不同种类植物的高度、重量，以及每个种类植物平均氮、磷含量；实验开始后，主要测定水质TN、NH_4^+-N、磷酸盐和TP值，每次处理重复3次。实验结束后，采集植物样本，烘干后测定植株中的氮、磷含量。水质检测按照《水和废水监测分析方法》进行，TN采用紫外分光光度法，NH_4^+-N采用《水质 氨氮的测定 纳氏试剂分光光度法》（HJ 535—2009），总磷采用钼酸铵分光光度法《水质 总磷的测定 流动注射-钼酸铵分光光度法》（HJ 671—2013）。植株氮、磷含量采用浓硫酸-过氧化氢法消解，其后，植株TN用碱性过硫酸钾消解紫外分光光度法《水质 总氮的测定 碱性过硫酸钾消解紫外分光光度法》（HJ 636—2012），植株TP采用钼酸铵分光光度法《水质 总磷的测定 流动注射-钼酸铵分光光度法》（HJ 671—2013）测定。去除率（φ）的计算，见式（5-1）：

$$\varphi=\left(C_0-C_i\right)/C_0\times 100\% \tag{5-1}$$

式中，C_0——实验开始时水体中的污染物浓度，mg/L；

C_i——第i天时水体中的污染物浓度，mg/L。

5.3 结果与讨论

5.3.1 不同人工湿地装置内污染物去除效率

各装置在设计的周期内对COD、TN、NH_4^+-N、TP的去除效果如图5-1所示。COD在直流汇入口湿地中去除效果最好，3日去除效率可达70%以上。在其他类型湿地中，COD的去除效率在前3日达到高峰。在TN、NH_4^+-N、TP 3个指标的去除上，各装置在NH_4^+-N、TP的去除上差异不大，在TN的去除上差异明显。在去除效果上，各装置对TN的去除效率均较高。在TN、NH_4^+-N、TP的去除中，A（HRT=3 d）、B（HRT=6 d）、C（HRT=9 d）、D（HRT=0 d）4个装置的去除效率依次为：C（88.2%）＞B（77.7%）＞A（55.7%）＞D（18.4%）；A（57.3%）＞C（51.6%）＞B（38.2%）＞D（29.5%）；B（60.5%）＞C（55.6%）＞A（40.8%）＞D（31.1%）。在TN的去除效果上，除空白组D的去除效率较低外，其他装置均较高，反映了不同人工湿地对TN均有较好的去除效果，装置中植物根系吸附微生物和植物对氮的吸收起到了很大的作用。但B、C 2个装置差异不明显，表明对 TN 的去除不仅与时间有关，而且受人工湿地水流速度的影响，且和植物生长情况有关。在 NH_4^+-N 的去除上，A 装置的效果最好，大于处理时间较长的装置 B 和装置 C，说明装置中 NH_4^+-N 的去除效果在很大程度上与水流速度有关，较快的水流更有利于 NH_4^+-N 的释放和植物的吸收。但各装置特别是 B 装置与空白组 D 的差别不大，说明此时 NH_4^+-N 的去除在很大程度上是由于基质上附着的微生物对 NH_4^+-N 的分解和基质对 NH_4^+-N 的吸收。在 TP 的去除效果上，各装置差别不大，空白组 D 的效果较为明显。这可能是由于在缓慢的水流速度下，微生物的分解作用能有效降低装置中 TP 的浓度。B 装置的去除效果大于 C 装置，说明坑塘人工湿地在 TP 的去除上比牛轭湖人工湿地有更显著的效果。

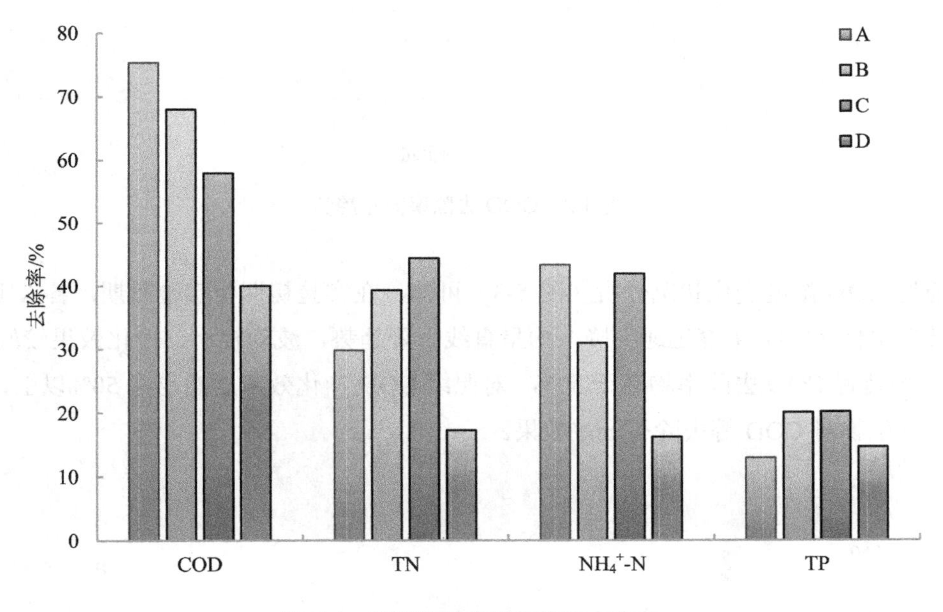

图 5-1　不同湿地类型污染物去除率

5.3.2　不同人工湿地装置水体 COD 变化趋势分析

实验结果显示，A、B、C 3 种人工湿地装置对 COD 均有较好的去除效果（图 5-2、图 5-3），且各装置间差异不显著，说明支流人工湿地、坑塘人工湿地、牛轭湖人工湿地在 COD 的去除上均有较好的效果，且处理能力相当。在测度时间内，COD 浓度在 9 d 内从约 350 mg/L 分别降至 56.44 mg/L、47.56 mg/L、83.11 mg/L（图 5-3）。COD 去除效果排序为 B（75.00%）＞A（74.49%）＞C（62.44.56%），与对照组 D 的去除效果（50.3%）差异明显。

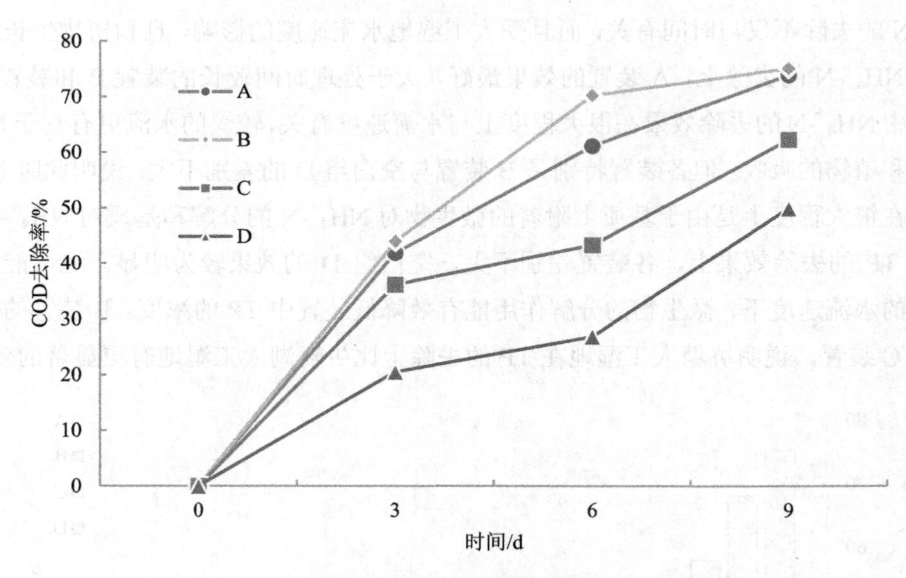

图 5-2 COD 去除率变化趋势

通过 COD 浓度变化状况分析（图 5-3）可知，在实验初期至实验后期，各人工湿地实验装置水体 COD 浓度迅速下降，均呈直线下降趋势，波动较小，净化效果较好，A、B、C 3 种装置 COD 去除率均高于 50%。对照组 COD 净化效率居然也在 50%以上，说明潜在的微生物对 COD 等去除有一定效果。

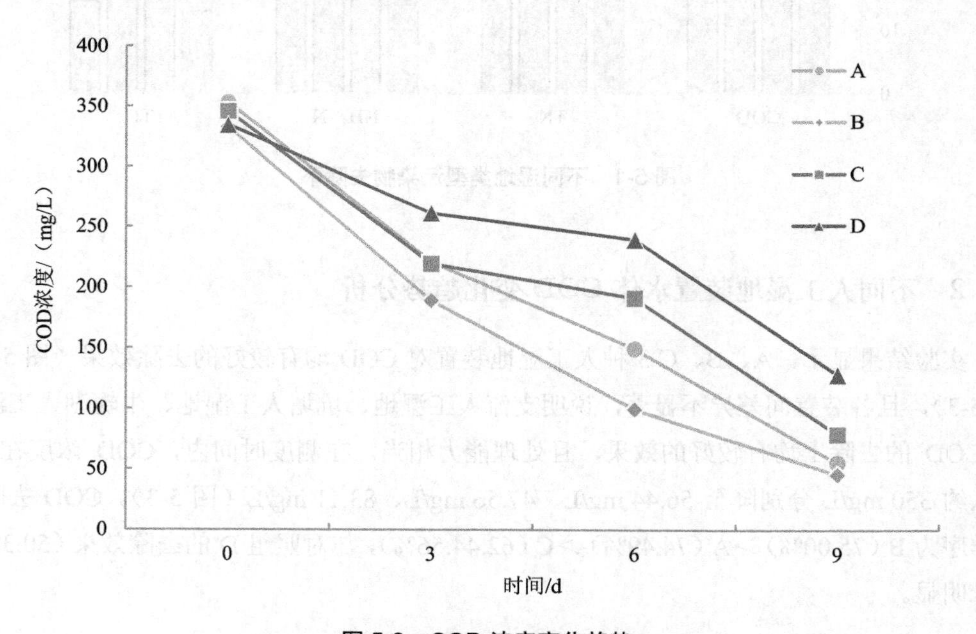

图 5-3 COD 浓度变化趋势

5.3.3 不同人工湿地装置水体 TN 变化趋势分析

实验结果显示，A、B、C 3 种人工湿地装置对 TN 均有较好的去除效果（图 5-4、图 5-5），且各装置间差距不大，说明支流人工湿地、坑塘人工湿地、牛轭湖人工湿地在 TN 的去除上均有较好的效果，且处理能力相当。测度时间内，TN 浓度在 9 d 内从 10 mg/L 分别降至 1.43 mg/L、1.2 mg/L、1.18 mg/L（图 5-5）。TN 去除效果排序为：C（88.2%）＞B（87.97%）＞A（85.74%），与对照组的去除效果（29.8%）差异明显（图 5-4）。

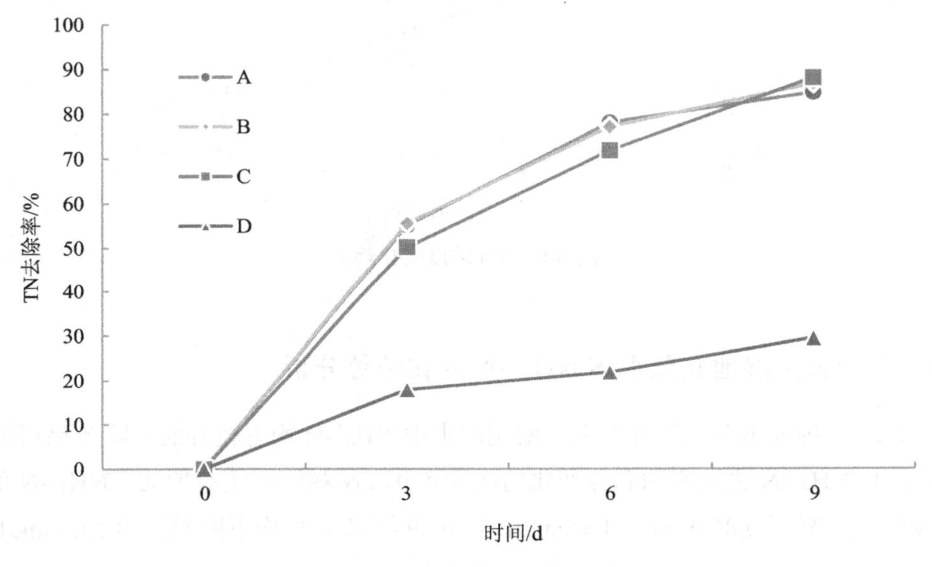

图 5-4 TN 去除率变化趋势

从 TN 浓度变化状况（图 5-5）来看，在实验初期（前 3 天），各人工湿地实验装置水体 TN 的浓度迅速下降，TN 浓度降至 4.42～5.00 mg/L，净化效果好，A、B、C 3 种装置 TN 去除率均高于 50%，明显高于空白组去除效果（18.3%）。实验至第 6 天，各人工湿地实验装置水体 TN 浓度继续保持下降态势，TN 浓度降至 2.18～2.80 mg/L，TN 平均去除率为 75.98%，而此时空白组 TN 去除率仅为 22.20%。但随着时间的延长和 TN 浓度的降低，再加上植物根部硝化作用与反硝化作用共存，各装置在后面对 TN 的去除速度逐渐放缓。至第 9 天时，各人工湿地实验装置水体 TN 浓度已经很低了，TN 平均去除率仅比前 6 天降低 11.33%。尽管各人工湿地装置对 TN 的去除率不同，但随着水体交换时间的延长和植物根区好氧、厌氧和缺氧交替的微环境变化，再加上水生植物经过一定时间的生长后，根部反硝化菌利用水中的硝态氮代谢繁殖，各装置去除率的总体变化趋势大致相同。

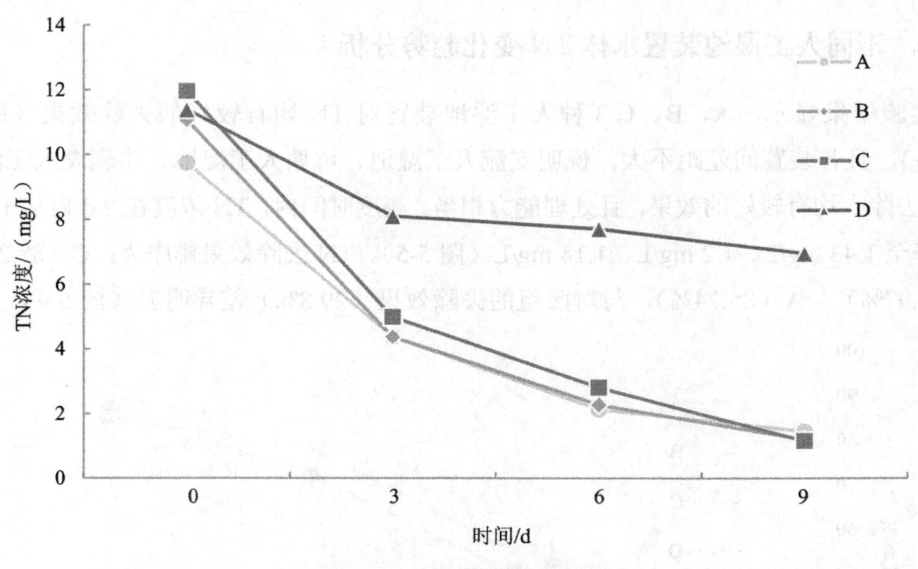

图 5-5 TN 浓度变化趋势

5.3.4 不同人工湿地装置水体 NH_4^+-N 变化趋势分析

A、B、C 3 种人工湿地装置对人工配制污水中 NH_4^+-N 均有较好的去除效果（图 5-6、图 5-7），其 NH_4^+-N 去除率的总体变化情况大致和 TN 相同。实验期间，NH_4^+-N 的浓度从 4 mg/L 分别降至 0.86 mg/L、1.15 mg/L 和 0.89 mg/L，平均下降幅度为 3.03 mg/L。

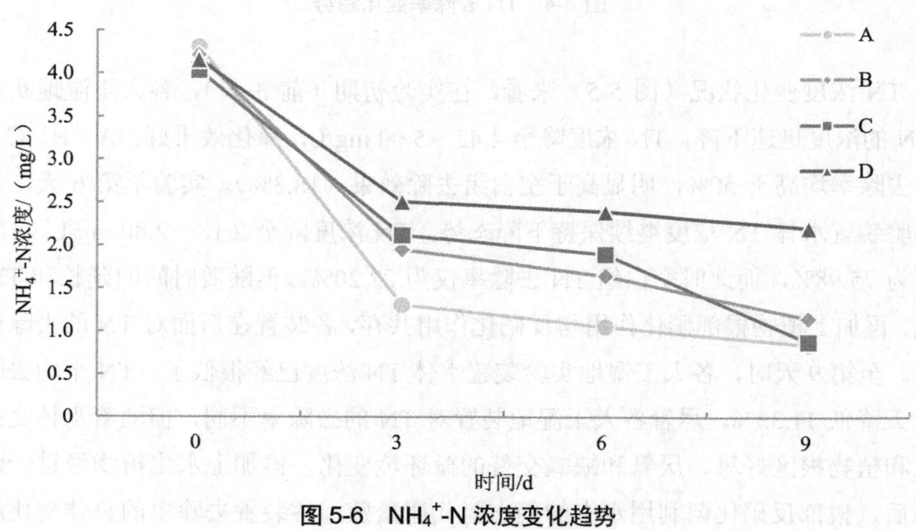

图 5-6 NH_4^+-N 浓度变化趋势

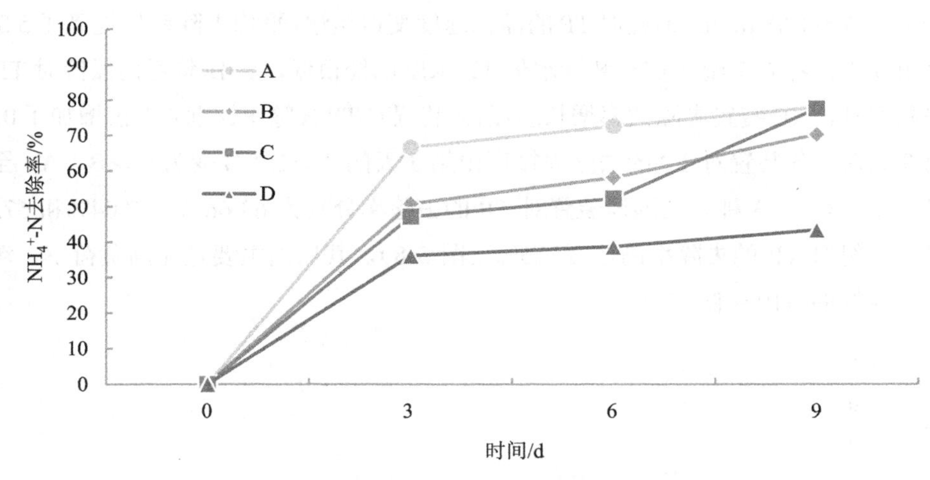

图 5-7　NH_4^+-N 去除率变化趋势

在实验初期（前 3 天），各人工湿地装置 NH_4^+-N 浓度迅速下降（图 5-6），NH_4^+-N 浓度降至 1.31～2.11 mg/L，平均去除率为 55.10%。其中，A 装置对 NH_4^+-N 的净化效果最好，去除率达 67.15%，远高于 B（50.92%）、C（47.25%）。值得一提的是，此时空白组的去除效果也比较明显（36.75%）。实验至第 6 天，各装置 NH_4^+-N 浓度继续下降，但此时 NH_4^+-N 的净化速度变得缓慢，平均去除率仅提高了 6.39%。

实验至第 9 天，各人工湿地装置 NH_4^+-N 浓度均低于 1.2 mg/L，此时空白组 NH_4^+-N 浓度也仅为 2.22 mg/L。A、B 实验装置 NH_4^+-N 去除率仍保持缓慢增长状况，而此时 C 装置去除效果出现了较明显的提高，相比前 6 天，NH_4^+-N 去除率增加了 25.25%。水体中 NH_4^+-N 去除的主要途径有植物吸收、硝化反应和氨挥发等。实验初期，A 装置去除效果好，可能是较快的水流促进了植物根系对氧的吸收，进而加快微生物的吸附繁殖，而在实验后期，C 装置对 NH_4^+-N 的去除效果大大提升，则是因为随着时间的推移，硝化作用加强。在实验期内，各装置对 NH_4^+-N 去除率排序为 A（78.59%）＞C（77.75%）＞B（71.23%）。

5.3.5　不同人工湿地装置水体 TP 变化趋势分析

各装置在 TP 去除率上均较为明显（图 5-8、图 5-9），其 TP 去除变化情况大致和 TN 相同。磷在污水中常以磷酸盐、聚磷酸盐和有机磷形式存在，污水中磷主要依靠植物吸收、基质微生物和植物根系吸附等途径去除。

在实验初期（前 3 天），各人工湿地装置 TP 浓度迅速下降（图 5-9），TP 浓度降至 1.53～1.98 mg/L，平均去除率为 56.67%。其中，A 装置对 TP 的净化效果最好，去除率为 61.63%，与 B（50.46%）、C（57.91%）装置的去除效果相差不大，但与空白组（25.75%）相比效果明显。实验至第 6 天，各人工湿地实验装置水体 TP 浓度继续保持下降态势，TP

浓度降至1.47～1.58 mg/L。但此时TP的净化速度变得缓慢，平均去除率仅提高了5.31%。实验至第9天，各人工湿地实验装置水体TP浓度已经很低，除B装置仍保持对TP较明显的去除率外，A、C装置去除效率增长缓慢，A装置对TP去除率比前6天仅增加了0.47%。而且第9天时，各装置对TP的去除率排序由第3天的A>C>B变为C>B>A。至实验结束时，A、B、C 3种人工湿地装置对TP的去除率分别为63.66%、67.04%和67.21%。而此时空白组对TP的去除率高达37.75%（图5-8），其原因主要是在高负荷下，湿地基质对磷有很好的吸附存储作用。

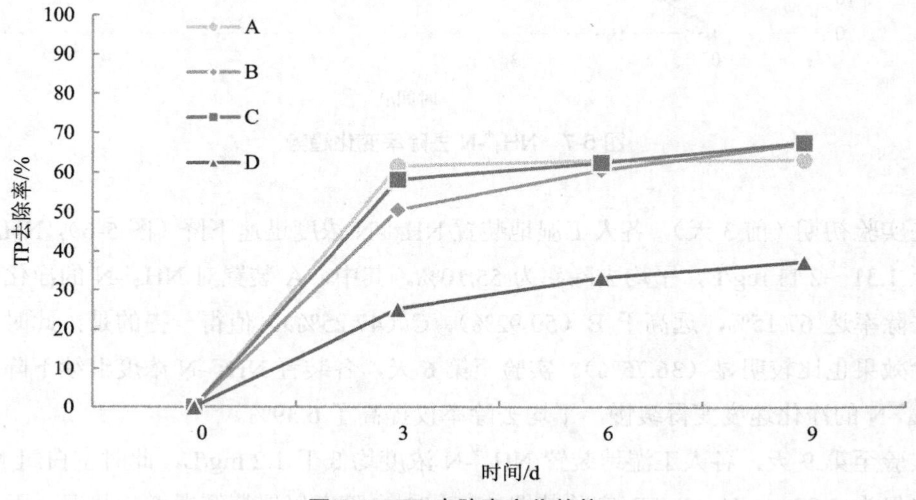

图5-8 TP去除率变化趋势

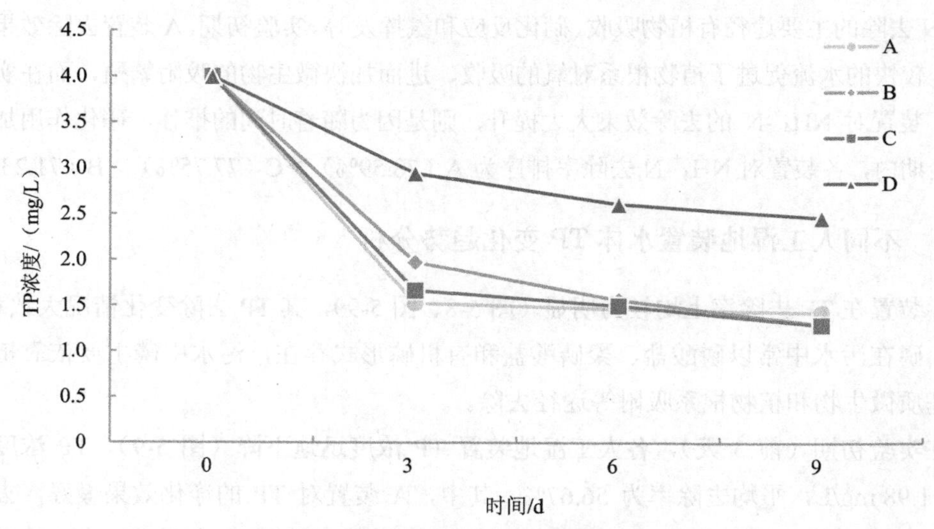

图5-9 TP浓度变化趋势

5.3.6　水体污染物去除与植物生长的关系

4 个人工湿地装置中的不同植物在实验期内表现为高度的增长和数量的增加，但高度（图 5-10）和数量的增长各不相同。从植株株高增长整体来看，除菖蒲外，宽叶香蒲、水葱、芦苇的增长量在实验结束时均表现为 C＞A＞B。菖蒲的高度变化，在各装置中除 A 装置外，其他变化都很小，且 A 装置中菖蒲的增长量远快于 B、C 装置。B、C 装置至实验结束时，植株高度仅分别增长了 0.5 cm、1.15 cm。实验初期（前 3 天）宽叶香蒲株高在 C 装置中表现为较快地增长，中后期增长较为平稳。在 A 装置中则表现为实验初期增长微弱，实验中期增长较快。水葱在试验期内，各装置的株高变化均较为平稳，且增长幅度较大，实验后期（第 9 天）株高为 22.1～55.8 cm，平均增长了 39.83 cm。芦苇在各装置中的生长情况为：实验前期（前 3 天）A 装置中生长较快，B 装置中生长较慢，但到中后期，C 装置中生长迅速，且生长速率有逐渐加快的趋势。

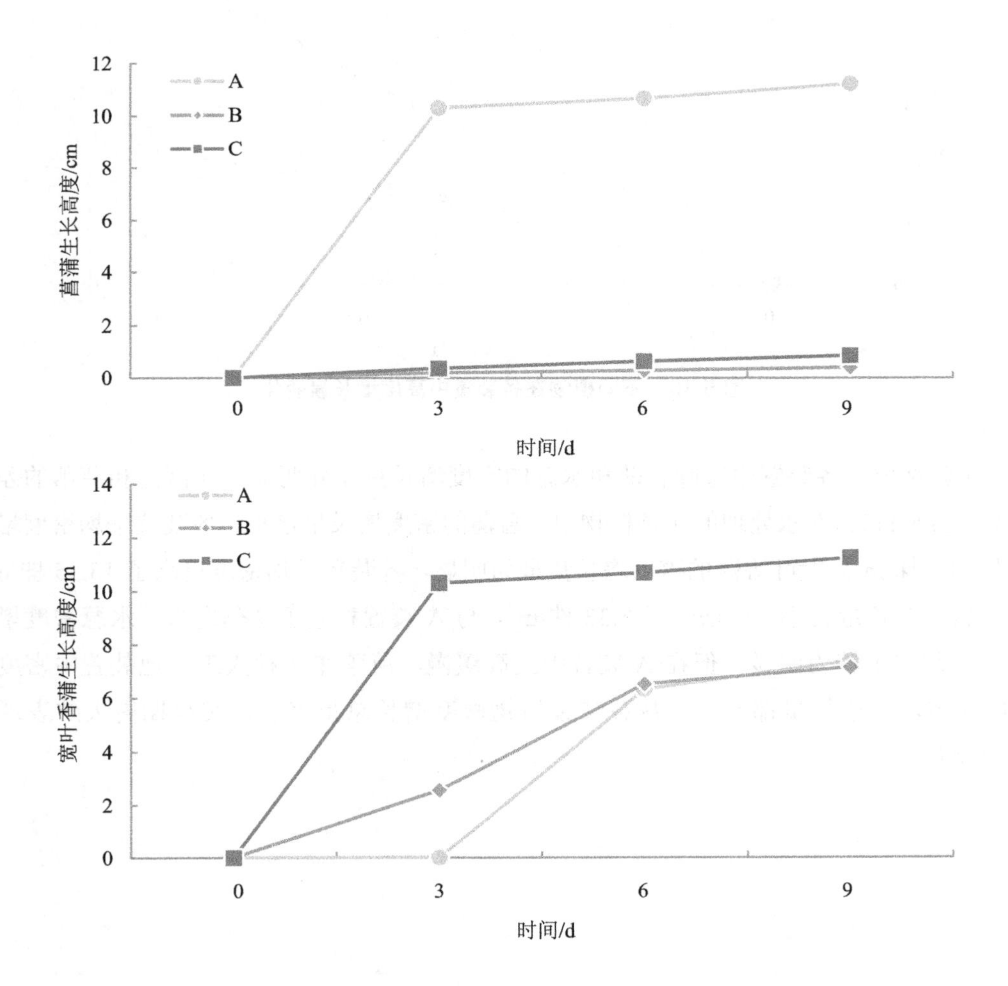

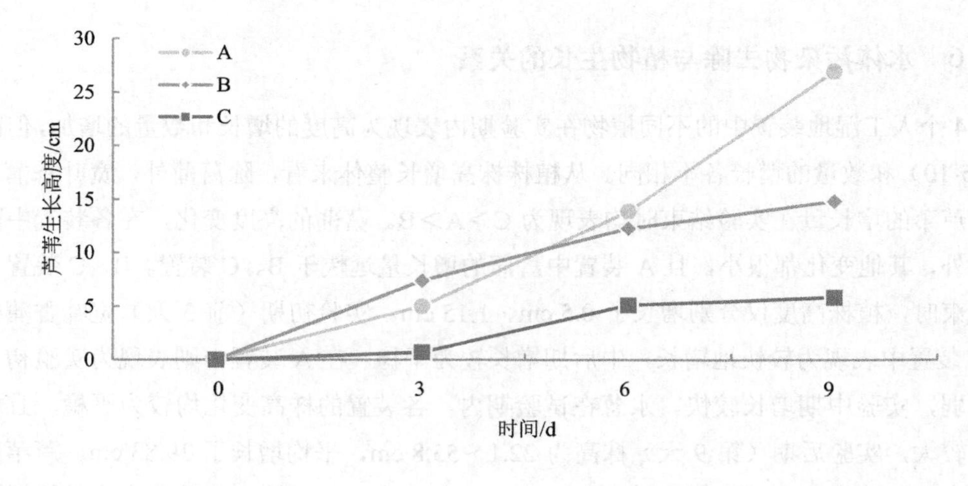

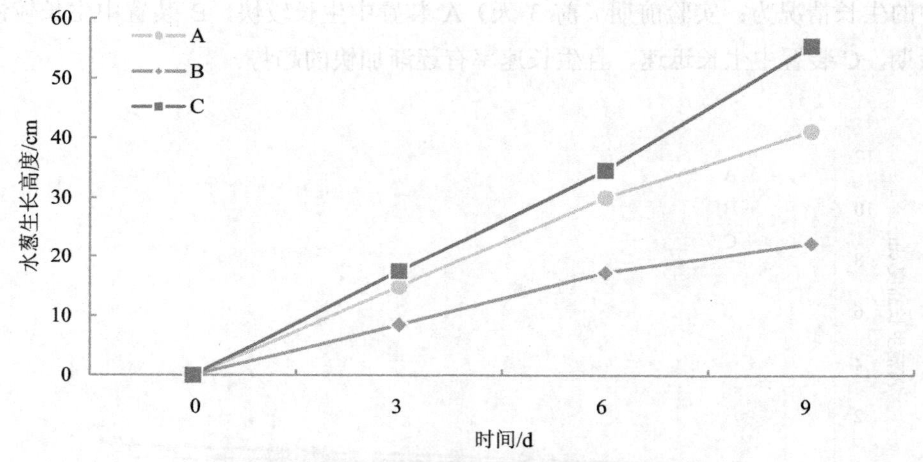

图 5-10　不同植物在各装置中高度增长量变化

实验期内，各装置中宽叶香蒲和水葱的密度增长量差异明显，而菖蒲和芦苇的差异较小（图 5-11）。在水处理的 4 种植物中，菖蒲的密度增长量最小，各装置平均密度增长量为 2.01 株/m^2。宽叶香蒲的密度增长量最为明显，各装置平均密度提高了 15.55 株/m^2，但 B 装置增长量较小，仅增长了 3.33 株/m^2，与 A 装置相差了 7 倍之多。水葱密度增长量在 C 装置中较为明显，但在 A 装置中提高缓慢。芦苇在 3 种人工湿地装置中密度增长量均匀，但增长量都不大。从各装置植物密度增长总量来看，实验期内大致表现为 C＞A＞B。

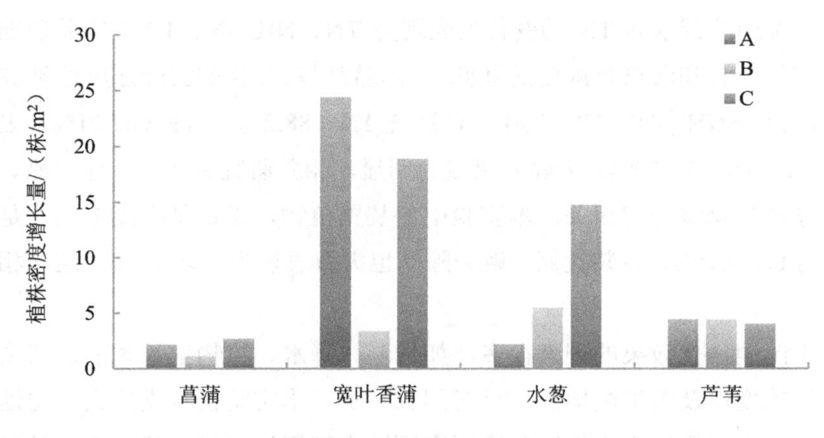

图 5-11　不同植物在各装置中密度增长量变化

5.4　结论

人工湿地作为一种有效的水体处理方法，在易富营养化和已受损的水体中能起到重要的修复作用。其湿地中的植物不仅可以吸纳同化大量的污染物，它发达的根系还能为微生物提供优良的生存环境，改变基质的通透性，也能增加对污染物的吸收和沉淀作用。在人工湿地的构建中，由于不同人工湿地去除水体污染物的强度和特点不尽相同，要发挥人工湿地的生态功能，提高湿地对污染物的去除效果，就需要对植物进行正确选择和合理搭配，这一点具有重要意义。本实验室内构建支流人工湿地、坑塘人工湿地、牛轭湖人工湿地 3 种模拟装置中，采用了宽叶香蒲、水葱、菖蒲、芦苇 4 种水生植物，实验效果较为明显。这是因为多种植物的合理搭配组合能够提高氮、磷去除效率，同时湿地植物强化了基质内部微生物活动，促进了根际微生物吸收、根系滞留、根际周围硝化反硝化等作用，进而提高了去氮除磷效果。各装置对 TN、NH_4^+-N、TP 的平均去除效率分别比空白组高出 57.50%、31.36%和 28.22%，因而实验中所选植物可作为人工湿地实际应用中植物供选方案。

各装置在设置的 HRT 时间内对 TN、NH_4^+-N、TP 3 个指标的去除效果上，NH_4^+-N、TP 的差异不大，TN 的差异明显。各装置对 TN 的去除效率均较高。在 NH_4^+-N 的去除效果上，A 装置最好，也大于处理时间较长的装置 B、C。在 TP 的去除效果上，坑塘人工湿地比牛轭湖人工湿地更显著。因此在人工湿地构建实践中，应根据各类型人工湿地氮、磷去除特点，合理选择植物搭配和湿地设计。本实验中各人工湿地装置所用的 HRT 是根据对辽河流域人工湿地的经验观察确定的。与其他研究相比，本实验氮、磷去除率偏低。除植物不同或植物的配置不同外，也因为实验 HRT 时间过短。

不同人工湿地装置水体 TN 的变化均表现为 TN、NH_4^+-N、TP 在实验前期去除效率高，随着时间的延长和污染物浓度的降低，各装置对污染物的去除速度逐渐放缓。而在去除效果上，TN＞NH_4^+-N＞TP。其中，C 装置 TN（88.2%）、TP（67.21%）去除效率较高，A 装置 NH_4^+-N（78.59%）去除效果较为明显。相关研究表明，水体中氮、磷去除率与水生植物净增生物量密切相关。本实验中各装置植物，无论是高度增长还是密度增长量，均表现为 C＞A＞B，各装置氮、磷去除率也大致表现为 C＞A＞B，这与相关研究结论一致。

影响人工湿地净化效果的因素很多，如气温、降水、植物生长季节、植物物种、生活型、污染物浓度以及人工湿地的运行时间长短等。本实验仅从支流人工湿地、坑塘人工湿地、牛轭湖人工湿地水力停留角度探究不同人工湿地对氮、磷的净化效果和植物生长情况，未考虑不同植物对各人工湿地净化效果的贡献率。这也是下一步研究的主要内容之一。

第 6 章　辽河保护区湿地工程恢复效果研究及生态格局变化

6.1　研究背景

辽河保护区管理局于 2010 年正式成立，这是我国第一次对大河“划区设局”，体现了河流治理和保护的思路创新和体制创新，在全国河道管理与保护方面开创了先河。

辽河干流保护区的建立，在保障辽宁中部城市群生态安全的同时，也将有效地预防和控制不合理的开发建设可能导致的辽河生态系统退化问题；通过恢复湿地植被，提高水源涵养、防蓄洪水、水体自然净化能力和污染物净化能力，保障水生态安全。同时，在提高野生动植物、水生生物多样性，为候鸟提供栖息地，扩大种群数量等方面都具有特殊的意义。本研究以辽河保护区湿地工程为研究对象，对各节点湿地工程水生环境、生态环境、生物恢复等情况进行系统比对与分析，为更加合理地建设辽河保护区人工湿地提出科学建议，为合理保护、建设、开发、利用辽河，恢复其生态完整性和自然风貌提供科学依据。

6.2　研究方法

6.2.1　湿地工程恢复效果研究方法

6.2.1.1　水质环境

1）监测时间：对植被季相进行 3 次监测；物候观测应长期进行。

2）监测地点：在辽河保护区内 11 座橡胶坝上游、铁岭福德店、康平三河下拉、汎河湿地、石佛寺水库、台安县达牛镇、盘山闸、辽河口国家级自然保护区和潮间带等重要节点设 19 个长期观测区，作为重点监测地点。

3）监测方法：将陆生生境监测与植物监测结合进行。

4）监测指标：陆生生境监测指示物种或优势物种的物候（乔木或灌木包括芽开放期、展叶期、开花始期、开花盛期、果实成熟期、叶变色期、落叶期等，草本包括萌动期、开花期、果实成熟期、种子散布期、黄枯期等）。

5）数据处理：形成植被类型、群落名称、地理位置、分布特征。

6.2.1.2 植被

1）监测时间：选择植物生长旺盛期进行监测。

2）监测地点：在辽河保护区福德店湿地、三河下拉湿地、五棵树湿地、七星湿地、毓宝台湿地、本辽辽湿地、芦花湖湿地和辽河口国家级自然保护区等重要节点设立长期观测区，作为重点监测地点。

3）监测方法：采用样带点四分法。从辽河河道至大坝设置宽 50 m 的样带，在样带内根据监测对象不同，设置大小不同的样方。

4）监测指标

乔木：种类、胸径、高度、物候期、生活状态、生活力；

灌木：种类、平均高度、盖度、物候期、生活状态、生活力；

草本：种类、多度（丛）、平均高度、盖度、物候期。

5）数据处理：计算植物种类、种群大小、群落结构（空间、时间）、物种多样性指标。

α多样性计算方法：植物尤其是草本植物数目多，且禾本科植物多为丛生的，计数很困难，故采用每个物种的重要值来代替每个物种个体数目这一指标，作为多样性指数的计算依据。因此，首先按照下面的计算公式，计算出每个物种的重要值，再将它代入辛普森多样性指数和香农-威纳指数计算公式中，分别计算出群落的多样性指数。

香农-威纳（Shannon-Wiener）指数（H'），见式（6-1）：

$$H' = -\sum_{i=1}^{S} P_i \ln P_i \tag{6-1}$$

式中，P_i——种 i 的重要值；

S——物种数目。

Pielou 均匀度指数［式（6-2）］表示α多样性：

$$E = \frac{H}{H_{\max}} \tag{6-2}$$

式中，H——实际观察的物种多样性指标；

$H_{\max}$——最大的物种多样性指标。

6.2.1.3 鸟类

1）监测时间：繁殖期鸟类监测和冬季鸟类监测分别在 6 月和 12 月（或 1 月初）进行。根据实际情况确定监测频次。

2）监测地点：详见 4.2.1.3（4）节。

3）监测方法：

①常规陆生鸟调查方法。在晴朗、风力不大（3 级以下）的天气条件下进行，最佳时间为清晨和傍晚，步行速度为 1～2 km/h，只记录向后和各向侧飞的鸟，向前飞的不计。

②水禽调查方法。由于水禽分布集中，样带调查无法真实地得到数量分布特征，所以采用直数法与现场估测法进行调查。使用高倍望远镜进行直数调查，并记录生境。

4）监测项目：种类、数量。

5）数据处理：计算鸟类数量、密度、分布。

6.2.1.4 哺乳动物

1）监测时间：在 6—9 月的草青期，以及 10 月至第二年 5 月的草枯期进行监测。在草青期，每月开展两次样线监测，枯草期每 2 个月开展 1 次样线监测。

2）监测地点：详见 4.2.1.3（5）。

3）监测方法：根据文献资料，采用访问和实地核实相结合的方法进行调查。采访有经验的基层相关技术人员、村民等，结合样带（长 5.5 km，宽 4 km）调查中所见到的动物尸体、粪便、足迹、洞穴等及各种动物的生境要求、经验分布、密度，核实访问到的数量，从而确定样带面积内各种动物的数量。

其中，鼠类中褐家鼠 1 洞 1 鼠（洞口外显 1 个），鼠数=洞穴数。

小家鼠 1 洞 1 鼠（洞口外显 2～3 个），鼠数=洞穴数/3。

大仓鼠、小家鼠 1 洞 1 鼠（洞口外显 3～4 个），鼠数=洞穴数/4。

4）监测指标：种类、数量。

6.2.1.5 鱼类

1）监测时间：从繁殖季节之前开始，持续到繁殖季节结束，包括整个繁殖季节。鱼类资源监测在春秋两季各进行一次，每次 10～20 d。

2）监测地点：详见 4.2.1.3（2）。

3）监测方法：一是走访调查，询问当地居民；二是调查期间采用各种网捕。

4）监测指标：种类、数量等。

5）数据处理：计算种类组成、鱼类群落结构。

6.2.1.6 两栖动物和爬行动物

1）监测时间：每年进行 3 次监测，分别在 5 月、8 月和 10 月。每次调查分白天和夜间两个时间进行。

2）监测地点：详见 4.2.1.3（3）。

3）监测方法：采用直数法调查成体蛙类与爬行动物。

由东向西调查，设长 50 m、宽 100 m 的调查样方，查数样方中动物数量，记录种类与生境。

利用改进的样方拍照计数法调查蝌蚪数量。

4）监测指标：种类、数量。

5）数据处理：计算两栖动物和爬行动物种类、种群密度。

6.2.1.7 河流浮游生物

1）监测时间：选择浮游生物生长温度适宜的情况进行监测，一般为 5—10 月。每年监测 2 次。

2）监测地点：详见 4.2.1.3（8）。

3）监测方法：使用灭菌玻璃瓶或塑料瓶在现场采集水样，回实验室进行分析。采用平板计数法或血球板计数法进行浮游生物的培养和计数。

4）监测指标：种类、数量。

5）数据处理：计算浮游生物种类组成、种群结构、物种多样性指数。

6.2.2 生态格局变化研究方法

（1）区域资料分析

利用卫星遥感资料，以 2008 年为基准年，对 2014 年辽河保护区生态恢复状况进行监测分析。根据保护区地表实际状况，将分类目标确立为水体、滩涂、沙化土地、芦苇型湿地、水田、旱地、草地、林地、其他（包括建设用地、道路等）9 种地表覆被类型。所用的卫星遥感影像数据主要拍摄于 2008 年和 2014 年的 6—10 月（以其他月份影像作为辅助补充。为了体现水体变化特征，时相选择上以 9 月，即秋季为主），利用分辨率为 5 m 的法国 SPOT 卫星和日本 ALOS 卫星。利用图像处理软件 ERDAS IMAGING 9.2 对原始影像数据进行几何精校正处理。在此基础上，通过遥感影像判读训练，确定最优组合波段合成图，作为目视解译图。利用 ArcGIS 9.3 软件 ArcMap 模块平台，采用人机交互目视解译的方法对辽河保护区地类特征进行提取。在正式目视解译前，进行分类特征判断训练，并到判读区实地核实，建立遥感影像解译标志。利用 ArcGIS 9.3 软件的 ArcCatalog 模块建立线要素类图层，沿植被类型边界进行数字化；利用 ArcCatalog 模块把线要素类转换为多边形要素类，生成各植被类型面积信息，实现对各个植被类型面积信息的统计；利用 ArcGIS 9.3 软件 ArcMap 模块制作两幅年份植被图，对重点区域的遥感图像进行增强处理（包括边缘增强、色彩调整、直方图拉伸等），并对解译结果进行野外实地调查验证，保证最终解译结果精度达到 80%及以上。基于差值法，评价不同年份相应评价指标，如面积、类型、结构、分布等信息的差异。

（2）几何精校正方法

采用多项式校正法进行校正，用 GPS 点作地理参照选取地面控制点，控制点主要选取道路交叉口、河流汇合口、桥梁、田间地块的转折点等处。控制点个数的计算方法是：（T+1）×（T+2）/2，其中 T 为多项式的次数，这里 T=2，选点时保证数量尽量多且分布均匀。这里选取了 10 个控制点，控制点主要分布在图廓四周，中间内插几个点，总的中误差控制在一个像元内。具体操作方法如下：利用 ERDAS IMAGING9.2 软件 Raster 模块中的 Geometric Correction 功能进行几何校正，校正模型选择多项式法。选取双线性内插法进行重采样，计算内插新像素的灰度值。

（3）野外验证与补判

野外验证主要是检验专题解译中图标的内容是否正确，进一步检验解译标志，同时对室内判读中遗留的疑难点进行再次解译。此次野外验证遍布整个保护区，验证的重点区域主要有昌图县福德店、京四高速公路桥周边、昌图县通江口、哈大高速铁路二桥周边、铁岭市双安桥周边、铁岭县新调线公路桥周边、西孤家子、康平三河下拉、沈北石佛寺、沈北七星山、新民市马虎山桥周边、新民市巨流河桥—毓宝台桥周边、辽中县满都户桥周边、台安县大张桥周边、盘锦盘山闸等地，选取验证点 80 个左右，验证解译精度为 80.5%，可满足对 10 m 分辨率遥感影像进行普查调查的精度。

（4）目视解译成果转绘与制图

进行影像地图的版面设计，在 ArcGIS 9.3 软件 ArcMap 模块的 View/Layout View 中实现。

6.3　湿地工程恢复效果分析

6.3.1　水环境变化

2011—2014 年，辽河干流 11 个监测断面水质类别频次如图 6-1 所示。由图 6-1 可知，2011—2014 年，劣Ⅴ类水体出现频次从 11 个减少到 1 个，Ⅴ类水体从 45 个减少到 9 个；相应的Ⅳ类和Ⅲ类水体所占比例明显增多，其中Ⅲ类水体从 9 个增加到 22 个，Ⅳ类水体从 23 个增加到 80 个，Ⅳ类水体成为主要的水体类型。按《地表水环境质量标准》（GB 3838—2002）全指标考核，辽河在 2012 年年底率先摘掉“重度污染”帽子的基础上，2013 年守住了干流Ⅳ类水质的底线，支流水质达标率提高到 83%，Ⅲ类水质的时段、区段明显增加；2014 年实现国控断面全年各时段Ⅳ类以上水质目标，尤其是氨氮年均达到Ⅲ类标准。

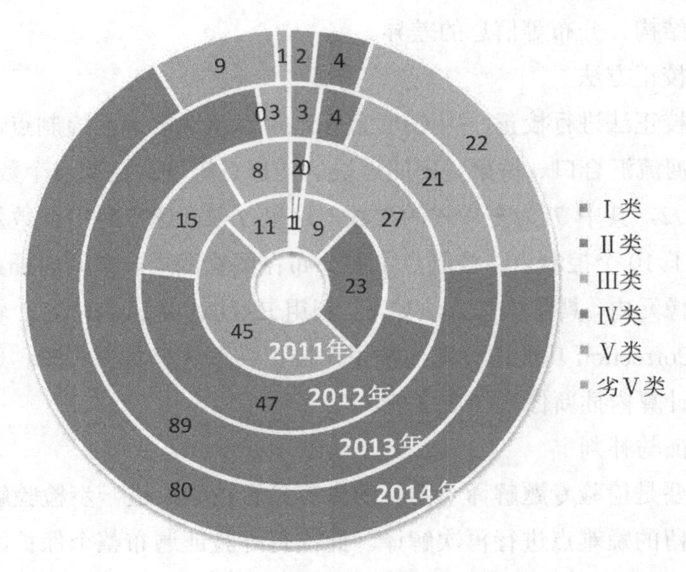

图 6-1 辽河水质历年变化

6.3.2 植物多样性

2012 年，辽河保护区有 6 种植被类型组合、10 种植被类型、31 种植物群落。有植物 58 科 225 种，比 2011 年增加了 15 科 38 种。国家二级保护植物野大豆出现的频度呈上升趋势，分布区域增加，在很多群落中作为优势种存在。在部分地区，其覆盖度可达 90% 以上。植物群落多样化使生态系统中食物链多样化，猛禽分布与数量较 2011 年有所增加，表明生态系统在一定程度上已保持相对稳定。

2014 年，辽河保护区河道及两岸共发现植物 218 种，国家二级保护植物 1 种，即野大豆。菊科、禾本科、豆科和藜科植物在数量上占绝对优势。2014 年，植物仍然以草本为主，共 193 种，比 2013 年增加了 2 科 18 种。监测区内主要科属的植物种类呈增加态势，其中菊科种类增加了 3 种，为 39 种；禾本科增加了 5 种，为 31 种。2014 年，保护区内植物中，一年生植物 82 种，二年生植物 37 种，多年生植物 74 种（图 6-2）。与 2013 年相比，一年生植物增加了 5 种，二年生植物增加了 3 种，多年生植物增加了 10 种。

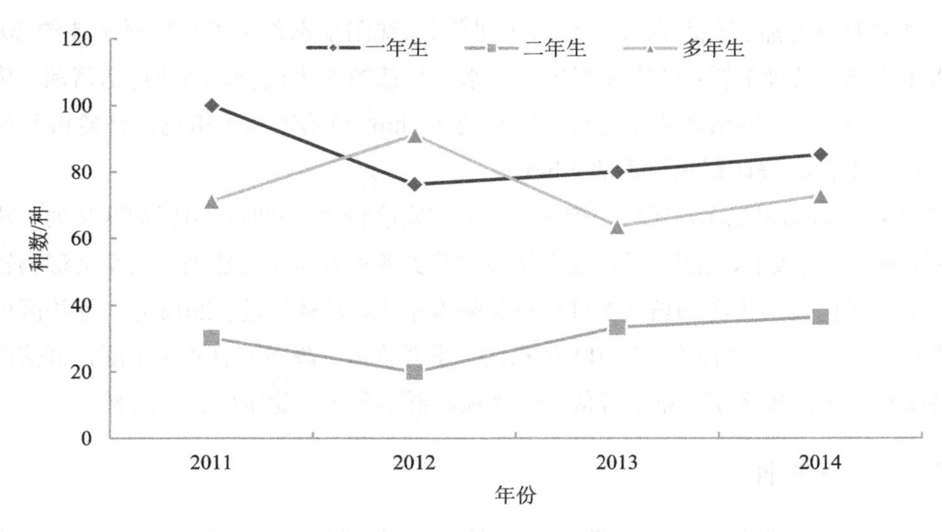

图 6-2 辽河保护区植物生活型分析

经过 2011—2014 年的封育，各监测区内植物多样性增强，既有相似性，又有各自特点的植物群落朝着不同的方向演替变化，区域内植物的分布也由于人为干扰和自然条件的影响而呈现一定的变化，同时也有一定的规律（图 6-3）。总体来看，与 2013 年相比，一年、二年和多年生植物种数均有增加。

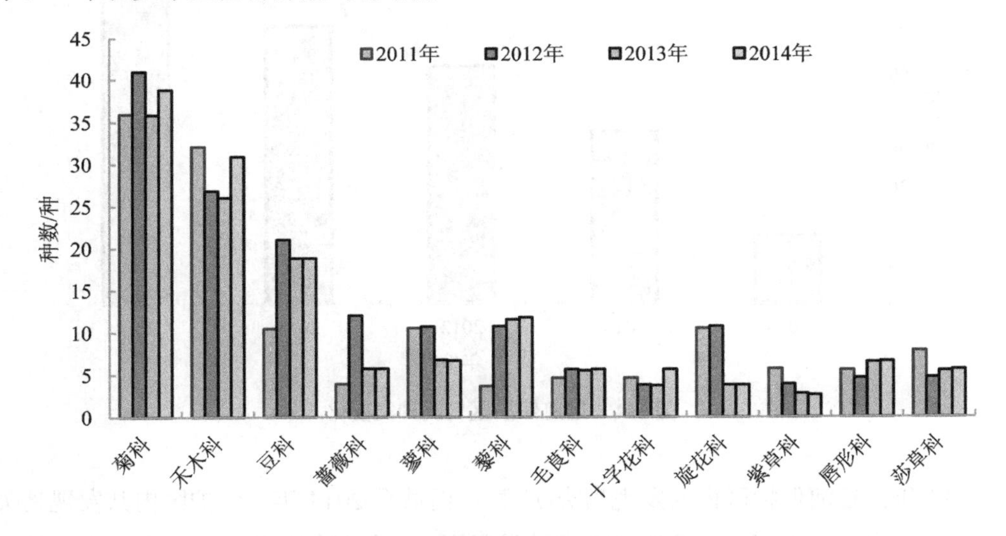

图 6-3 辽河保护区植物所属科种分析

辽河保护区 2012 年恢复水生植物 1 060 hm^2，其中铁岭市 560 hm^2，沈阳市 300 hm^2，鞍山市 107 hm^2，盘锦市 93 hm^2。各市结合干流生态蓄水工程、支流河口水环境综合整治工程、干流水环境综合整治工程和河道综合整治工程，开展水生植物恢复工作，栽植及恢复品种主要为香蒲、菖蒲、荷花、芦苇、千屈菜等。沈阳生态蓄水工程附属湿地约 200 hm^2，栽植水生生物，品种多样；法库和平生态蓄水工程栽植水生植物，品种包括菖蒲、荷花、香蒲，共约 8 hm^2；鞍山新华湿地自然恢复约 67 hm^2 芦苇等水生植物；铁岭市开原五棵树生态蓄水工程，按计划栽植香蒲 7 hm^2。

2014 年调查结果显示，辽河保护区两岸人口密度较大，同时辽河保护区又处于建设初期，各种施工活动较多，因此，保护区生物多样性受各种人为和自然因素的交叉影响较大。2014 年，保护区内上下游的植物多样性变化幅度不大，总体相近。2014 年，保护区内的辛普森指数与 2011 年、2012 年和 2013 年相比，呈现总体下降态势且趋于平缓，群落内部的复杂性减小，大面积多年生草本群落初成规模，群落向更加稳定的方向演替。

6.3.3 鸟类多样性

2012 年，辽河保护区内有鸟类 62 种，较 2011 年增加了 17 种（图 6-4）。生物物种及种群数量快速增加，分布区域逐步扩大，特别是罗布麻等一些原生土著种得到恢复，白鹳、中华秋沙鸭、大天鹅、小天鹅等国家一级、二级保护和濒危鸟类重现，标志着辽河保护区优质水生态环境已初步恢复形成。

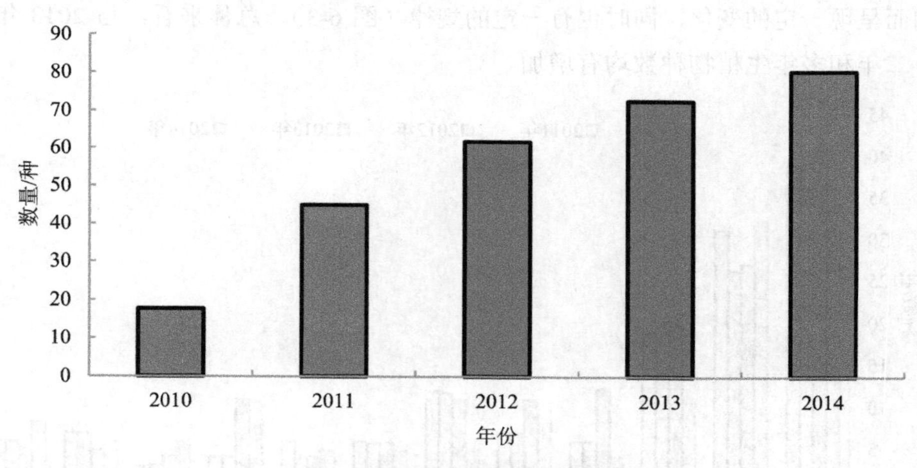

图 6-4 辽河保护区鸟类种类变化

2013 年，辽河保护区内共发现鸟类 73 种。而截至 2014 年，保护区内共发现鸟类不少于 89 种。其中，在通江口和石佛寺湿地发现国家一级保护鸟类东方白鹳，在石佛寺发现国家一级保护鸟类白头鹤，并且在酒壶咀发现国家一级保护鸟类遗鸥，在蔡牛新发现国家二级保护鸟类岩鹭；此外，在辽河沿岸多处发现猛禽，如红隼、阿穆尔隼等。对栖息地要求较高的国家一级保护鸟类东方白鹳、白头鹤、遗鸥和国家二级保护鸟类白尾鹞、短耳鸮和纵纹腹小鸮等在保护区内多处出现。

6.3.4 动物多样性

辽河保护区哺乳动物种类变化如图 6-5 所示。2011 年，保护区内发现的哺乳动物主要为鼠类，分别为褐家鼠、大仓鼠、小仓鼠 3 种。2012 年，保护区内发现哺乳动物 9 种。从数量上来看，辽河保护区内鼠类占有绝对优势，分别为褐家鼠、大仓鼠、小仓鼠 3 种；2013 年，保护区内发现两栖动物 1 科 2 属 2 种，较 2012 年减少 1 种。2013 年，在监测点内又发现野兔、黄鼬、东方田鼠、豹猫，并在辽河口走访调查得知有斑海豹和江豚。2014 年，在多处监测区发现野兔足迹，而鼠类数量仍占有绝对优势。发现哺乳动物 9 种，其中两栖动物中华蟾蜍在辽河保护区内分布最广。

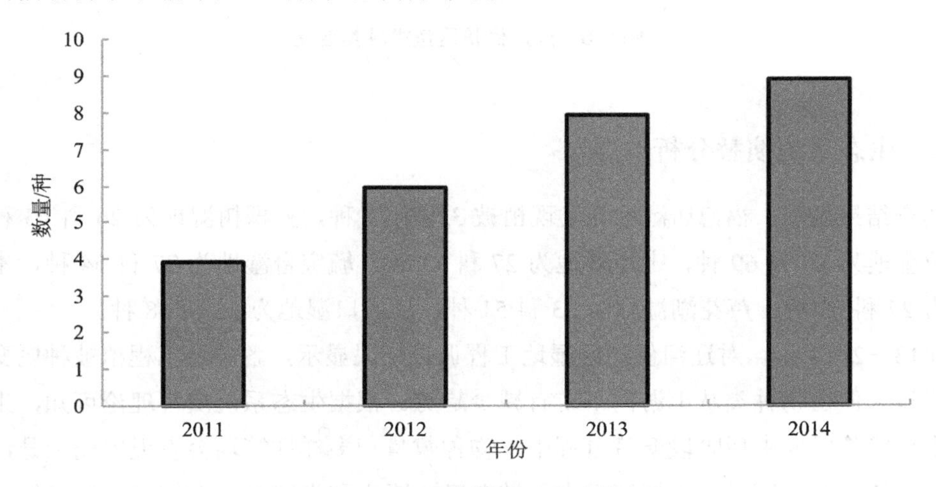

图 6-5 辽河保护区哺乳动物种类变化

6.3.5 鱼类多样性

辽河保护区鱼类种类变化如图 6-6 所示。2010 年，保护区内监测发现鲫鱼、餐条、翘嘴红鲌、棒花鱼、辽宁棒花鱼、麦穗鱼、鲤鱼、兴凯鱊、彩鳑鲏、黑龙江鳑鲏、清徐胡鮈、棒花鮈、马口鱼、团头鲂、似鮈、北方条鳅、北方花鳅、鲇鱼、子陵栉鰕虎鱼、长体阿甫鰕虎鱼、有明银鱼、青鳉、鲮鱼、葛氏鲈塘鳢，共 24 种。2012 年，辽河各监测点发现鱼类共 20 种，分属 6 目 9 科，较 2011 年增加 5 种。2013 年，共发现鱼类 29 种（含 1 个杂交品种），隶属 6 目 9 科，较 2012 年增加 9 种，分别为棒花鱼、丁鱥、怀头鲇、镜鲤、青鱼、蛇鮈、乌鳢、圆尾斗鱼、中华鳑鲏鱼。截至 2014 年，辽河各监测点发现鱼类不少于 46 种，隶属 6 目 10 科。其中，2014 年辽河各监测点发现鱼类不少于 32 种（含 1 个杂交品种），较 2013 年增加 3 种，分别为鮈鱼、乌苏里拟鲿和虾虎鱼。2012 年，沙塘鳢和辽河刀鲚的出现标志着辽河水质进一步好转。

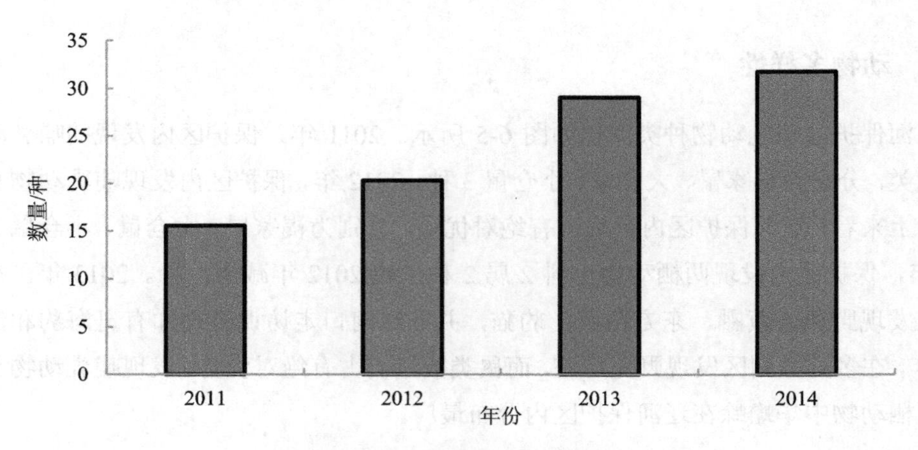

图 6-6 辽河保护区鱼类种类变化

6.3.6 生态系统演替分析

调查结果显示，福德店湿地共发现植被 32 科 79 种，五棵树湿地为 26 科 63 种，三河下拉湿地为 26 科 69 种，七星湿地为 27 科 71 种，毓宝台湿地为 27 科 54 种，本辽辽湿地为 27 科 63 种，芦花湖湿地为 23 科 51 种，辽河口湿地为 22 科 48 种。

2013—2014 年，对辽河保护区湿地工程调查结果显示，各湿地工程植被种属变化趋势不明显。但植物种类从上游向下游有减少趋势。根据生态系统演替理论可知，生态系统在由初级阶段向中后阶段演替过程中，物种数量和多样性等均会表现出先上升，而后缓慢下降的趋势。同时，根据辽河上下游温度、降水和光照等分布规律分析可知，辽河保护区各湿地工程生态系统演替差异与雨热分布有直接关系。辽河保护区湿地工程植被种属变化趋势，如图 6-7 所示。

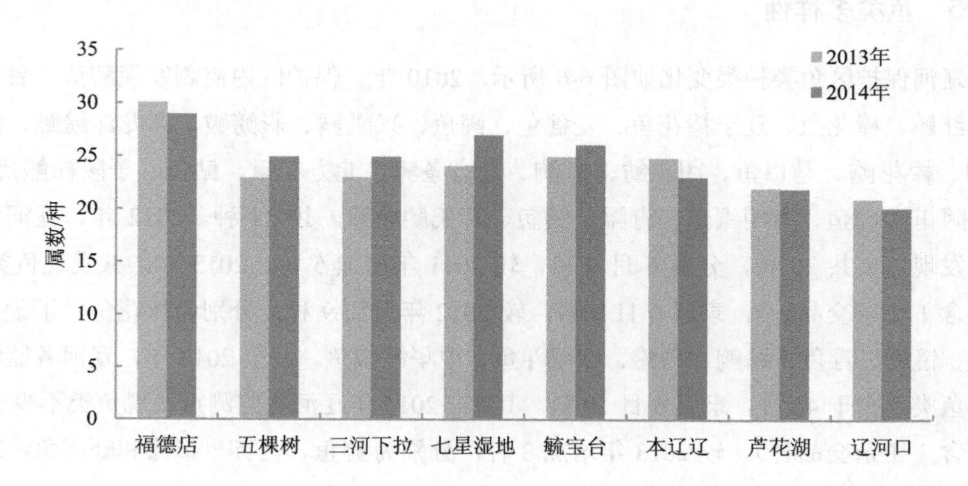

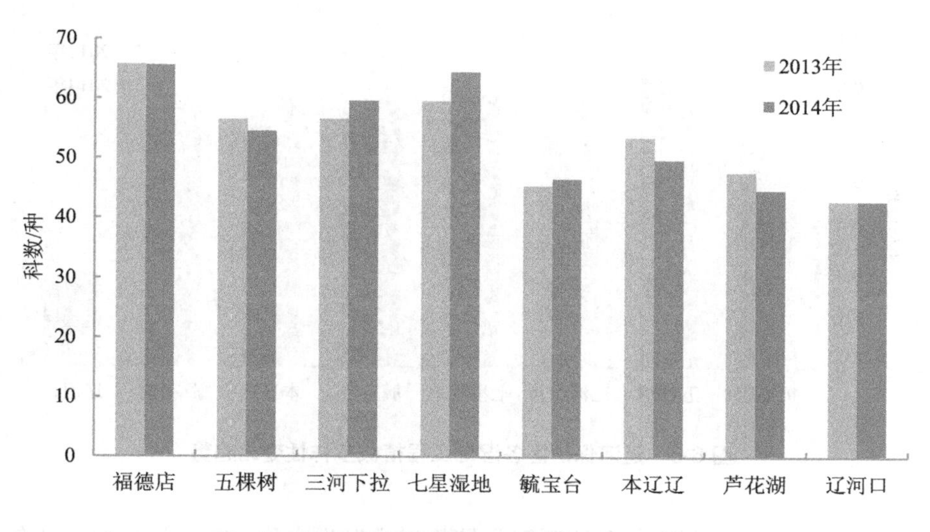

图 6-7 辽河保护区湿地工程植被种属变化趋势

对各湿地工程植被多样性的进一步分析显示(图6-8),各湿地工程在2013—2014年，多样性指数与均匀度指数变化不显著，说明各湿地工程内生态系统环境相对稳定。三河下拉湿地多样性与均匀度指数变化显著，调研结果表明，该处湿地正在施工，因直接对植物物种有破坏作用，导致两年间湿地植被变化剧烈。同时，辽河口湿地多样性指数与均匀度指数皆显著低于其他湿地工程，这与该处湿地所处地理位置和植被特点存在直接关系。所调查区域为辽河口红海滩自然风景区，该处湿地植被主要为翅碱蓬，具有非常高的优势度。同时，作为该区域的优势物种，虽然物种单一，但已经形成了稳定特有的生态系统类型，也是该区域的顶级植物群落。

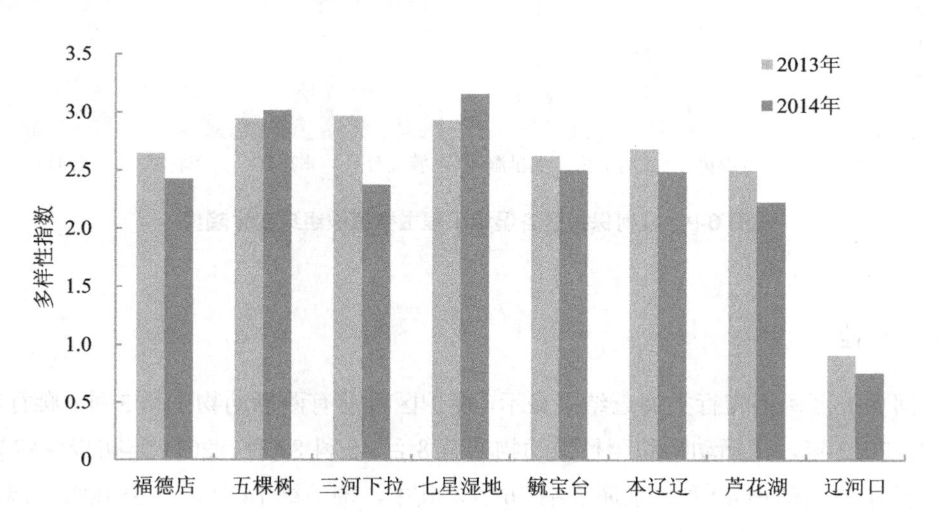

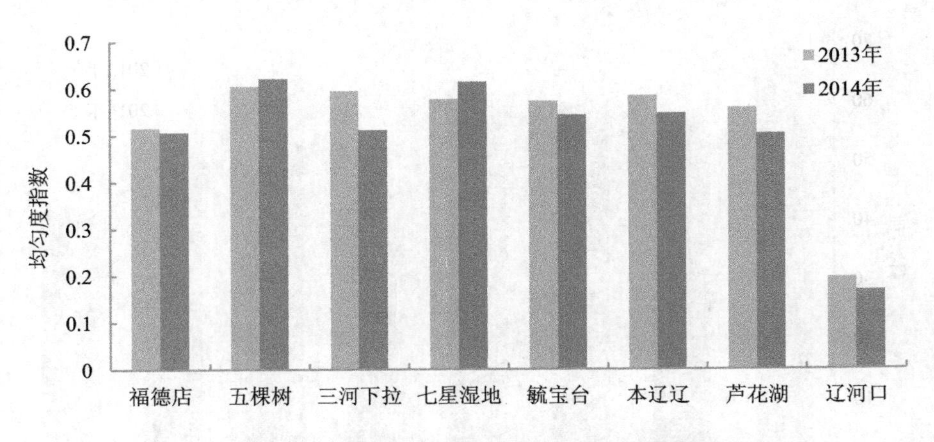

图 6-8 辽河保护区各湿地工程植被多样性变化趋势

经 2013—2014 年的封育，各监测区内植物组成发生变化，既有相似性，又有各自的特点。由于监测区地理、水文等条件的差异，监测区域内环境的不均一性，各监测区的植物群落朝着不同的方向演替变化。由于人为干扰和自然条件的影响，区域内植物的分布也呈现变化和规律性（图 6-9）。通过整体比较发现，其监测区域内的生物多样性，在垂直河岸方向上的变化呈无序状态，或变化不明显。

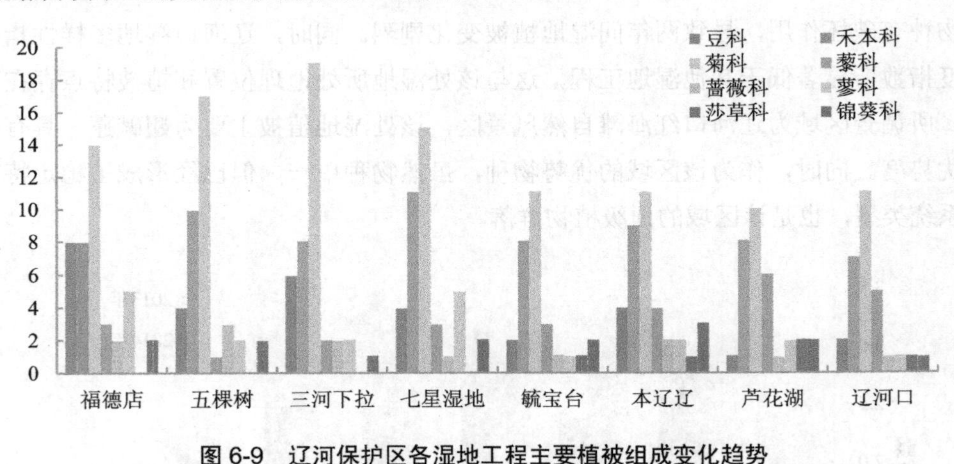

图 6-9 辽河保护区各湿地工程主要植被组成变化趋势

6.3.7 其他

辽河保护区两栖爬行类调查结果显示，保护区目前有两栖动物 1 科 3 种，爬行动物 3 科 3 种。2012 年，两栖动物和爬行类动物共有 8 目 45 科 87 种，2011 年初步鉴定为 7 目 36 科。浮游原生动物 40 种，隶属 3 纲 26 属。其中，鞭毛纲 14 种，占 35.00%；肉足纲 1 种，占 2.50%；纤毛纲 25 种，占 62.50%。

6.4　生态格局变化分析

6.4.1　生态系统类型与分布

辽河保护区总面积为 1 869.12 km^2，生态系统类型包括林地、防护林、芦苇沼泽、库塘、河流、农田、居住地、河口水域和滩地。辽河保护区成立前后生态系统构成，见表 6-1，其空间分布，见图 6-10。

表 6-1　辽河保护区成立前后生态系统构成

序号	类型	2008 年		2012 年	
		面积/km^2	比例/%	面积/km^2	比例/%
1	林地	27.51	1.47	19.13	1.02
2	防护林	37.44	2.00	37.14	1.99
3	草地	87.06	4.66	224.28	12.00
4	芦苇沼泽	419.06	22.42	424.65	22.72
5	库塘	62.37	3.34	66.81	3.57
6	河流	133.37	7.14	137.69	7.37
7	农田	770.50	41.22	631.63	33.79
8	居住地	15.83	0.85	15.86	0.85
9	河口水域	79.58	4.26	232.19	12.42
10	滩地	236.41	12.65	79.77	4.27
合计		1 869.12	100	1 869.12	100

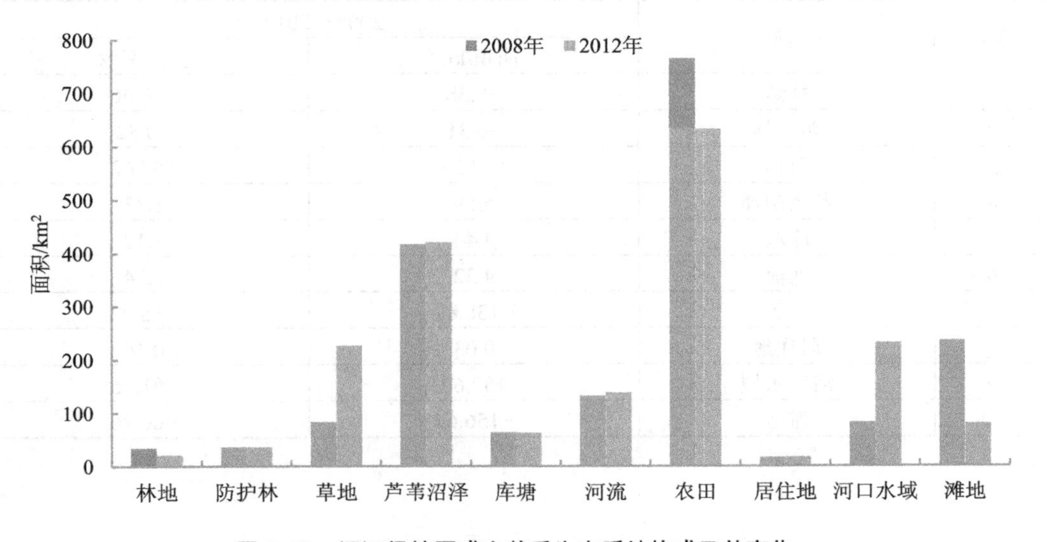

图 6-10　辽河保护区成立前后生态系统构成及其变化

辽河保护区成立前（2008 年），生态系统以农田为主，面积为 770.50 km^2，占保护区总面积的 41.22%；其次为芦苇沼泽，面积为 419.06 km^2，占保护区总面积的 22.42%；第三是滩地，面积为 236.41 km^2，占保护区总面积的 12.65%；居住地面积最少，为 15.83 km^2，占保护区总面积的 0.85%。

辽河保护区成立后（2012 年），生态系统以农田为主，面积为 631.63 km^2，占保护区总面积的 33.79%；其次为芦苇沼泽，面积为 424.65 km^2，占保护区总面积的 22.72%；随后是河口水域和草地，面积分别为 232.19 km^2 和 224.28 km^2，分别占保护区总面积的 12.42% 和 12.00%；居住地面积最小，面积为 15.86 km^2，占保护区总面积的 0.85%。

6.4.2 生态系统构成变化分析

辽河保护区成立前后生态系统构成变化，见图 6-10 和表 6-2。从表中可知，辽河保护区成立后，草地、芦苇沼泽、库塘、河流、居住地、河口水域生态系统的面积均有所增加，其中以河口水域和草地面积增加幅度最大，分别增加了 152.60 km^2 和 137.22 km^2，增加率分别为 191.76%和 157.62%；随后依次为芦苇沼泽、库塘和河流，面积分别增加了 5.59 km^2、4.44 km^2 和 4.32 km^2，增加率分别为 1.33%、7.12%和 3.24%；居住地面积增加幅度最小，仅为 0.03 km^2，增加率为 0.16%。而林地、防护林、农田、滩地生态系统呈减少趋势，其中以滩地和农田面积减少幅度最大，分别减少了 156.64 km^2 和 138.87 km^2，变化率分别为 66.26%和 18.02%；其次为林地生态系统，面积减少了 8.38 km^2，变化率为 30.46%；防护林面积减少幅度最小，仅为 0.31 km^2，变化率为 0.82%。

表 6-2 辽河保护区成立前后生态系统变化统计

序号	类型	2008—2012 年	
		面积/km^2	变化率/%
1	林地	−8.38	−30.46
2	防护林	−0.31	−0.82
3	草地	137.22	157.62
4	芦苇沼泽	5.59	1.33
5	库塘	4.44	7.12
6	河流	4.32	3.24
7	农田	−138.87	−18.02
8	居住地	0.03	0.16
9	河口水域	152.60	191.76
10	滩地	−156.64	−66.26

6.4.3　生态系统类型转换特征分析

详见 4.2.2.1（3）生态系统类型转换特征分析。

6.4.4　生态系统景观格局特征分析

由于辽河保护区 5 m 分辨率的数据太大，Fragstats 软件无法运行，故将辽河保护区成立前后的土地覆被矢量数据转换成 30 m 分辨率的栅格数据进行运算。辽河保护区成立前，生态系统景观格局特征见表 6-3 和表 6-4。

表 6-3　生态系统景观格局特征

年份	斑块数 NP	平均斑块面积 MPS/hm^2	边界密度 ED/（m/hm^2）	聚集度指数 CONT/%
2008	1 200	155.76	21.61	58.89
2012	1 057	176.83	22.22	56.47

表 6-4　生态系统类斑块平均面积　单位：hm^2

年份	林地	防护林	草地	芦苇沼泽	库塘	河流	农田	居住地	河口水域	滩地
2008	29.52	55.90	25.39	1 821.98	64.30	238.30	286.40	6.74	3 978.72	1 477.63
2012	26.97	54.63	91.51	1 698.55	63.64	430.52	241.07	6.78	23 216.67	531.83

由表 6-3、表 6-4 可知，辽河保护区成立后（2012 年）与成立前（2008 年）相比，其生态系统的边界密度和聚集度指数变化不大，有一定的破碎化趋势。但从整体上来看，辽河保护区内生态系统景观完整性有所改善，破碎化程度有所降低。

从辽河保护区生态系统类斑块平均面积可以看出，河口水域的类斑块平均面积最大，芦苇沼泽次之。这说明湿地生态系统是辽河保护区生态系统景观的主要特征。

6.5　结论

1）辽河保护区生态系统类型包括林地、防护林、芦苇沼泽、库塘、河流、农田、居住地、河口水域、滩地。保护区成立前（2008 年），生态系统以农田面积最大，芦苇沼泽次之，滩地再次，居住地面积最小；成立后（2012 年），仍以农田面积最大，芦苇沼泽次之，河口水域和草地再次，居住地面积最小。

2）辽河保护区成立后（2012 年）与成立前（2008 年）相比，草地、芦苇沼泽、库塘、河流、居住地、河口水域生态系统的面积均有所增加，其中以草地和河口水域面积增加幅度最大，其次为芦苇沼泽、库塘和河流，居住地面积增加幅度最小。而林地、防护林、农田、滩地生态系统呈减少趋势，其中以滩地和农田面积减少幅度最大，其次为林地生态系统，防护林面积减少幅度最小。

3）2008—2012 年，辽河保护区生态系统中农田和滩地是主要的转出类型，且主要的变化转移发生在农田与草地、滩地与河口水域之间。随着辽河保护区的建立、退耕还林还草工程的实施，农田向草地转移。而滩地是水体和自然植被交汇的过渡地带，滩地向河口水域转移，说明辽河保护区湿地恢复有着巨大潜力。

4）辽河保护区成立后与成立前相比，其生态系统的边界密度和聚集度指数变化不大，有一定的破碎化趋势。但从整体上来看，保护区内生态系统景观完整性有所改善，破碎化程度有所减少。河口水域的类斑块平均面积最大，芦苇沼泽次之，说明湿地生态系统是辽河保护区生态系统景观的主要特征。

第 7 章　辽河保护区生态环境效益评估

7.1　保护区土地利用/覆被变化效益分析

土地利用/覆被变化（LUCC）是生态环境变化的直接表现。随着社会经济的迅速发展，土地被过度开发利用使得土地出现不同程度的退化，导致生态环境质量下降。土地生态环境问题已成为社会、经济和环境可持续发展的障碍。

不同的土地利用方式、空间分布格局、利用强度等对生态系统的服务功能有不同程度的影响。因此，研究土地利用/覆被变化对区域生态系统服务价值的影响具有重要意义。我们可以通过保护区 LUCC 的变化分析，定量得出保护区建设中生态恢复效益的价值。

7.1.1　保护区 LUCC 转换数量分析

2011 年，辽宁省政府财政投入 3.6 亿元资金，按照“从上游至下游，由河道至大堤的横纵结合的土地利用规划”利用保护区土地，将规划范围内的 40 666.67 hm^2 河滩地退耕还河，全面恢复植被，形成了辽河保护区自北向南的生态廊道。

在保护区 LUCC 变化分析中，利用卫星遥感资料，以 2009 年为基准年，对比 2011 年的生态恢复状况。根据土地利用实际状况进行分析评价，将分类目标确立为水田、旱地、草地、林地、水域（包括海洋、水库、河流、湖泊、鱼塘、人工湖、大型蓄水池、公园水体）、滩涂（无植被生长，涨水时被淹没的区域）、沙化土地（含植被稀疏的荒芜地）、芦苇型湿地（为水面与植被混杂覆盖的区域，生长芦苇的区域）、其他（包括建设用地、道路等）9 种地表覆被类型。保护区土地利用状况两期影像解译的分析结果，见表 7-1、图 7-1。

表 7-1　2009 年和 2011 年保护区土地利用类型面积及比例

土地利用类型	土地利用类型面积及其所占比例*				变化值**	
	2009 年		2011 年			
	面积/km^2	比例/%	面积/km^2	比例/%	面积/km^2	比例/%
水域	353.99	18.9	435.25	23.3	81.26	23.0
滩涂	149.19	8.0	138.53	7.4	−10.66	−7.1

土地利用类型	土地利用类型面积及其所占比例*				变化值**	
	2009 年		2011 年			
	面积/km²	比例/%	面积/km²	比例/%	面积/km²	比例/%
芦苇型湿地	371.36	19.9	380.15	20.3	8.79	2.4
沙化土地	28.87	1.5	24.62	1.3	−4.25	−14.7
水田	55.53	3.0	41.13	2.2	−14.40	−25.9
旱田	637.08	34.1	283.13	15.1	−353.95	−55.6
草地	110.91	5.9	361.25	19.3	250.34	225.7
林地	84.29	4.5	112.47	6.0	28.18	33.4
其他	77.98	4.2	92.67	5.0	14.69	18.8

注：* 所占比例=相应土地利用类型面积/所有土地利用类型面积之和×100%；
** 变化值比例=（2011 年面积−2009 年面积）/2009 年面积×100%。

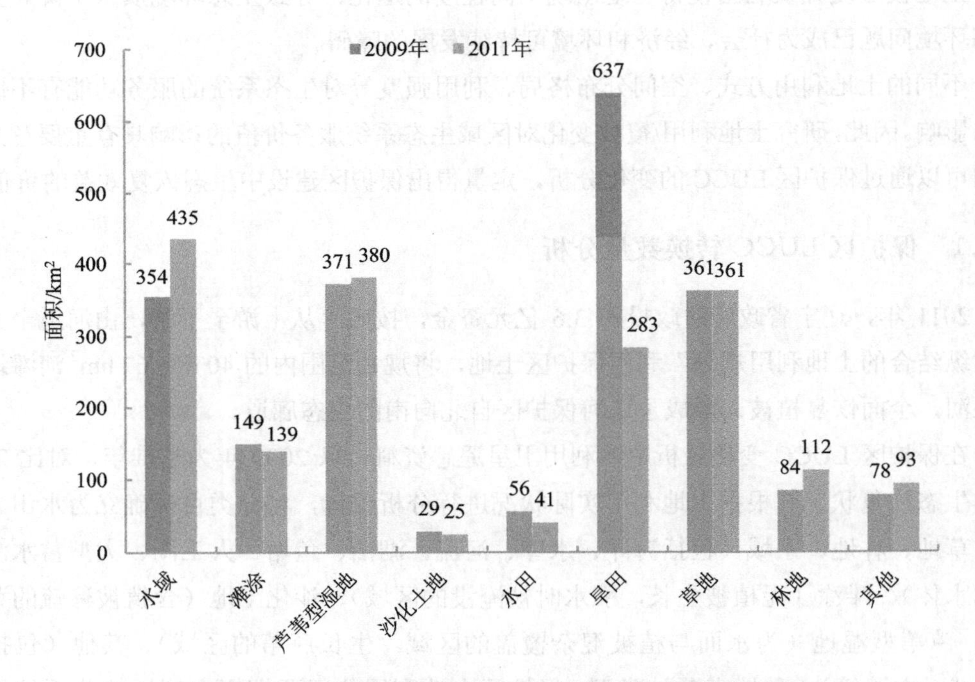

图 7-1 辽河保护区 2009 年和 2011 年土地利用状况比较

7.1.2 辽河保护区 LUCC 变化幅度分析

2009 年，辽河保护区水田、旱田、草地和林地的面积分别为 55.53 km²、637.08 km²、110.91 km² 和 84.29 km²，占保护区总面积的比例分别为 3.0%、34.1%、5.9%和 4.5%。到 2011 年，上述 4 种植被类型面积分别为 41.13 km²、283.13 km²、361.25 km² 和 112.47 km²，占保护区总面积的比例改变为 2.2%、15.1%、19.3%和 6.0%。

与 2009 年相比，2011 年水田和旱田的面积分别减少了 14.40 km^2、353.95 km^2，减少比例分别为 25.9%、55.6%；耕地总面积由原来的 692.61 km^2 减少到 324.26 km^2，减少比例为 53.2%；草地和林地面积分别增加了 247.69 km^2、28.18 km^2，增加比例为 225.7%、33.4%。

2011 年，保护区植被覆盖度为 45.7%，比 2009 年提高了 15.4%，宏观植被结构发生了显著改变。

7.1.3　保护区土地生态价值增长评价

（1）生态服务功能价值系数估算

生态系统服务功能的内涵，可以理解为：由自然生态系统及其组成物种产生的，对人类生存和发展起着支撑作用的一系列状况和过程的总和。也就是说，只要对自然生态系统的结构和功能维持恰当，就会产生出对人类的生存和发展起支撑作用的产品、资源和环境。

参考 Costanza 等对土地生态系统服务价值估算研究，综合考虑土地生态系统具有的气体调节、气候调节、水源涵养、废物处理、土壤形成与保护、生物多样性维持、原材料生产、食物生产、娱乐文化 9 项生态系统服务功能，可得出计算公式，见式（7-1）和式（7-2）：

$$\mathrm{ESV} = \sum_{i=1}^{n} A_i \cdot \mathrm{VC}_i \tag{7-1}$$

$$\mathrm{ESV}_{ii} = \sum_{i=1}^{n} A_i \cdot \mathrm{VC}_{ii} \tag{7-2}$$

式中，ESV——土地生态系统服务价值，元；

A_i——研究区 i 种土地利用类型的分布面积，hm^2；

VC_i——生态价值系数，即单位面积生态系统服务价值，元/（hm^2·a）；

ESV_{ii}——生态系统单项服务功能价值，元；

VC_{ii}——单项服务功能价值系数，元/（hm^2·a）。

再运用相关学科研究常用的条件价值法、机会成本法、替代费用法、市场价值法、影子工程法和费用支出法等，调整谢高地等提出的中国陆地生态系统单位面积生态系统服务价值，得到辽宁省 2011 年各种土地利用类型单位面积生态系统服务价值系数，见表 7-2。

表 7-2 辽宁省 2011 年土地生态系统服务价值系数 单位：元/（$hm^2 \cdot a$）

生态系统服务功能	农田	林地	牧草地	湿地	水域	未利用地
气体调节	442.4	3 039.0	707.9	1 592.8	0.0	0.0
气候调节	787.5	2 389.1	796.4	15 131.8	407.0	0.0
水源涵养	530.9	2 831.5	707.9	13 715.9	18 033.2	26.5
土壤形成与保护	1 291.9	3 450.9	1 725.5	1 513.2	8.8	17.7
废物处理	1 451.2	1 159.2	1 159.2	16 087.5	16 086.6	8.8
生物多样性维持	628.2	2 884.6	964.5	2 212.3	2 203.3	300.8
食物生产	884.9	88.5	265.5	265.5	88.5	8.5
原材料生产	88.5	2 300.6	44.2	61.9	8.8	0.0
娱乐文化	8.8	1 132.6	35.4	4 911.2	3 840.2	8.8
合计	6 114.3	19276	6 406.5	55 492.1	40 676.4	371.4

（2）土地生态系统服务功能价值计算

根据保护区 2009 年、2011 年土地利用类型的面积，辽宁省 2011 年单位土地面积生态系统服务价值系数，利用土地生态系统服务价值计算公式得到辽河保护区各种土地利用类型的生态系统服务功能价值，见表 7-3。

表 7-3 辽河保护区 2009 年、2011 年土地生态系统服务价值 单位：亿元/a

	农田	林地	牧草地	湿地	水域	未利用地	ESV 合计
2009 年	4.23	1.62	0.71	28.89	14.40	0.010	49.86
2011 年	1.98	2.17	2.31	28.78	17.70	0.009	52.95
变化值	−2.25	0.55	1.60	−0.11	3.30	−0.001	3.09

由表 7-3 可知，通过土地利用类型的转换，辽河保护区各种土地利用类型的生态系统服务价值由 2009 年的 49.86 亿元增长到 2011 年的 52.95 亿元，净增加 3.09 亿元。

（3）生态系统服务功能价值增长预测

预测到 2015 年年末，按照辽河保护区的生态功能区划，将完成合理设定的辽河保护区生态示范区类型，主要包括：以生态蓄水、生态封育、生态景观建设和辽河历史文化展示为主的福德店生态示范区等；以支流来水污染防治、生态湿地建设、自然生态景观恢复为主的三河下拉生态示范区等；以生态封育、河流湿地系统恢复、生态岛等生境构建、生物多样性恢复为主的新调线生态示范区、巨流河—毓宝台生态示范区等；以干支流水污染防治、湿地公园构建、区内外结合发展休闲旅游为主的七星湿地公园和七星山生态示范区等。

到 2015 年年末，当农田（旱地与水田）全部转为林地或牧草地、湿地以后，土地生态系统的服务价值将比 2011 年再增加 4.81 亿元。

综合上述分析，到 2015 年，辽河保护区土地生态系统服务功能的总价值将达到 60.95 亿元。在 2009 年的基础上，每年增加 7.9 亿元。

7.2　保护区辽河干流生态健康效益分析

河流生态健康是指河流在满足基本水量的前提下，具有稳定的河道、适度的洪水、清洁的水质、健康的流域生态系统和持续的造物能力等。

7.2.1　河流生态健康评价体系

河流健康状况的特征体现在水体环境物理化学参数、河流水文特性、河流内生物因子、河岸带状况、开发利用状况等几个方面。因此，在进行河流健康评价时，应从河流整体特性出发，全面考虑水体环境与生物因子及其他要素的联系，以及河流的各个要素对河流健康的影响作用等。

河流生态健康状况评价，主要考虑河流生态状况，即天然植被率、河道内鱼类变化率、水质达标率、河流断流概率。其指标含义及计算方法如下：

（1）天然植被率

天然植被率的高低可以反映生态系统的完整性。

河流的天然植被率=流域天然植被面积/流域土地面积×100%

（2）鱼类变化率

鱼类处于食物链的最高端，对水质有最好的指示性。

河流的鱼类变化率=2011 年河道内鱼类种类数/2009 年河道内鱼类种类数×100%

（3）水质达标率

水质达标率反映了河流水体环境健康的程度。

河流的水质达标率=地表水水质标准Ⅲ类以上河长/总评价河长×100%

（4）河流断流概率

断流概率反映河流在整个时间序列内河道基本流量的持续性。

一条河流的断流概率=年发生断流天数/全年总天数×100%

上述 4 个指标的评价值与河流生态系统健康程度呈正相关或负相关。一般地，指标值越大，健康程度越高。

河流健康指标评价标准是将各指标量化分级，即在健康的最大值 1 与最小值 0 之间划分为若干个隶属度，每个隶属度即为一个刻度。将 0～1 划分为 6 个刻度（1、0.8、0.6、0.4、0.2、0.05）或 11 个刻度（1、0.9、0.8、0.7、0.6、0.5、0.4、0.3、0.2、0.1、0.05）。

与某一刻度相对应，表明分层指标健康指数落在某刻度值处（刻度值也可内插），此刻度值为该分层指标（利用因子）的健康度，见表7-4。

表7-4　河流健康评价指标刻度标准

指标	健康评价标准刻度描述					
鱼类变化率/%	0	5	10	15	20	≥25
水质达标率/%	100	80	65	50	40	≥30
分值	1.0	0.8	0.6	0.4	0.2	0.05

指标	健康评价标准刻度描述										
天然植被率/%	≥50	45	40	35	30	25	20	15	10	5	≤1
河流断流概率/%	0	2	4	6	8	10	12	14	16	18	≥20
分值	1.0	0.9	0.8	0.7	0.6	0.5	0.4	0.3	0.2	0.1	0.05

河流健康评价模型主要有两部分内容：一是用层次分析确定各指标的权重；二是用综合指数法计算总得分。层次分析法具有实用、简洁的特点，是解决复杂系统中多层次、多结构、单目标河流健康评价问题的较好方法。该方法首先将需要处理的决策问题放在一个系统中，这个系统存在着互相影响的多种因素，把这些因素进行层次化，形成一个多层次分析的结构模型。然后，将数学方法与定性分析方法相结合，同时考虑计算方法的可操作性，得出河流健康测评总分。综合评价指数计算公式，见式（7-3）：

$$E=\sum_{i=1}^{11}\lambda_i \cdot M_i \tag{7-3}$$

式中，λ_i——第 i 个指标的权重；

M_i——第 i 个指标的刻度值。

通过计算得出河流健康评价分以后，根据河流健康度评判标准，即可确定河流健康状况。河流健康度评判标准见表7-5。

表7-5　河流健康度评判标准

级别	特征说明
一级	河流健康状况属于很健康状态，综合指数为0.8～1.0
二级	河流健康状况属于基本健康状态，综合指数为0.6～0.8
三级	河流健康状况属于亚健康状态，综合指数为0.4～0.6
四级	河流健康状况属于不健康状态，综合指数为0.2～0.4
五级	河流健康状况已经到了严重病态阶段，综合指数≤0.2

按照层次分析法原理，经过专家打分，结合重要性标度进行判别比较，构造判断矩阵，见表7-6。专家打分过程中，重要性标度值1表示两个指标同等重要；3表示两个指

标相比，前者比后者稍重要；5表示两个指标相比，前者比后者明显重要；7表示两个指标相比，前者比后者强烈重要；9表示两个指标相比，前者比后者极端重要；2、4、6、8分别表示处于上述判断的中间值。

经过一致性检验可以看出，专家打分所得的评判矩阵具有满意的一致性，其中参数值λ_{max}=4.117，CR=0.043 4＜0.1。

表7-6 指标权重计算

指标	鱼类变化率	天然植被率	水质达标率	河流断流概率	权重
鱼类变化率	1	1	1/3	1/4	0.113 6
天然植被率	1	1	1	1/4	0.149 5
水质达标率	3	1	1	1/2	0.234 0
河流断流概率	4	4	2	1	0.502 9

7.2.2 辽河干流生态健康分析

辽河干流生态廊道建成后，河道的物理完整性和化学完整性得到初步恢复。通过对生物多样性、河流水质等监测结果的对比分析，得出如下辽河干流生态健康评价指标值：

1）保护区辽河干流的河道岸坡平顺，趋于稳定，滩涂植被及植物类型丰富，达到9种植被类型和23种植物群落。2009—2011年，辽河保护区植被覆盖率由13.7%提高到63%。可得天然植被率为63%。

2）保护区辽河干流的水生态环境得到改善，水量充沛，鱼类种类及数量明显增加，沙塘鳢、辽河刀鲚等鱼类的出现标志着辽河水质进一步好转。2011年，监测到植物225种，鱼类40种，鸟类62种。鱼类比2009年、2010年分别增加了6种和4种，大型底栖动物比2009年增加了95种。可得鱼类变化率为85%。

3）经过由环境保护部、国家发展改革委、监察部、财政部、水利部组成的专家组考核，2012年第四季度辽河流域水质已经摘掉了重度污染的帽子，辽河干流消灭了劣Ⅴ类水体。到2012年8月，6条干流的36个断面继续保持在Ⅳ类以上水体；到2012年10月，54条主要支流继续保持在Ⅴ类以上水体。

辽宁省环保局监测数据显示，2012年1—4月，对COD指标分析，辽河干流水质达到了Ⅲ类水体标准；按试行氨氮指标考核，水质为Ⅳ类、Ⅴ类，创近年来辽河干流水质最好水平。干流水质80%的时段达到Ⅳ类，部分区段、部分时段达到Ⅲ类水体。而且，2011年在监测区内首次出现清洁-轻污染水体的底栖指示生物小蜉、大蚊、流扁蜉等，表明保护区辽河干流水质已部分恢复至清洁-轻污染水体水平。可得河流水质达标率为50%（取平均值）。

4）由于辽河 2011 年、2012 年没有发生断流，可得辽河干流断流概率指数为 0。

7.2.3 辽河干流生态健康评价

按照综合评价指数计算公式［式（7-3）］，计算辽河干流健康评价指数，见表 7-7。

表 7-7 辽河干流健康综合评价指数

指标	指标现状值	指标刻度值	权重	评价指数
鱼类变化率/%	85	0.05	0.113 6	0.005 7
天然植被率/%	63	1.00	0.149 5	0.149 5
水质达标率/%	50	0.40	0.234 0	0.093 6
河流断流概率/%	0	1.00	0.502 9	0.502 9
综合指数			1.000 0	0.751 7

由表 7-7 可知，2012 年，辽河干流健康评价综合指数为 0.751 7，介于 0.6 和 0.8 之间。根据表 7-5 的河流健康评价标准，可以确定辽河干流健康状况属于基本健康状态。

7.3 保护区生物多样性恢复评价

7.3.1 陆地生境生物多样性分析

2012 年，保护区植被覆盖率由 13.7%提高到 63%，河滨带植被恢复到 90%以上，410 km^2 的河滩草地初步形成。保护区有落叶阔叶林、落叶阔叶灌丛林、草甸、沼泽、水生植被、农业植被 6 种植被型组合，可划分为 10 种植被类型，31 种植物系。部分监测区种植的树木，大部分处于适应期，只有火炬树生长旺盛，形成一定的群落。

检测结果表明，共有植物 58 科 159 属 225 种。仍然以草本植物为主，达到 186 种，包括国家二级保护植物野大豆 1 种。与 2011 年相比，植物种类增加了 15 科 39 种，其中豆科种类增加了 10 种，达到 21 种。菊科、禾本科和豆科都形成了单一群落，或在很多群落中成为明显的优势种。蔷薇科较 2011 年有明显增加，为 12 种，增加了 8 种，主要为人工引种的观赏树木。一年生植物 76 种；二年生植物 20 种，增加了 17 种；多年生植物 90 种，增加了 17 种。

各监测区内，由于区域小环境的不均匀变化，整体比较发现样方生物多样性，在垂直河岸方向上的变化呈无序状态，或变化无明显趋势。

根据保护区生态环境特点，确定陆生生境监测指示物种（目前为优势物种）13 种。其中，三裂叶豚草为分布最广的外来入侵植物，蛇床、华黄耆为一年生和多年生草本的代表；长刺酸模、委陵菜为杂类草代表；乔木柳、榆、杨为人工防护林主要树种。

到2012年，随着先锋植物群落的进一步演替，其他乡土物种逐步进入，部分区域虽然仍以蒿类植物为主，但华黄耆、野青茅等多年生草本植物在部分地区占有绝对优势。同时，一些灌丛植物开始恢复和生长，在部分地区的河滩已形成小规模的单优群落。

在2012年4月、8月与10月的监测调查中，共发现鸟类62种，分属12目31科48属，比2011年增加17种。其中，在康平四家子乡发现国家二级保护动物小天鹅，在昌图境内发现国家二级保护动物大天鹅，在哈大二号橡胶坝附近发现国家一级保护动物白鹳，在石佛寺下游发现国家一级保护鸟类中华秋沙鸭。多处发现猛禽，如纵纹腹小鸮、短耳鸮等。

通过4个多样性指数分析发现，JC007的鸟类多样性最高，但是各种间数量差异并不显著；鸟类多样性最低的为JC006与JC013。

2012年，保护区内发现哺乳动物9种，数量上，鼠类占有绝对优势，新增加野兔（走访调查结果）、黄鼬和东方田鼠。有昆虫8目45科87种，而2011初步鉴定为7目36科。但2011年在河口区发现的双翅目蚤蝇科，在2012年未出现。

7.3.2 河流生境生物多样性分析

目前，累计监测发现鱼类共40种。其中，2010年9月—2012年5月，中国环境科学研究院对辽河干流监测，发现鱼类35种，分属8目12科。2010年发现24种，2011年发现新增鱼类6种，2012年发现新增鱼类黄颡、大鳞副泥鳅、乌鳢、尖嘴后鳍颌针鱼、刀鲚共5种。

2012年5月、8月和10月对两栖动物与爬行动物的调查结果表明，有两栖动物1科3种，爬行动物3科3种。其中，中华蟾蜍分布最广，除JC018监测区外均有分布。底栖动物包括淡水寡毛类、软体动物、甲壳动物和水生昆虫类。

河流着生藻类，共监测到6门8纲17目28科59属206种。其中，属于硅藻门的种类最多，达到135种，绿藻门42种，蓝藻门19种，裸藻门5种，黄藻门4种，隐藻门1种。其分布存在空间差异，总体上是水生态环境质量较好的区域高于受污染区域。河床底质类型对着生藻类生长很重要，泥沙质不易附着藻类，其生物密度较低，生物种类较少。

7.3.3 生物栖息地生境分析

2012年，保护区生态廊道自然封育两年后，鱼类、鸟类的种类及数量丰富度较高，苍鹭、红隼、白尾鹞等迁徙鸟类明显增多，常见物种野鸭群、青蛙、野鸡、野兔、刺猬、蛇、野生蟹等大量出现。

植物群落多样化使生态系统中食物链逐渐多样化，同时，鸟类、小型哺乳类动物增多，也为一些猛禽提供了食物来源。多处监测发现有纵纹腹小鸮、短耳鸮等猛禽，且猛禽分布区域与种群数量较 2011 年有所增加，这说明生态系统在一定程度上已保持相对稳定。

7.3.4 海岸带生物多样性分析

2012 年，经过调查，共检出浮游植物 2 大类 10 科 11 属 25 种。其中，硅藻 9 科 10 属 23 种，占总种类数的 92%；甲藻 1 科 1 属 2 种，占总种类数的 8%。调查海域浮游植物种类较少，点位间种类差异不明显。浮游植物优势种为具槽直链藻（*Melosira sulcata*）和圆筛藻（*Coscinodiscus* sp.），但优势度不高，均低于 50%。各点位浮游植物数量为 3.86×10^4～11.97×10^4 个/m^3，各点位浮游植物数量差异较小，平均数量为 6.87×10^4 个/m^3，属正常范围。

调查浮游动物，共鉴定出节肢动物门、毛颚动物门、原生动物门共 3 门 3 目 6 属 10 种，加上浮游幼虫 5 种，共 15 种。浮游动物以浮游幼体为主，大型浮游动物的数量远低于中小型浮游动物。浮游动物的丰度变化范围是 8 547～36 021 个/m^3，最高值出现在 3 号站，最低值出现在 2 号站，平均丰度为 16 790 个/m^3。其中，桡足类无节幼体的丰度平均为 8 745 个/m^3，是海区浮游动物的第一优势种。强壮箭虫、真刺唇角水蚤的丰度仅分别为 10 个/m^3 和 6 个/m^3；浮游动物生物量变化范围是 258～494 mg/m^3，生物量最高值出现在 3 号站，最低值出现在 2 号站，平均值为 364 mg/m^3。

由于是在夏季，浮游动物幼体的数量居多，成体的数量较少，丰度的数量级较高。浮游动物中，无节幼体的数量超过了总个体数的 50%，且毛颚类及大型桡足类数量极少，所以浮游动物的生物量不是很高。浮游动物种类组成以广温广盐性种类为主，未发现热带种。总体来说，浮游动物数量级和生物量处于正常范围之内，说明该海区水质状况良好。

潮间带生物调查，共获得生物 14 种，其中鱼类 1 种，腹足类 2 种，双壳类 1 种，甲壳动物 5 种，多毛类 5 种。潮间带生物总平均生物量为 241.53 g/m^2，生物量最高为 423.07 g/m^2，最低为 111.08 g/m^2。生物量组成以甲壳类、双壳类（脆壳理蛤）、腹足类为主。生物平均栖息密度为 2 809 个/m^2，低潮区的栖息密度最高。生物多样性指数（H'）平均值为 2.91，均匀度（J'）平均值为 0.84，丰度（d）平均值为 1.94，优势度（D）平均值为 0.30。另外，河口区有斑海豹、江豚、豹猫等。

综合分析可知，陆地生物多样性与植被覆盖率增加，生物物种及种群数量快速增加，分布区域逐步扩大，目前处于植物群落次生演替初级阶段。随着保护区水质、土壤及区域气候等植物生存条件进一步改善，辽河干流生态恢复的正向演替进程将明显加快。通过比较国际上缓冲带相似试验可知，一般情况下，10 m 宽的河岸缓冲带可以截留 3%～

50%的氮、65%～95%的磷，因而可以有效地阻控面源污染，同时直接减少干流地区的水土流失量。

河岸缓冲带建设显著地增加了河岸景观的异质性和生物多样性，原生土著植物的恢复为生物提供了生境条件，成为许多动物的栖息地。河岸缓冲带截留了大量的营养物质，成为河流生态系统中生物的重要营养源，有利于大型无脊椎动物和鱼类的生长，有利于高等植物的生长，并成为鸟类的栖息地和迁徙走廊。这标志着辽河保护区生态环境正逐步恢复，适于迁徙鸟类栖息、觅食与繁殖的河流湿地生态系统正在全面恢复。

生物栖息地环境受气候条件影响，季节性变化很大。生境评价指标参考保护区夏季水生生物栖息地环境质量，其综合评价结果见表7-8。

表7-8 保护区河流生物栖息地综合评价

区域名称	河流生物栖息地综合分值	区域名称	河流生物栖息地综合分值
三门郭家	84	马虎山	107
福德店	95	旧门桥	108
通江口	104	柳河桥	118
三合屯	102	红庙子	118
清辽	128	盘锦兴安	120
东大桥	105	胜利塘	134
黄河子	118	曙光大桥	101
朱尔山	128	赵圈河	112
八间桥	116		

事实上，上述评价结果也基本反映了辽宁省多年来的辽河整治工作成就。2008年以来，按照控源、截污、生态恢复和优化发展原则，辽宁省在辽河治理上重点组织实施了污染源头整治、河流综合治理、生态保护与恢复、支流河口湿地建设等438个项目，累计投入资金超过300亿元。目前，流域内建成14个生态县（区），创建了150个生态乡镇、481个生态村，在1 407个行政村开展了农村环境连片整治示范。辽河保护区基本形成了500 km的生态廊道，辽河干流达到基本健康状况，标志着在国家重点治理的“三河三湖”中，辽河已率先走出重度污染的“黑名单”。

对近3年来相关生物多样性调查数据进行比较后发现，通过2010年至2012年年底的生态治理保护，辽河滩地植被覆盖率从13%提高到63%，植物、鸟类、鱼类及大型底栖动物分别较2009年增加99种、44种、31种及95种。水生生物栖息地生境质量明显提高，物种明显增多，生物多样性快速恢复。这标志着保护区优质水生态环境正在逐步形成，辽河生态环境进入初级正向演替阶段。

7.4 保护区河堤路旅游经济效益分析

辽河保护区建设在保护河流生态系统总目标要求下，可以参考国际生态旅游与休闲度假旅游“绿道”开发模式，利用河堤管理路——生态绿道，在保护区生态示范区建设过程中因地制宜，顺应社会绿色消费潮流的发展，形成生态休闲旅游产业带。这样可以增加保护区的经济效益，提高管理投入，形成良性循环；切实解决土地被征占后当地农民的就业问题，增加农民的经济收入，提高生活水平；有效地促进农民生态环境保护意识的提高。

7.4.1 生态绿道建设简介

20 世纪中叶，美国开始大规模连通各类绿地空间和区域绿道，有 50%的州进行了州级绿道规划，形成具有游憩、生态、文化功能的绿色网络。“绿道”一词的正式提出是在1987 年美国总统委员会的报告中，现已成为北美城市绿色空间规划的重要思想。1990 年，美国实施 Boulder 绿道计划，开始建设沿城绿色通道系统，包括城市绿带、城市绿色通道，并恢复下游河道，旨在保护和恢复 Boulder 及其支流的河岸景观。

实践证明，绿道建设在旅游经济和生态建设方面可以发挥巨大的作用，产生极高的综合效益。

7.4.2 河堤管理路——绿道建设

辽河保护区河堤管理路规划在福德店—河口建设堤顶路 775.912 km，其中左岸369.433 km，右岸 388.132 km。堤防与管理路的标准化建设主要包括堤防达标建设、无堤段贯通建设、堤顶管理路建设及护堤林建设 4 项内容。

管理路建设：参照公路四级路标准修建，设计速度 20 km/h；按照三级路标准建设 8 m 宽堤顶路面；路面采用沥青覆盖，两侧设路缘石，每 1 km 设置错车台一处。

护堤林建设：堤防管理路迎水侧的护堤林由现在的 30～50 m 增加到 100 m，局部还可适当放宽；背水侧由堤脚向内 20 m 栽植护堤林。护堤林植物以耐涝、耐寒的乔木为主，见图 7-2。

规划的河堤管理路沿途在已经开发的铁岭市汎河湿地-莲花湖、盘锦双台子红海滩等旅游景区的基础上，串接建设有沈北新区七星湿地、辽中县珍珠湖、新民市西湖等景区，以及一些城市段的生态景观，使得沿河 14 个县（市、区）均形成了具有河水水质保护和行洪安全功能，且生态宜人，景观优美，具有旅游价值的辽河生态景观廊道。

如今，辽河保护区河堤管理路已经成为国内最长、最完整的生态休闲度假旅游景观带——生态绿道，孕育着潜在的可观的旅游经济效益。

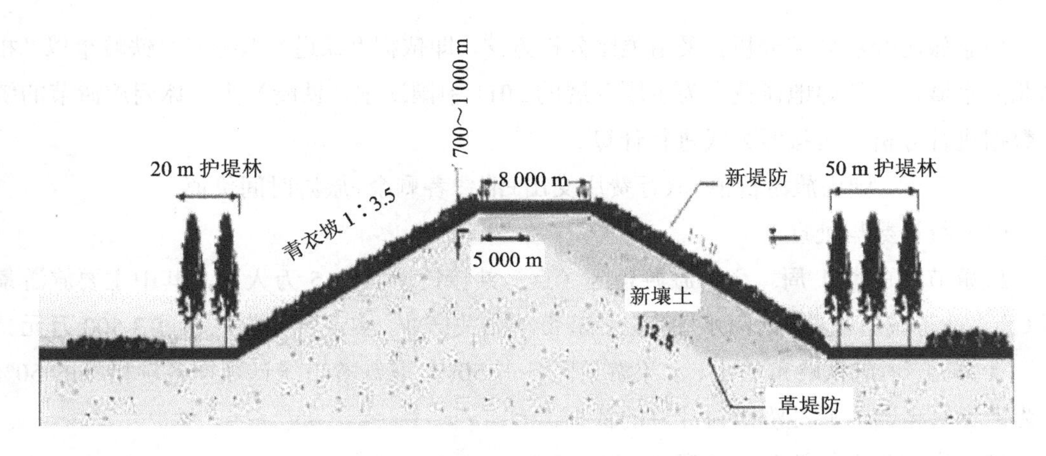

图 7-2　河堤管理路标准化建设效果

7.4.3　绿道沿途旅游景区建设

绿道旅游景区建设主要是指保护区“自辽河福德店至入海口基本形成融生态带、旅游带、城镇带为基础的 10 个生态圈，极大地促进沿河地区经济社会的发展”的规划目标，见图 7-3。

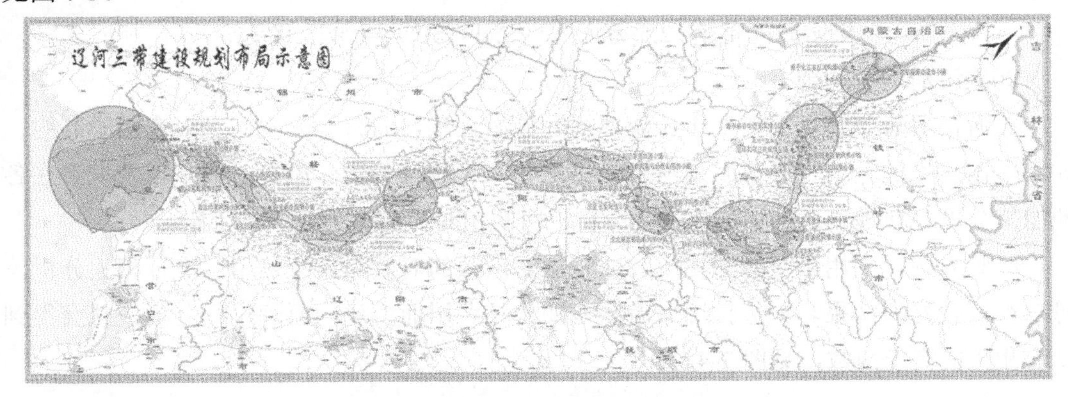

图 7-3　保护区 10 个生态圈建设规划

10 个生态圈将连接辽河干流形成的生态绿色廊道，成为贯穿辽宁省中部平原区的生态休闲旅游产业带。

7.4.4　生态旅游经济效益分析

河堤管理路——绿道生态旅游效益分析的前提：第一，考虑其目前仅处于对国内旅游的吸引作用阶段，基本具备节假日、周末的家庭自驾游，以及自行车爱好者休闲旅游的条件；第二，不使用 Costanza 等的土地生态系统服务价值估算研究成果中的娱乐文化价值估算。

生态旅游经济效益分析，采用类比分析方法，即依据“绿道”上游河段铁岭市以“相约北方水城，乐赏湿地荷花”为主题开展的2011中国辽宁（铁岭）生态休闲旅游节的统计数据进行分析。再按照公式进行计算。

国内旅游价值=旅行费用支出+消费者剩余+旅游时间价值

（1）统计数据处理

旅游节共进行1周。全市旅游景区（点）共接待游客约5万人次，其中主要旅游景区（点）是新城莲花湖、清河水库。旅游节带动相关产业，实现营业收入超过3 500万元。

计算时，考虑铁岭市的山、水旅游景区各占50%，取铁岭市统计数据各项指标的50%作为河堤管理路旅游经济效益计算的依据。

（2）生态旅游经济效益计算

绿道生态旅游景区的旅游时间，取每年12周（每月1周）。则有：

①旅行费用支出

旅行费用支出=1 750万元×12周×10景区=21亿元/a

②旅游时间价值

国内游客收入根据辽宁省职工日平均工资150元计算，游客的旅游时间按照每人每年平均2.2 d计算，则

旅游时间价值=2.5万人次×2.2 d×150元=0.825亿元/a

③旅游消费者剩余

旅游消费者剩余主要取决于旅游费用和旅游人次，而游客人次则受多个因子制约，如游客出发地的人口、各出发地游客的平均收入、旅行费用、旅行时间，以及风景在各地的知名度。通过上述因子的相关性分析，可找出与旅游率最相关的因素。

经验表明，采用半对数关系式，即将旅游次数的对数与旅行费用等进行相关分析，可以得到较好的结果。如果按照旅游频率随旅行费用而变化的原理进行分析，就会得到二者相关的需求函数，见图7-4。

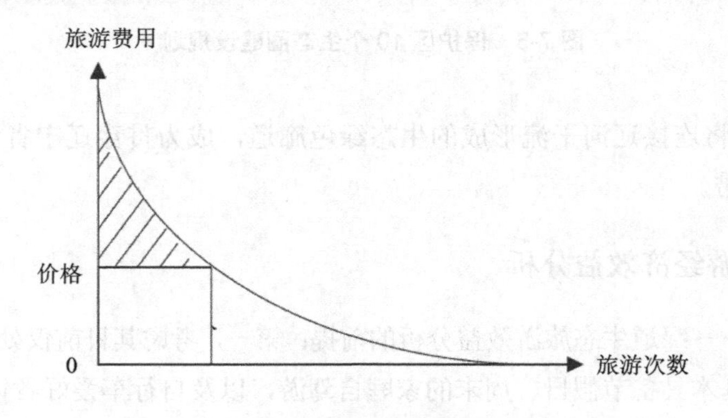

图7-4 旅游频率需求曲线

图中阴影部分的面积为消费者剩余，代表旅游者愿意为其支付的费用与实际费用之间的差额。根据薛达元的研究，这方面的价值约为其他各项费用的 12%。则有

消费者剩余=（21+0.825）×12%=2.619 亿元/a

综上分析可知，河堤管理路——生态绿道休闲度假旅游可以产生的生态旅游经济价值约为每年 24.45 亿元。

7.5 沿河公众环境意识提升效益分析

治理河流环境问题，是将生态文明建设纳入现代化建设总体布局的要求，也是落实党的十八大提出的“努力建设美丽中国”任务的具体体现。建设美丽中国，对于每一位国人而言，与有荣焉，与有利焉，与有责焉。因而，加强环境意识教育非常重要。

7.5.1 沿河村庄公众环境意识现状

从多年的实践来看，“高增长、高污染”的发展模式仍是许多地区的无奈选择，环境污染问题还没有从根本上得到遏制。受粗放型经济发展模式的影响，公众的环境保护意识淡薄，环境意识水平还没有得到显著的提升。

之所以形成这种局面，除了经济发展模式的原因，还有一个不容忽视的主要原因是：我们的环境教育大多是面对面的说教，公众很难身临其境，很难深受其益。

7.5.2 公众环境意识提升效果评价

辽河保护区规划建设从经济发展转型着手，调整沿河地区的土地利用方式。针对保护区内农田面源污染、居住地污水污染、旅游污染、畜禽养殖污染 4 种面源污染类型的特征，通过采用相应的面源污染控制技术，实现污染减少，构建农田典型作物最佳管理方案。

例如，铁岭市昌图县保护局从 2010 年开始开创性地在辽河干流沿岸部分村庄与大型畜牧企业对接，实行“耕地转无公害牧草地”的生产计划。冬季由于牧草根的保护作用，减少了当地水土流失，减缓了干流河水污染，也控制了辽宁中部地区沙尘暴的部分来源（根据省气象统计数据，减少 61.2%）。多年来，沿岸土地种植玉米等作物时，过量施用农药和化肥，造成大量的面源污染，破坏了原有植被和河流生态系统，降低了滩地涵养水源能力，造成水土流失、河水水质恶化、滩地沙化等生态环境问题。该生产计划的实施使这些问题得到了根本解决。同时，农户在现代生产合作模式下，通过合同制约，经济收入上得到稳定的增长。

更为重要的是，当沿河村庄的农民在环境保护中收到了显著的经济效益后，就会积

极主动地投入“耕地转无公害牧草地”的生产计划之中，这对他们的环境保护意识提升、生产生活观念转变等都产生了重大作用。农民的综合素质、民主法治意识、文明程度得到提高，社会安定，守法诚信、和谐向上的新风尚正在形成。

因此，辽河保护区建设对提高沿河村民公众环境意识的作用十分显著。

7.6 保护区建设效益综合评价

综合上述的评价结论，辽河保护区建设3年来取得了显著成效，归纳为以下几个方面：

（1）保护区土地利用/覆被变化效益分析表明，通过土地利用类型的转换，辽河保护区各种土地利用类型的生态系统服务价值由2009年的49.86亿元增长到2011年的52.95亿元，净增加3.09亿元。预测到2015年，辽河保护区土地生态系统服务功能的总价值将达到60.95亿元，相当于在2009年的基础上每年增加7.9亿元。

（2）保护区辽河干流生态健康效益分析表明，2012年，辽河干流健康评价综合指数为0.7517，介于0.6～0.8。根据河流健康评价标准，辽河干流健康状况属于基本健康状态。根据近3年相关生物多样性调查数据比较，通过2010年以来的生态治理保护，截至2012年年底，辽河滩地植被覆盖率从13%提高到63%，植物、鸟类、鱼类及大型底栖动物分别比2009年增加了99种、44种、31种和95种。水生生物栖息地生境质量明显提高，物种明显增多，生物多样性快速恢复。这标志着保护区优质水生态环境正在逐步形成，辽河生态环境进入初级正向演替阶段。

（3）保护区河堤路旅游经济效益分析表明，借鉴国际经验，依托河堤管理路——生态绿道开展旅游业，可以产生的生态休闲度假旅游经济价值约为每年24.45亿元。

（4）保护区沿河公众环境意识提升效益分析表明，辽河保护区建设在提高沿河村庄公众环境意识上的效益十分显著。目前，辽河保护区河流水质逐渐好转，水量充沛；岸坡平顺，趋于稳定；湿地生态系统显著恢复，生物多样性指数提高；景观格局得到优化，生态系统服务功能得以恢复，向着自然状态演替方向变化发展。

第 8 章　辽河保护区生态系统健康评价

8.1　河流生态健康评估框架构建

8.1.1　生态健康评估基本框架

辽河保护区生态健康评估基本框架如图 8-1 所示，以河流流经的县（区、市）为基础，开展宏观的自然和社会经济状况分析，开展生态环境现状调查和压力分析，并筛选流域生态健康评估指标体系。

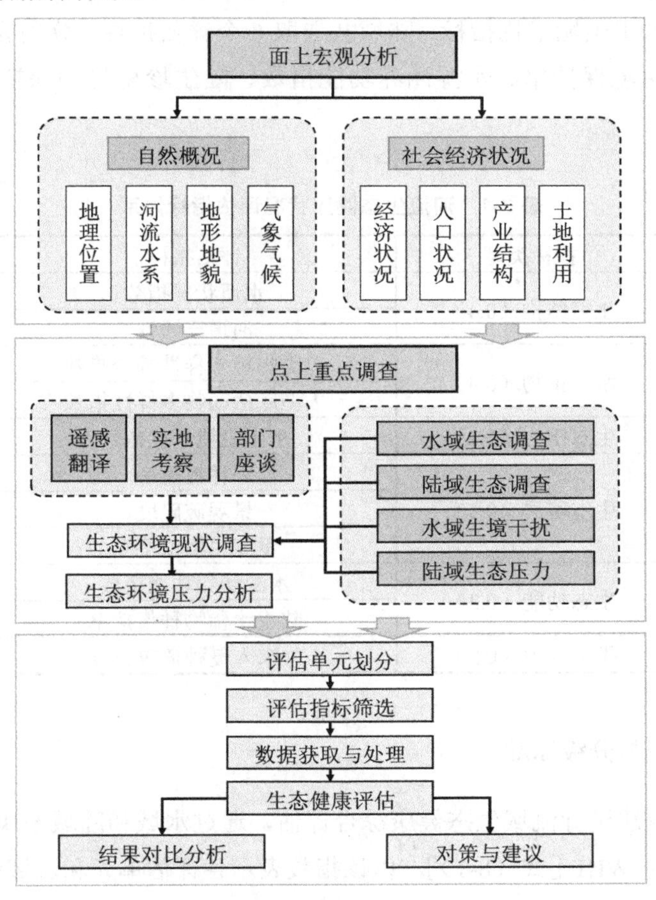

图 8-1　辽河保护区生态健康评估基本框架

选择评估年份，划分评估单元，进行指数数据的收集和处理，开展流域生态健康评估与健康状况比较，掌握河流近年健康状况变化特征，识别目前依然存在的生态问题与潜在风险，从而提出湿地网布局地点。

8.1.2 流域生态健康评估单元划分

以数字高程（digital elevation model，DEM）为基础，按照流域分水岭划分河流流经县区范围的子流域，结合河流水系构成、土地利用与流经县区的行政区划边界，划分合适的评估单元。

8.1.2.1 指标体系构建与筛选

以《流域生态健康评估技术指南（试行）》为基础，结合流域特征和数据的可获取性，对评估指标体系进行筛选。筛选后的评估指标体系及其权重，见表 8-1。水域共选取 5 个评估指标，分别为水质状况指数、河道连通性、鱼类物种多样性综合指数、大型底栖动物多样性指数和水生生境干扰指标；陆域共选取 6 个评估指标，分别为森林覆盖率、景观破碎度、重要生境保持率、水源涵养功能指数、陆生珍稀物种保持率和外来入侵种危害程度。

表 8-1 河流生态健康状况评估指标体系

评估对象	指标类型	评估指标	指标权重
水域（0.40）	生境结构（0.4）	水质状况指数	0.6
		河道连通性	0.4
	水生生物（0.4）	鱼类物种多样性综合指数	0.4
		大型底栖动物多样性指数	0.6
	生态压力（0.2）	水生生境干扰指数	1
陆域（0.60）	生态格局（0.5）	森林覆盖率	0.2
		景观破碎度	0.2
		重要生境保持率	0.6
	生态功能（0.3）	水源涵养功能指数	0.6
		陆生珍稀物种保持率	0.4
	生态压力（0.2）	外来入侵种危害程度	1

8.1.2.2 评估模型与分级标准

利用综合指数法进行流域生态健康综合评估，通过水域和陆域健康指数加权求和，构建综合评估指数 WHI［式（8-1）］，以该指数表示各评估单元和流域整体的健康状况。综合评估指数 WHI 计算公式如下：

$$WHI = I_W W_W + I_L W_L \tag{8-1}$$

式中，I_W——水域健康指数值［式（8-2）］；

W_W——水域健康指数权重；

I_L——陆域健康指数值［式（8-3）］；

W_L——陆域健康指数权重。

其中，I_W 和 I_L 分别由各自的二级指标加权获得。

水域健康指数值：

$$I_W = \sum_{i=1}^{n} W_i \cdot X_i \tag{8-2}$$

陆域健康指数值：

$$I_L = \sum_{i=1}^{n} L_i \cdot X_i \tag{8-3}$$

式中，W_i——水域的二级指标权重；

L_i——陆域的二级指标权重；

X_i——二级指标值。

根据流域 WHI 分值大小，将流域生态健康等级分为五级，分别为优秀、良好、一般、较差和差，具体指数分值和健康状况分级，见表 8-2。

表 8-2　流域生态健康状况分级

生态健康状况	优秀	良好	一般	较差	差
综合评估指数（WHI）	WHI≥0.8	0.6≤WHI<0.8	0.4≤WHI<0.6	0.2≤WHI<0.4	WHI<0.2

通过构建干流水系水质示意图明确重点支流情况，识别水质超标支流。通过水环境容量模型核算丰水期、枯水期支流环境容量情况，根据容量计算结果，设计需要恢复的湿地面积。

（1）干流水环境容量模型，见式（8-4）：

$$w = Q \times \left[C_s - C_0 \times \exp\left(\frac{-k \times l}{86\,400 \times u} \right) \right] \times \exp\left(\frac{k \times l}{2 \times 86\,400 \times u} \right) \times 31.54 \tag{8-4}$$

式中，w—— 计算单元的环境容量，t/a；

Q—— 计算单元的平均流量，m^3/s；

C_s—— 计算单元出水控制浓度，mg/L；

C_0—— 计算单元进水浓度，mg/L；

k—— 降解系数，d^{-1}；

l—— 计算单元河道长度，m；

u—— 计算单元平均流速，m/s。

（2）支流水环境容量模型：

①控制断面超标［式（8-5）］：

$$w' = \left[Q \times (C_s - C_0') \times \frac{q_1}{q_1 + q_2} \times \exp\left(k \times \frac{l_1 / 2}{86\,400 \times u} \right) + Q \times (C_s - C_0') \times \frac{q_2}{q_1 + q_2} \times \exp\left(k \times \frac{l_1 + l_2 / 2}{86\,400 \times u} \right) \right] \times 31.54 \tag{8-5}$$

②控制断面未超标［式（8-6）］：

$$w' = \left[Q \times (C_s - C_0') \times \frac{l_1}{l_1 + l_2} \times \exp\left(k \times \frac{l_1 / 2}{86\,400 \times u} \right) + Q \times (C_s - C_0') \times \frac{l_2}{l_1 + l_2} \times \exp\left(k \times \frac{l_1 + l_2 / 2}{86\,400 \times u} \right) \right] \times 31.54 \tag{8-6}$$

式中，w'—— 支流剩余环境容量，t/a；

Q—— 支流平均流量，m^3/s；

C_s—— 支流进口断面控制浓度，mg/L；

C_0'—— 支流出口断面实测浓度值，mg/L；

q_1—— 支流 1 号单元污染物入河量，t/a；

q_2—— 支流 2 号单元污染物入河量，t/a；

l_1—— 支流 1 号单元河道长度，m；

l_2—— 支流 2 号单元河道长度，m；

k—— 降解系数，d^{-1}；

u—— 计算单元平均流速，m/s。

8.1.2.3 湿地恢复类型

（1）支流汇入口湿地

在有效进行干流生态修复的情况下，支流是干流污染物的主要来源。支流汇入口湿地不仅发挥着生态调节功能，而且是支流来水污染物的入河阻控工程所在区域。在干流的主要支流及排干汇入口区域建设控制单元，在不影响防洪安全及河势稳定的前提下建设湿地系统，使其成为沉降泥沙、净化和保护水质的屏障。

（2）坑塘湿地

针对干流河滨带自然形成以及人工形成的各类坑塘，利用引水沟渠，将其与河流连通，形成相对开放的水体。在保证河流畅通的基础上建设湿地，以增加区域生物多样性和景观多样性，净化河流水质。此外，将相互邻近的排水站及无堤段农村分散的排水口采用生态沟渠相连接，形成较大型的排水口，利用坑塘湿地进行处理。

（3）牛轭湖湿地

利用河道内牛轭湖区域、弯道河段、河漫滩宽广区域、低洼地及较大型的河心岛建设湿地，从而提高河道整体的污染物降解和水质净化能力。

（4）回水段湿地

根据河道的自然态势，利用已建成的河道蓄水工程并辅以适当措施维系、恢复、再造河道湿地，构建以浅滩沼泽湿地为主的生境类型，增加区域生物及景观多样性。

（5）干流河口湿地

大型河流河口湿地植被茂盛，生物种类繁多，是水禽的重要繁殖地。进行滩涂综合整治，调整、控制滩涂开发利用，恢复湿地植物，改善滩涂湿地系统，扩大珍稀鸟类栖息地。

8.1.2.4 湿地恢复方法

（1）现有湿地生态系统的保存与保持

现有的尚未遭到破坏的湿地对于湿地生物多样性至关重要。因此要在规划中，通过分级管理与外部缓冲区的建立，将这样的区域严格保护起来。

（2）水系统的恢复

水是湿地的根本，规划中将水体的污染控制与自净相结合，才能使生态修复得以持续进行，从而恢复湿地生态系统的自组织功能。

（3）恢复生态完整性

要把已经退化的水生生物生态系统的完整性重新建立起来。为加速其实现，就要在水域、流域范围内采取顺应其自然进程和自然特性的计划方案。

（4）恢复或修复原有的结构功能

在水域生态系统中，结构与功能都与湿地关系密切。可以考虑适度重建原有结构，有效地恢复其原有功能。如针对河道形态与其他自然特征的不利变化等，采取相应的措施进行重建。

（5）兼顾流域内的生态修复

局部的生态修复工程无法改变全流域的退化问题。在各区域选址定位时，应考虑如何使工程对流域产生进一步的影响。

（6）湿地网恢复分区

湿地网分区能够为湿地管理者和游客的行为提供指导。进行保护分区时，需要运用有关的生态系统结构、功能、敏感度、区位、周边环境等信息进行分析，保护分区的目的是尽可能地减少人类活动对自然湿地的改变，保持湿地的生态完整性。

①核心保护区。生态基底良好的湿地的核心保护区选择：所选择的区域应包括独特的、濒危的湿地自然或文化特征，或可以作为一个湿地自然区域的最好样本。该区域禁止公众进入，只允许科研工作者进入。

生态基底不良的自然湿地的核心保护区选择：可以根据不同湿地的特点选择最佳位置，重建湿地的生物群落。一般选择湿地中生态环境最好的部分作为保护区，禁止游客进入，以便进行毫无人为干扰的生态修复，并按需要对其进行湿地植被结构调整，招引鸟类等，并以该区域为中心，辐射带动整个区域的生态修复。

②缓冲区。缓冲区的功能是保护核心区的生态过程和自然演替，减少外界的人为干扰和冲击。在缓冲区适宜修建缓坡，进行以乔灌木为主的植被规划，形成门槛特征，并有效减少外界干扰。缓冲区内可以安置必需的步行小径和相关的生态设施，也可以对公众开放区内的水路游线，提供远观核心区的机会。

③生态服务区。生态服务区为广大游客提供观赏、了解和利用湿地的机会。生态服务区内的建筑密度应比照风景名胜公园进行控制，要求不超过 3%，容积率宜小于 0.04，建筑限高原则上不大于 8 m。在生态服务区进行旅游活动时必须受到限制，以免对湿地生态系统造成不利影响。

8.2 基于 GIS 的河流空间特征分析

8.2.1 土地利用/覆盖遥感解译

土地利用/覆盖遥感解译，利用 1980 年、1995 年、2000 年、2005 年以及 2014 年的 TM/ETM 卫星遥感影像（图像分辨率为 30 m×30 m，云覆盖低于 5%）和非遥感数据，包括 20 世纪 80 年代的 1∶47 000 彩色航片、辽河保护区土地利用现状图、行政区划图及有关研究区自然、社会、经济概况的各种文字资料、数字统计资料、监测数据、野外实地考察资料等。

如图 8-2 所示，辽河保护区的土地利用类型主要是滩地、旱地、沼泽地、河渠和海涂。旱地主要集中在辽河保护区上游。辽河两侧零散分布着水田、林地和滩地。1980—1995 年，水田面积出现短暂的增加，在接下来的年份中持续减少，尤其是到 2014 年，水田已经得到控制，面积减少了约 1/3，但农田（水田、旱地）依旧是保护区内的主要土地利用类型，说明农田侵占问题还需进一步解决；中下游主要是滩地，这些年来虽然不断发生着转化，但面积变化不大，滩地依旧是辽河保护区内的主要土地利用类型。可以看出，截至 2014 年，中游沿河两侧的林地零散增加了许多，说明自然封育已经取得明显效果；沼泽地和海涂主要分布在辽河入海口处，发生明显变化是从 2000 年开始，沼泽和海涂部分开始出现水库坑塘等，并且一直维持增加趋势，说明湿地网的构建使坑塘湿地等得到恢复，取得明显效果。

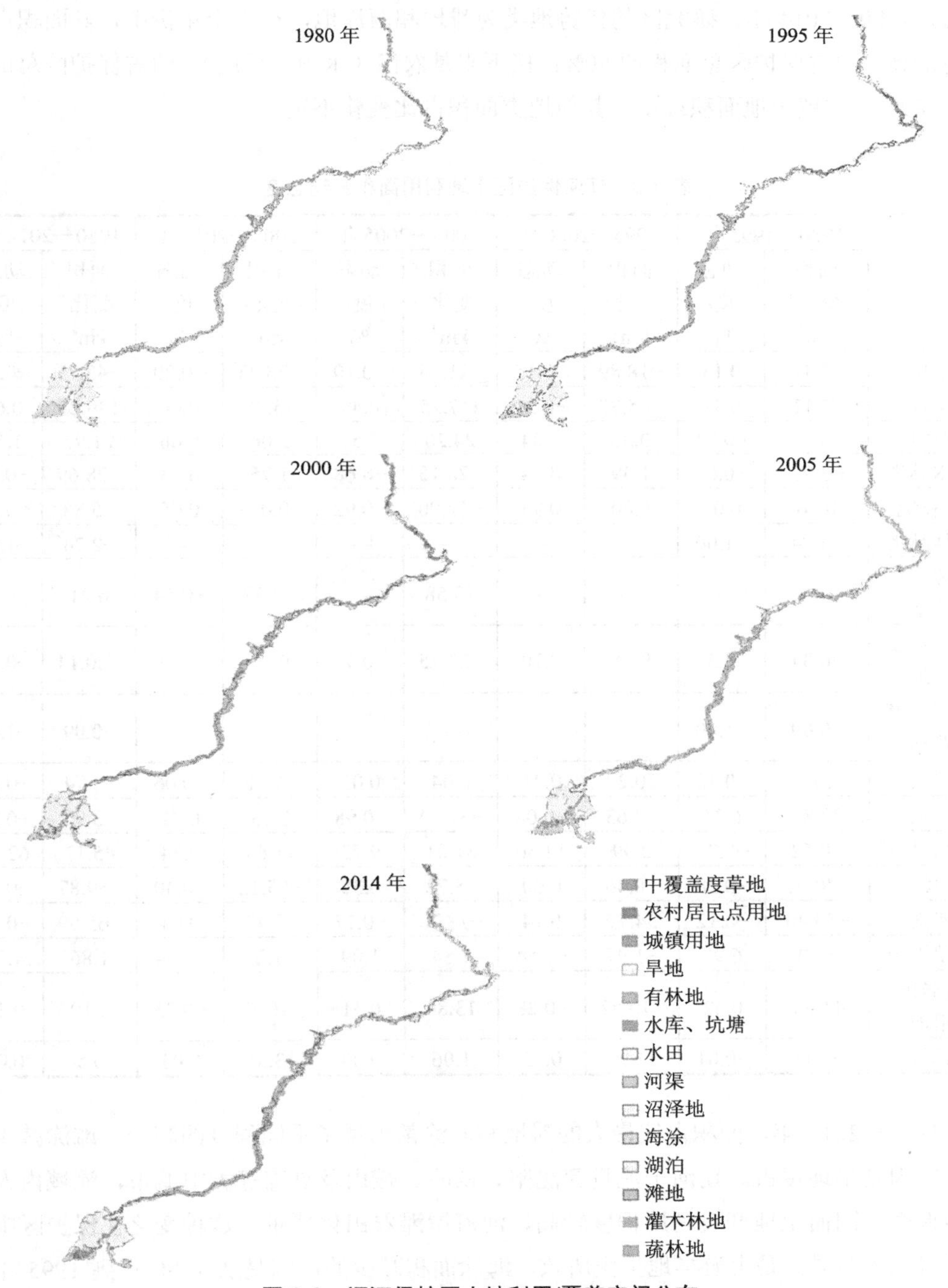

图 8-2　辽河保护区土地利用/覆盖空间分布

8.2.2 土地利用动态变化分析

从五期土地利用/覆盖类型的百分率和土地利用面积变化及动态度（表 8-3）中可以看出，1980—2014 年，研究区的优势地类为滩地和沼泽地，在 5 个年份中，其面积占比始终最高，约占保护区总面积的 50%；接下来是农田（水田、旱地），约占保护区总面积的 22.89%；城镇用地面积最小；其他地类面积占比变化不定。

表 8-3 辽河保护区土地利用面积及动态度

	1980—1995 年		1995—2000 年		2000—2005 年		2005—2014 年		1980—2014 年	
	面积变化/km²	动态度/%	面积变化/km²	动态度/%	面积变化/km²	动态度/%	面积变化/km²	动态度/%	面积变化/km²	动态度/%
水田	15.11	0.13	−18.89	−0.15	−11.54	−0.10	−28.43	−0.29	−43.75	−0.38
旱地	72.11	0.31	−65.37	−0.21	117.25	0.49	15.29	0.04	139.28	0.60
有林地	−4.67	−0.33	0.36	0.04	24.20	2.51	2.06	0.06	21.95	1.57
灌木林地	−3.79	−0.09	1.49	0.04	−28.15	−0.68	1.75	0.13	−28.69	−0.66
疏林地	0.16	0.02	6.80	0.95	−12.90	−0.92	0.05	0.05	−5.88	−0.84
其他林地	−2.74	−1.00	—	—	—	—	—	—	−2.74	−1.00
高覆盖度草地	—	—	—	—	13.58	—	−7.37	−0.54	6.21	—
中覆盖度草地	−6.34	−0.31	9.95	0.70	−23.75	−0.99	0.00	0.00	−20.14	−0.98
低覆盖度草地	−0.09	−1.00	—	—	—	—	—	—	−0.09	−1.00
河渠	−20.93	−0.18	20.27	0.21	6.04	0.05	−7.12	−0.06	−1.74	−0.01
湖泊	29.81	6.35	−2.63	−0.08	−31.24	−0.98	0.13	0.21	−3.93	−0.84
水库、坑塘	−0.52	−0.72	2.99	14.56	31.01	9.72	11.69	0.34	45.17	62.72
海涂	−40.01	−0.28	−0.46	0.00	35.72	0.35	−55.12	−0.40	−59.87	−0.42
滩地	−55.40	−0.12	54.79	0.14	−78.70	−0.17	13.73	0.04	−65.59	−0.14
城镇用地	3.20	6.97	−1.97	−0.54	1.84	1.09	−1.21	−0.34	1.86	4.05
农村居民点用地	11.34	0.42	−10.82	−0.28	13.84	0.51	−10.17	−0.25	4.19	0.16
沼泽地	−5.11	−0.01	11.29	0.03	1.06	0.00	13.35	0.03	20.58	0.05

1980—2014 年，面积占比最大的滩地和海涂都出现了不同程度的减少。滩涂减少的主要原因是旱地侵占。辽河干流贯穿沈阳、铁岭、鞍山及盘锦等大中城市，流域内人口较为稠密，因而土地开发利用程度较高，河流岸滩农田化严重。这种变化在保护区中游表现得尤为明显，是上游旱地扩张所致。海涂面积减少的原因是从 1980 年到 1995 年，部分滩涂转化为湖泊，截至 2005 年，这些湖泊又逐渐演化成了坑塘，面积约为 45.89 km²。

1980—1995 年，研究区水田面积增加了 15.11 km^2，但从 1995 年开始，水田面积不断减少，1995—2000 年减少了 18.89 km^2，相当于 1995 年的 14.54%。2000—2005 年，水田面积减少了 11.54 km^2；2005—2014 年，水田面积减少了 28.43 km^2。这说明辽河保护区内采取了自然封育等措施，对农田面积进行了有效控制。

旱地面积只在 1995—2000 年发生了减少，在之后年份都出现了不同程度的增加，变化主要发生在辽河保护区上游。1980—1995 年，大面积滩地转化为旱地。虽然 2000 年得到短暂恢复，但之后又持续恶化，到 2014 年，旱地面积已达到 371.95 km^2，比 20 世纪八九十年代增加了约 100 km^2。

2000 年以前，研究区内并无高度覆盖草地。研究期间，湿地内紫花苜蓿、杞柳等植物生长状况良好，河岸带修复项目也取得良好效果。截至 2014 年，高度覆盖草地保有量为 6.21 km^2，有林地面积也整体上呈增加趋势。虽然 1980—1995 年研究区内有林地面积减少了 4.67 km^2，但 1995—2000 年增加了 0.36 km^2，2000—2005 年增加了 24.2 km^2，2005—2014 年增加了 2.06 km^2。2000—2014 年，研究区内有林地显著增加，到 2014 年，保有量已经相当于 2000 年的 4 倍。

1980—2014 年，研究区内水域面积也发生了明显变化，尤其是水库、坑塘的面积，从 1980 年的 0.72 km^2 增加到 2014 年的 45.89 km^2；水域面积达到 164.06 km^2；沼泽地主要集中在辽河入海口海涂外围，变化虽小，但也从 1980 年的 401.74 km^2 增加到 2014 年的 422.32 km^2。

从以上分析可以看出，1980—2014 年，滩地、沼泽地以及旱地一直是优势地类，水田面积得到了有效控制，林地面积、高度覆盖草地面积显著增加。总体来看，土地面积的变化正朝着土地资源可持续利用的方向发展。

8.2.3 土地利用面积变化特征

利用 ArcGIS 10 软件，基于提取土地利用面积中 Dissolve 后的遥感解译矢量图，应用 Arc Toolbox 工具下的 Overlay 命令，对输入的 1980 年、1995 年、2005 年和 2014 年的遥感解译矢量图分别取交集（intersect）。在新生成的矢量图属性表中增加面积属性，计算后导出。使用 Excel 打开，进行数据透视表分析，从而建立 1980—1995 年、1995—2005 年以及 2005—2014 年土地利用类型转化模型，分析土地利用类型间隔 10 年左右的转化特征。

通过分析 1980—1995 年土地利用类型变化可以看出，研究区内滩地和海涂发生了大面积转化。有 59.88 km^2 的滩地和海涂转变为湖泊和河渠，少量转变为水田，还有一部分距离辽河较远的滩地转化为旱地；此外，65.10 km^2 的河渠大部分转化为滩地，小部分转化为旱地，还有 42.55 km^2 的水田转化为旱地；而旱地也发生了相应的转化，在 83.47 km^2 的旱地中，约有 1/2 转化为水田，其余转化为滩地、河渠等。

通过分析 1995—2005 年的土地利用类型变化可以看出，辽河保护区内 156 km^2 的滩地和海涂发生了转化，其中 39.34%的面积转化成有林地及河渠，60.66%转化成旱地；65.22 km^2 的河渠，大部分转化成滩地，另一部分转化成旱地；保护区上游距河较远的流域，约有 47 km^2 的水田转化成了旱地；旱地中也有 37.66 km^2 的面积转化成了滩地，这些都零散地分布在保护区上中游河岸两侧。

2005—2014 年，土地利用类型变化最大的依旧是海涂和滩地，但面积仅为 72.69 km^2，约为上一个 10 年的 1/2，且只有 1/4 的面积转化为旱地，其余全部转化为河渠或水库坑塘；河渠依旧转化为旱地或滩涂，但面积也较上一个 10 年减少了约 10 km^2；而旱地的转化面积约为 45.33 km^2，皆转化为林地或草地，说明这 10 年，湿地网的构建及自然封育等措施在一定程度上取得了良好效果，土地资源可持续利用开始朝着有利的方向发展。

对比 1980 年和 2014 年的土地利用类型可以发现，转化最多的依旧是海涂和滩地，约有 148.64 km^2 的滩地转化为旱地、有林地或河渠，20 km^2 的海涂转化为沼泽地；其次是水田，1980—2014 年，约有 78.73 km^2 的水田转化为旱地，同时 33.08 km^2 的河渠转化为滩地。

综上所述，辽河保护区内不同类型的地类互相转换，但主要的变化为滩地和旱地之间的相互转化、滩地和河渠之间的相互转化，以及滩地向有林地、水田的单向转化。

8.2.4 土地利用现状分析

辽河保护区的土地利用以沼泽地、滩地及旱地的利用为主，分别占保护区总面积的 26.53%、24.34%和 23.36%，其次为河渠、海涂等，分别占保护区总面积的 7.37%和 5.23%。具体见图 8-3 和表 8-4。

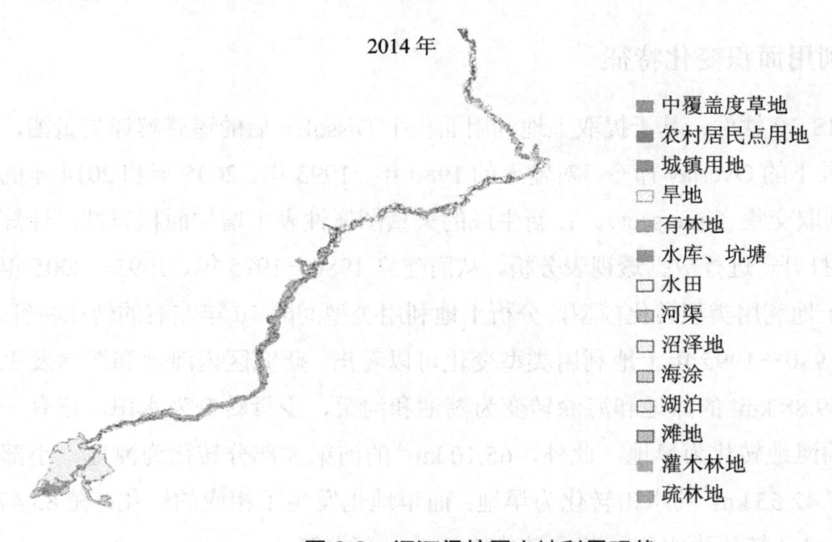

图 8-3 辽河保护区土地利用现状

表 8-4　辽河保护区土地利用现状分析

土地利用	面积/km²	百分比/%
水田	71.10	4.47
旱地	371.95	23.36
有林地	35.91	2.26
灌木林地	14.89	0.94
疏林地	1.15	0.07
其他林地	—	0.00
高覆盖度草地	6.21	0.39
中覆盖度草地	0.33	0.02
低覆盖度草地	—	0.00
河渠	117.39	7.37
湖泊	0.77	0.05
水库、坑塘	45.89	2.88
海涂	83.33	5.23
滩地	387.46	24.34
城镇用地	2.32	0.15
农村居民点用地	31.02	1.95
沼泽地	422.32	26.53
合计	1 592.07	100

8.2.5　辽河保护区纵向分区

辽河干流全长 538 km，保护区内地势平坦，河流流向总体为自北向南，整个地区地势由东西向中间倾斜。从辽河干流河道蜿蜒度空间分布格局（图 8-4）可以看出，辽河干流河道形态存在空间差异，多数河段蜿蜒度大于 1.5，但弯曲河段与顺直河段的分布并不均匀。辽河干流福德店以下约 100 km 的地段河流蜿蜒度总体较高，其中，公河入河口至南沙河入河口段河道蜿蜒度较高，大于 1.8。保护区内最大的河道蜿蜒度也出现在该段。从遥感影像上可以发现，该段地区河流支流多，河道形态多样，改道频繁，自然状态下非常适合牛轭湖湿地发育；在此之下的河段，蜿蜒度多低于 1.8，只在少数地区大于 1.8。尤其在柳河至盘山闸区段，河流蜿蜒度均较小。

综合河流蜿蜒度、河道特征、人类活动及社会经济状况等因素，将辽河保护区从上游到下游分为 8 段（图 8-5），即福德店—三河下拉段、三河下拉—柴河段、柴河—汎河段、汎河—石佛寺水库段、石佛寺水库—柳河段、柳河—盘山闸段、盘锦城市段和辽河口保护区段。

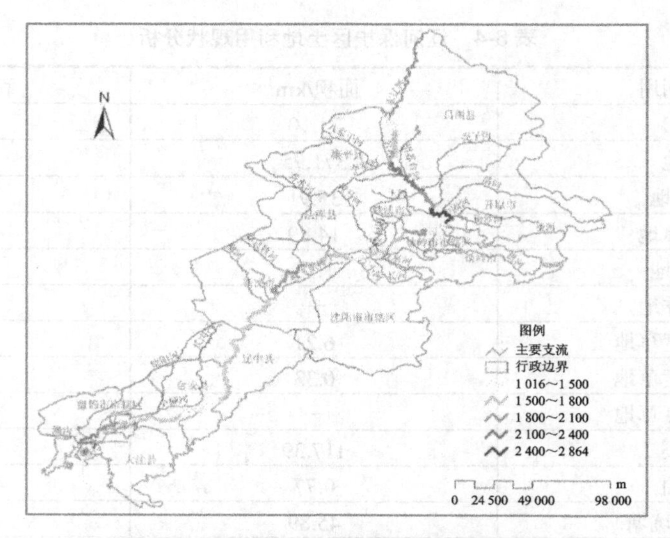

图 8-4 辽河保护区河道蜿蜒度空间格局

图 8-5 辽河保护区纵向分段示意图

对于各段特征，说明如下：

福德店—三河下拉段：该段为保护区的第一段，长度约 45 km，总体走向为南北，河流蜿蜒度自上游至下游增大，蜿蜒度变化为 1.016～1.8。两岸大堤间距为 1 500～3 000 m。

东西辽河在福德店汇合，形成辽河干流。该段支流较少，在三河下拉处，八家子河与李家河汇入公河后入辽河干流，此外没有其他支流汇入。

三河下拉—柴河段：该段河流长度约 70 km，蜿蜒度较大，变化为 1.8～2.864。该段河道变化剧烈，许多地方河道流向直冲大堤，险工险段多；两岸大堤相距 800～3 500 m。该段支流较多，左岸有支流王河、招苏台河、亮子河、清河、中固河、梅林河汇入，其中招苏台河、亮子河污染较为严重；右岸有和平乡小河子河和王河汇入。

柴河—汎河段：该段长约 40 km，河流蜿蜒度变化不均匀，柴河入河口下蜿蜒度小，汎河入河口上蜿蜒度大，变化为 1.016～2.1；两岸大堤相距 800～3 000 m；右岸亮沟子河和拉马河汇入。该段属铁岭城市段，距铁岭市较近。该地区汎河口附近河道宽阔，适合建造大型湿地景观。当地政府充分利用辽河资源，已经建了一些湿地。

汎河—石佛寺水库段：该段长约 30 km，距离沈阳市较近，河流蜿蜒度较小，变化为 1.5～1.8；河流坡降小；两岸大堤相距 1 400～5 500 m。右岸有亮沟子河、胜利河汇入拉马河，最后进入石佛寺水库。石佛寺水库是平原型水库，也是辽河干流唯一的水库，蓄水时形成几十千米的水量，对辽河干流水量调节以及局部微气候的形成具有重要作用。

石佛寺水库—柳河段：该段长约 87 km，河流蜿蜒度变化不均匀，变化为 1.016～2.1，其中秀水河至柳河段蜿蜒度大，险工险段多；两岸大堤相距 900～5 500 m。左岸有支流左小河、燕飞里排干渠、西小河、万泉河与长河，汇入辽河干流，右岸支流有三面船乡小河子、陶屯乡两窑村小河子、秀水河、养息牧河、付家窝棚排干和柳河，其中柳河泥沙含量大，是辽河干流主要泥沙来源之一。

柳河—盘山闸段：该段长约 145 km，河流蜿蜒度较小，变化为 1.016～1.8，河道变化较少，险工险段少；两岸大堤相距 1 500～5 500 m，非常宽阔。该段左右岸均无支流汇入，土地利用结构以农田为主；行政区划包括新民市、辽中县、台安县、大安县和盘锦市。

盘锦城市段：该段长约 30 km，为赶潮河段；河道平直，蜿蜒度为 1.016～1.5，堤间距 1 800～2 500 m。盘锦是辽河保护区唯一直接流经的城市，受人类活动干扰直接且剧烈；该段有一统河、饶阳河和吴家排干汇入；多数地区的河道已渠道化。

辽河口保护区段：该段河流为感潮河段，河道在饶阳河下发生一个大转弯，此后的河道蜿蜒度较低，为 1.016～2.4；两岸大堤在该段上游结束；该段主要为辽河口保护区，植被生长良好，以沼生植物芦苇为主，有螃蟹养殖。

8.2.6　辽河保护区横向分区

保护区横向分为以下四个功能区：

1）河道功能区：河道是河流系统的主体，是水的载体和通道，决定了河流生态系统的存在。没有了河道，河流就没有了生命。因此，河道区域是辽河干流保护区生态健康的基础。河道具有极高的生态功能，是藻类、浮游植物、浮游动物、大型底栖动物、鱼类、大型水生植物等的栖息地，为人类提供多样的生态产品。

2）河岸带生物多样性保护区：鉴于河岸带生物多样性对地区生物多样性以及生态系统功能的重要作用，根据保护区生物多样性保护的目的，在辽河干流保护区中，将河道外的范围划分为生物多样性保护区，其宽度设定为 500 m。

3）河滨带产品服务区：由于河岸带生物多样性保护区可以满足保护区主要的生态功能需求，介于大堤生态安全区与河岸带生物多样性保护区之间的区域可以满足人类的生产需求，具有服务功能，所以将该地区划分为河滨带产品服务区。

4）大堤生态防洪安全区：辽河保护区是河流型保护区，因此河流防洪属性非常重要。大堤是为了防止洪水泛滥危害人类安全而修建的河流工程，其功能定位为防洪，边界的设置与人类居住区、洪水水量、破坏性及防洪标准等因素相关。在辽河干流保护区内，大堤距离河道的距离因空间位置而不同。根据水利工程建设要求，将大堤内 50 m、大堤外 20 m 的区域划分为大堤生态安全防护区。

以上 4 个区域的具体范围，根据大堤及河流形态实际情况确定。若河道靠近大堤，则靠近侧全部为河岸带区，远离大堤一侧则按照以上 4 部分标准划定。横向分区各功能区空间分布，见图 8-6。

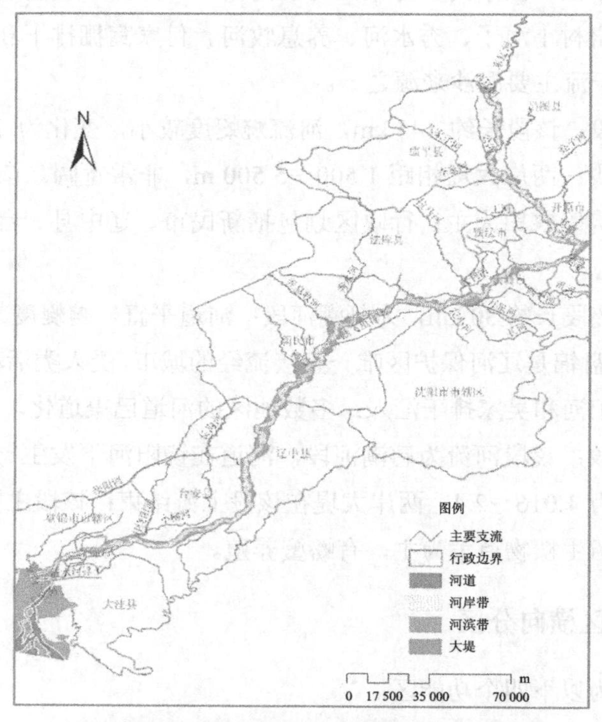

图 8-6　辽河保护区横向分区示意图

8.2.7 辽河保护区土地适宜类型分析

（1）水质控制适宜用地

通过对入河口水质的分析，汇入辽河干流的水质不达标的主要原因为氮、磷元素超标。湿地生态系统是削减氮、磷污染的有效手段。目前，各支流汇入口几乎都没有湿地系统，原有的湿地系统多被开发为农田。因此，恢复自然状态下的河流汇入口湿地对水质控制具有关键的作用。具体来说，应根据保护区纵向分区中支流口的分布、辽河干流支流的水质状况、土地利用现状确定水质控制用地范围。

（2）生物多样性保护适宜用地

设定自然保护区的主要目的是保护物种、种群、群落、生境以及生物和生态系统多样性。要满足保护区生物多样性需求，就要提供足够的生物多样性用地。当前，辽河保护区河流两岸农业占地严重，生境丧失，这是保护区生物多样性降低的主要原因。根据保护区纵向分区、辽河干流生物多样性现状、土地利用现状和保护区理论，以 500 m 的敏感区域为核心，确定生物多样性适宜用地。

（3）高功能湿地系统适宜用地

各种类型的湿地是自然河流系统的特征，这些湿地除了能够净化水质、保证化学完整性，还是生态完整性的组成部分。除支流汇入口的湿地外，整个保护区内应形成面积较大、空间分布连续的干流湿地网络，这样才能保证整个保护区的水质，并为鱼类、鸟类等各种动物提供栖息地和食物。根据保护区横纵向分区、土地利用现状及地形地貌特征，确定高功能湿地系统用地需求。这些湿地可以是牛轭湖、坑塘、沼泽湿地、湿地公园等各种形式，其具体的位置结合河道地貌、水文特征等确定。

（4）城市景观适宜用地

辽河干流途经盘锦市区、铁岭市银州区，河流景观服务功能已经成为盘锦市和铁岭市城市建设的一部分。河流景观不仅为城市提供水源保障，还能调节气候，形成了美丽的景观效应。根据保护区的沿程城市分布与范围、纵向分区、土地利用现状确定城市景观段适宜用地。

（5）生态经济适宜用地

为解决农业发展和城市发展的矛盾，在保证辽河保护区生态完整性的基础上，采用合理的开发策略，满足人类对生产用地的需求。根据保护区的社会经济分布状况、河道横向分区功能、土地利用现状确定生态经济适宜用地。

（6）大坝防洪安全适宜用地

辽河干流保护区的界线就是两岸修建的防洪大堤，左右岸共 657.9 km。为了保障人民财产安全，保护区堤防要进行标准化建设。为了满足保护区建设与管理的需要，堤顶路设计为 8 m 宽，堤底根据不同的防洪标准略有不同。为了保护堤坝，按照水利建设标准，在堤脚处栽植防护林，迎水面 50 m，背水面 20 m。

（7）生态景观水面适宜用地

石佛寺水库为平原型水库，库区淹没范围为 50.41 km^2，回水长度 21.17 km，为辽河干流区域的发展提供了充足的水资源，保证了城市的生产生活用水。水库淹没区形成的大面积水面是辽河保护区重要的湿地区，对保护区生态功能和景观功能的发挥具有重要意义。辽河已建设 16 处橡胶坝，形成小型水面，主要分布在辽河干流公路桥附近，形成了一定的景观格局。更重要的是，这些橡胶坝的建成为湿地提供充足的水资源保证，有利于调控水文，缓冲洪水，缓解因干旱等引起的水资源分配不均，从而达到保护自然湿地的目的。根据保护区的橡胶坝、水库影响区域及其周围土地利用现状确定生态景观水面适宜用地。

各类土地利用面积及占总面积的比例见表 8-5。

表 8-5　辽河保护区土地利用规划面积及比例

土地利用类型	面积/km^2	比例/%
河岸带生物多样性用地	723.6	38.7
辽河口湿地区	421.6	22.6
生产用地	227.4	12.2
入干水质控制用地	146.9	7.9
大坝防洪安全用地	78.5	4.2
河道用地	67.6	3.6
高生态功能湿地用地	60.1	3.2
险工险段低风险用地	52.2	2.8
生态水面景观用地	35.4	1.9
水库湿地用地	35.2	1.9
城市景观用地	20.9	1.1
合计	1 869.2	100

各河段的土地利用划分结果分析：以福德店—三河下拉段为例，该段是辽河干流的起点，河流局部地区较为蜿蜒，东西辽河汇合形成辽河干流。为了减小支流对干流水质的影响，将东西辽河汇入口划为入干水质控制用地，起到保证水质的作用。三河下拉河污染严重，从河口向上向下都延伸，划为入干水质控制用地。将大堤险工险段的位置划为险工险段的风险用地，为减小大堤的防洪压力提供用地保障；将河道蜿蜒曲折形成牛轭湖的地方划为牛轭湖湿地群，作为高生态功能用地。在没有特殊用地需求的河段，将沿河两岸 500 m 内设为河岸带生物多样性保护用地，从保护用地边界到大堤的土地作为生产用地。如果生产用地面积不足 2 km^2，则划为生物多样性保护用地。总体来说，该段

用地类型主要为河岸带生物多样性用地、生产用地和险工险段低风险用地。各段的土地利用识别结果见图 8-7。

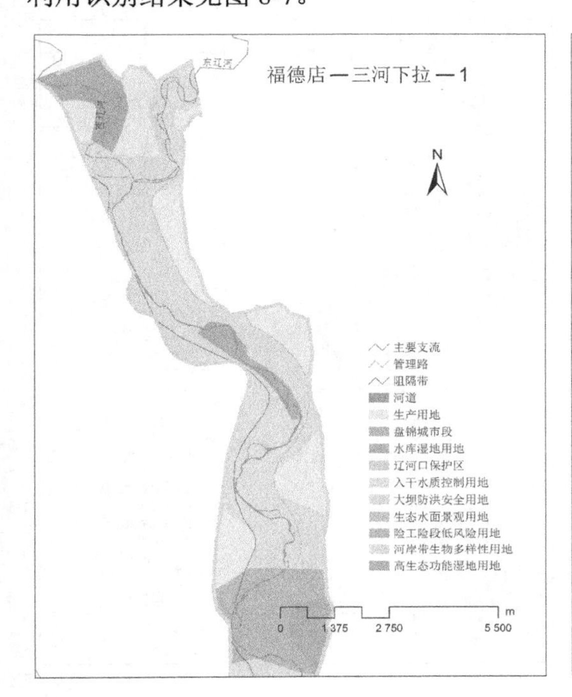

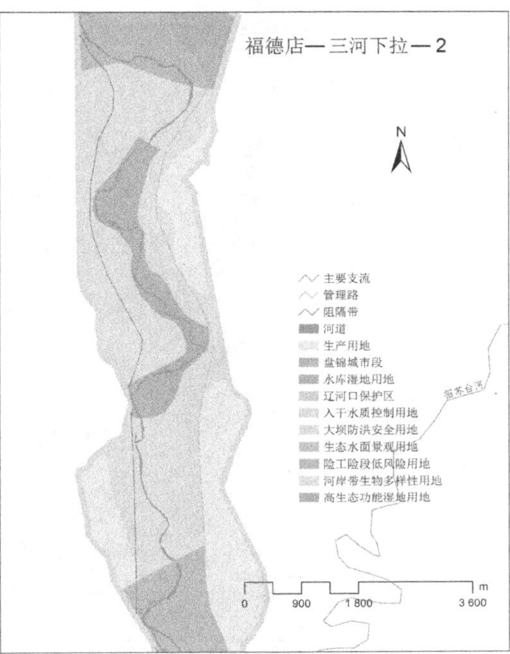

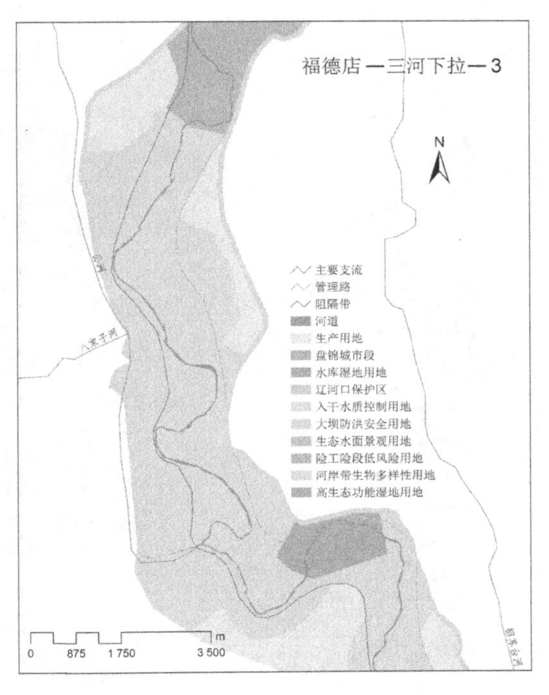

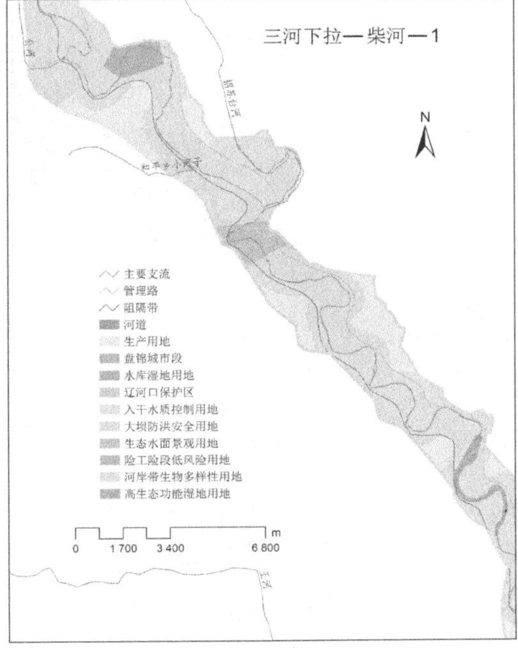

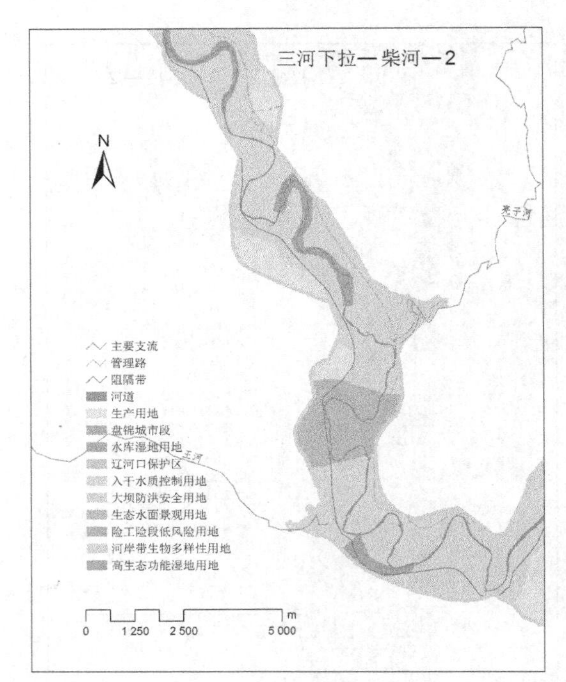
三河下拉—柴河—2
N
主要支流
管理路
阻隔带
河道
生产用地
盘锦城市段
水库湿地用地
辽河口保护区
入干水质控制用地
大坝防洪安全用地
生态水面景观用地
险工险段低风险用地
河岸带生物多样性用地
高生态功能湿地用地
0 1 250 2 500 5 000 m

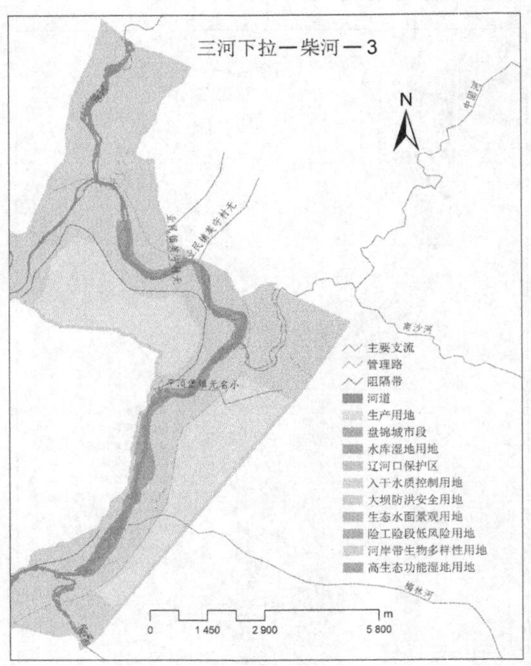
三河下拉—柴河—3
N
主要支流
管理路
阻隔带
河道
生产用地
盘锦城市段
水库湿地用地
辽河口保护区
入干水质控制用地
大坝防洪安全用地
生态水面景观用地
险工险段低风险用地
河岸带生物多样性用地
高生态功能湿地用地
0 1 450 2 900 5 800 m

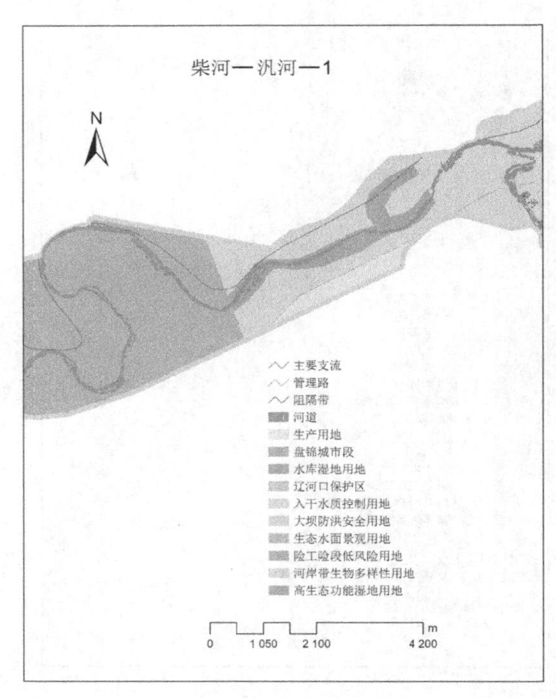
柴河—汎河—1
N
主要支流
管理路
阻隔带
河道
生产用地
盘锦城市段
水库湿地用地
辽河口保护区
入干水质控制用地
大坝防洪安全用地
生态水面景观用地
险工险段低风险用地
河岸带生物多样性用地
高生态功能湿地用地
0 1 050 2 100 4 200 m

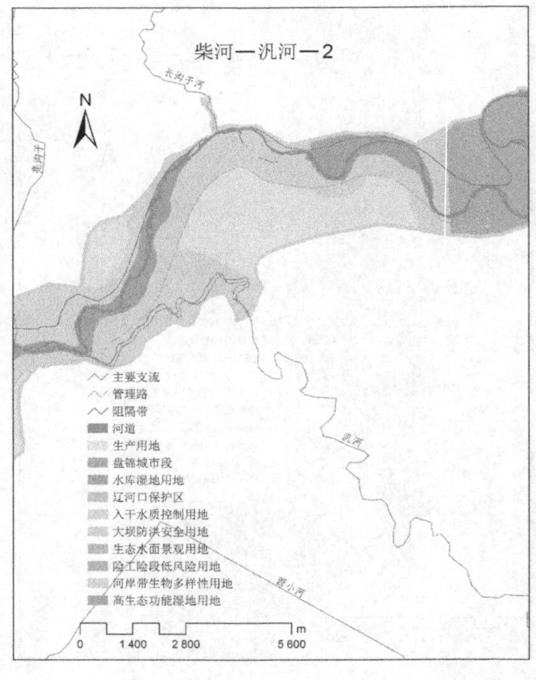
柴河—汎河—2
N
主要支流
管理路
阻隔带
河道
生产用地
盘锦城市段
水库湿地用地
辽河口保护区
入干水质控制用地
大坝防洪安全用地
生态水面景观用地
险工险段低风险用地
河岸带生物多样性用地
高生态功能湿地用地
0 1 400 2 800 5 600 m

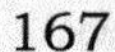

汎河一石佛寺水库
N
三面船乡小河子
主要支流
管理路
阻隔带
河道
生产用地
盘锦城市段
水库湿地用地
辽河口保护区
入干水质控制用地
大坝防洪安全用地
生态水面景观用地
险工险段低风险用地
河岸带生物多样性用地
高生态功能湿地用地
0
2 100
4 200
8 400
m

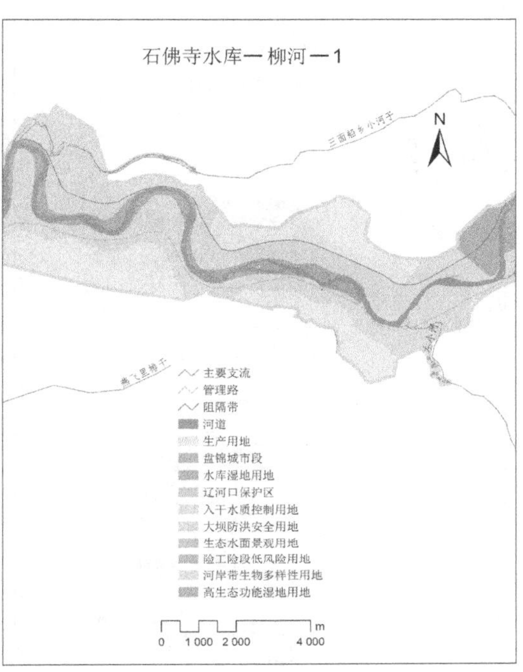

石佛寺水库一柳河一1
N
三面船乡小河子
主要支流
管理路
阻隔带
河道
生产用地
盘锦城市段
水库湿地用地
辽河口保护区
入干水质控制用地
大坝防洪安全用地
生态水面景观用地
险工险段低风险用地
河岸带生物多样性用地
高生态功能湿地用地
0
1 000
2 000
4 000
m

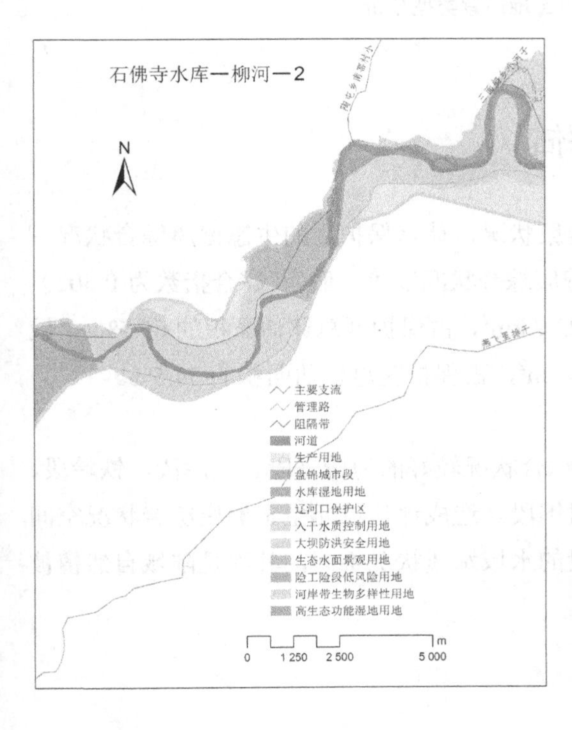

石佛寺水库一柳河一2
N
主要支流
管理路
阻隔带
河道
生产用地
盘锦城市段
水库湿地用地
辽河口保护区
入干水质控制用地
大坝防洪安全用地
生态水面景观用地
险工险段低风险用地
河岸带生物多样性用地
高生态功能湿地用地
0
1 250
2 500
5 000
m

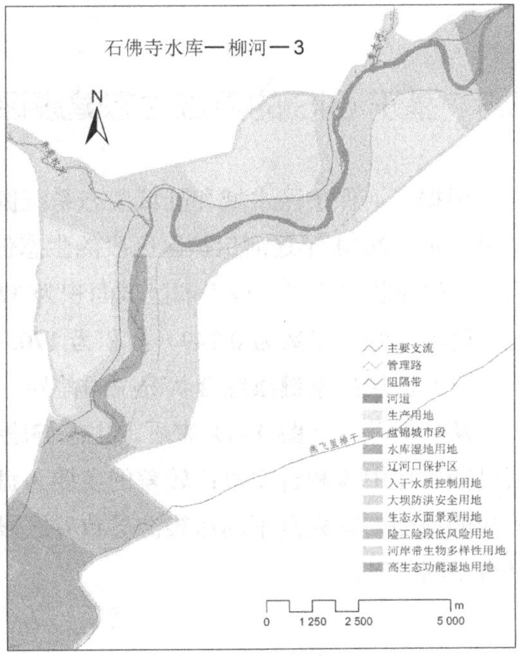

石佛寺水库一柳河一3
N
主要支流
管理路
阻隔带
河道
生产用地
盘锦城市段
水库湿地用地
辽河口保护区
入干水质控制用地
大坝防洪安全用地
生态水面景观用地
险工险段低风险用地
河岸带生物多样性用地
高生态功能湿地用地
0
1 250
2 500
5 000
m

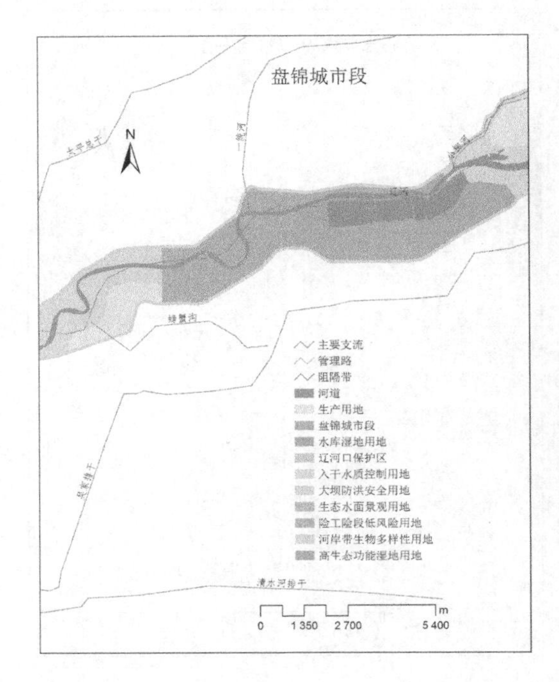

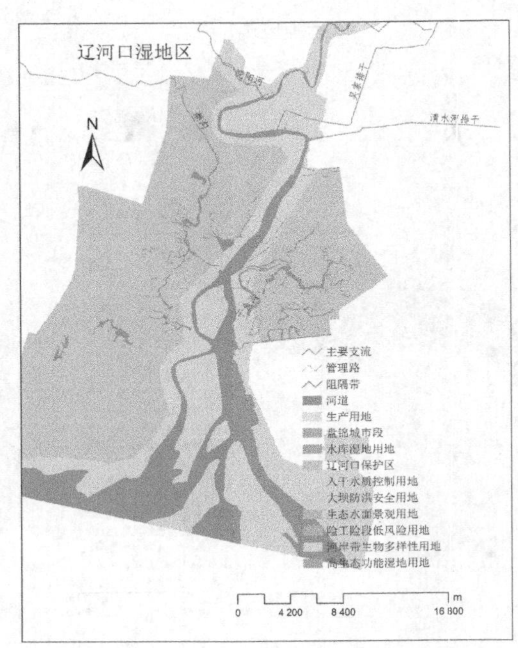

图 8-7 辽河保护区土地适宜类型分析

8.3 基于 GIS 的河流生态健康评估

根据辽河保护区水域和陆域生态系统健康状况，计算保护区的生态健康综合状况，结果显示，2014 年辽河保护区区段的生态健康综合状况以“一般”（综合指数为 0.502）为主，健康状况为“一般”的区域面积为 323.7 km^2，占保护区总评估面积的 65.5%；“较差”区域（综合指数为 0.249）面积为 170.8 km^2，占保护区总评估面积的 34.5%。

（1）流域生态健康综合状况空间差异

从空间差异（图 8-8）来看，生态健康综合状况较好的为康平段、法库段、铁岭段、新民段、辽中段和台安段；较差的主要为盘锦段。造成评估单元生态健康综合状况空间差异的原因，首先是不同污染源导致各区段的水域水质状况不同，其次是陆域自然植被具有空间差异。

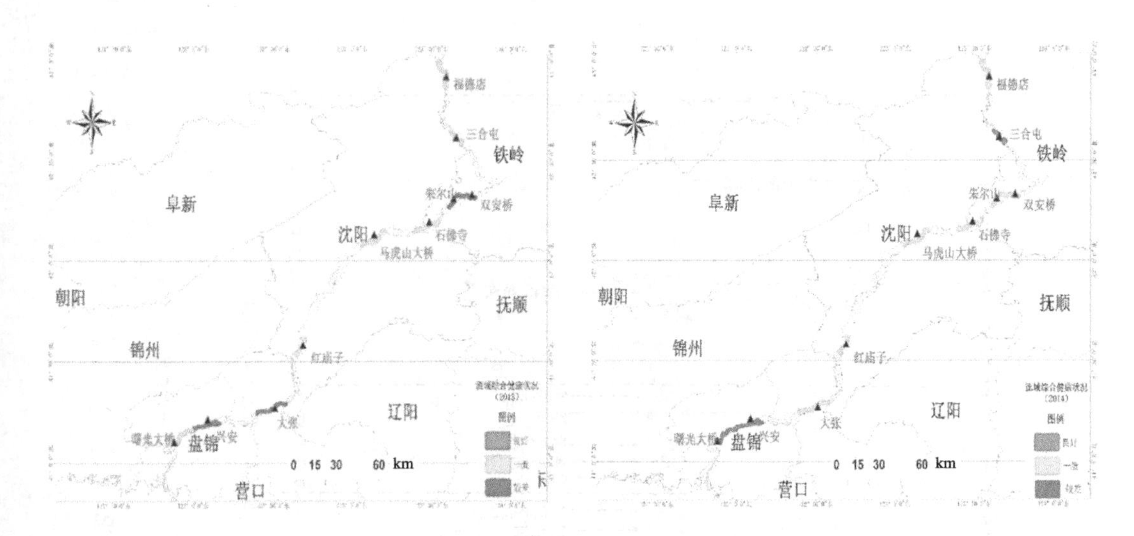

图 8-8 保护区生态健康空间差异（2013 年，左；2014 年，右）

（2）流域生态健康综合状况时间变化

从时间变化（表 8-6）来看，2013—2014 年，辽河保护区的生态健康综合状况变化明显，多数评估单元的综合状况表现为好转。

表 8-6 辽河保护区生态健康综合状况时间变化统计

健康状况等级	2013 年		2014 年		变化	
	面积/km^2	比例/%	面积/km^2	比例/%	面积/km^2	比例/%
良好	—	—	43.7	8.9	43.7	8.9
一般	323.7	65.5	367.8	74.5	44.1	9
较差	171.8	34.8	82.9	16.8	87.9	−17.9
差	—	—	—	—	—	—

（3）基于水环境容量的支流湿地位点确定

辽河干流共有一级支流 33 条，其中无污染或轻污染支流 11 条，中度污染支流 13 条，重度污染支流 9 条。中度/重度污染支流按污染物质和污染源又可分为工业主导型支流（2 条）、农业面源污染主导型支流（7 条）、城市生活污染主导型支流（6 条）、工业污染与城市生活污染混合主导型支流（7 条）。对 2013 年支流水质、水量情况的统计，如图 8-9、图 8-10 所示。

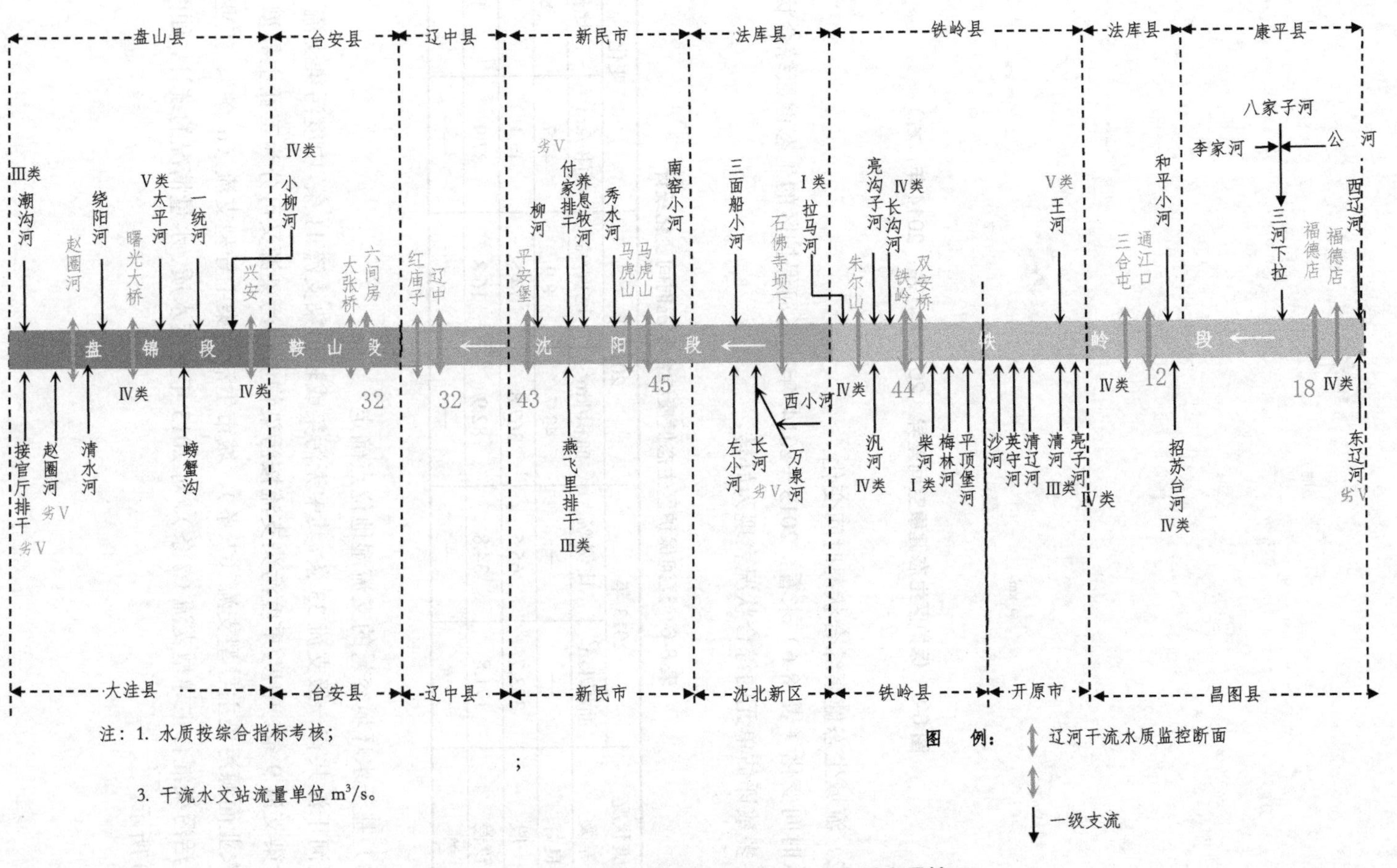

注：1. 水质按综合指标考核；

3. 干流水文站流量单位 m^3/s。

图 8-9 2013 年辽河干流及一级支流枯水期水质水量情况

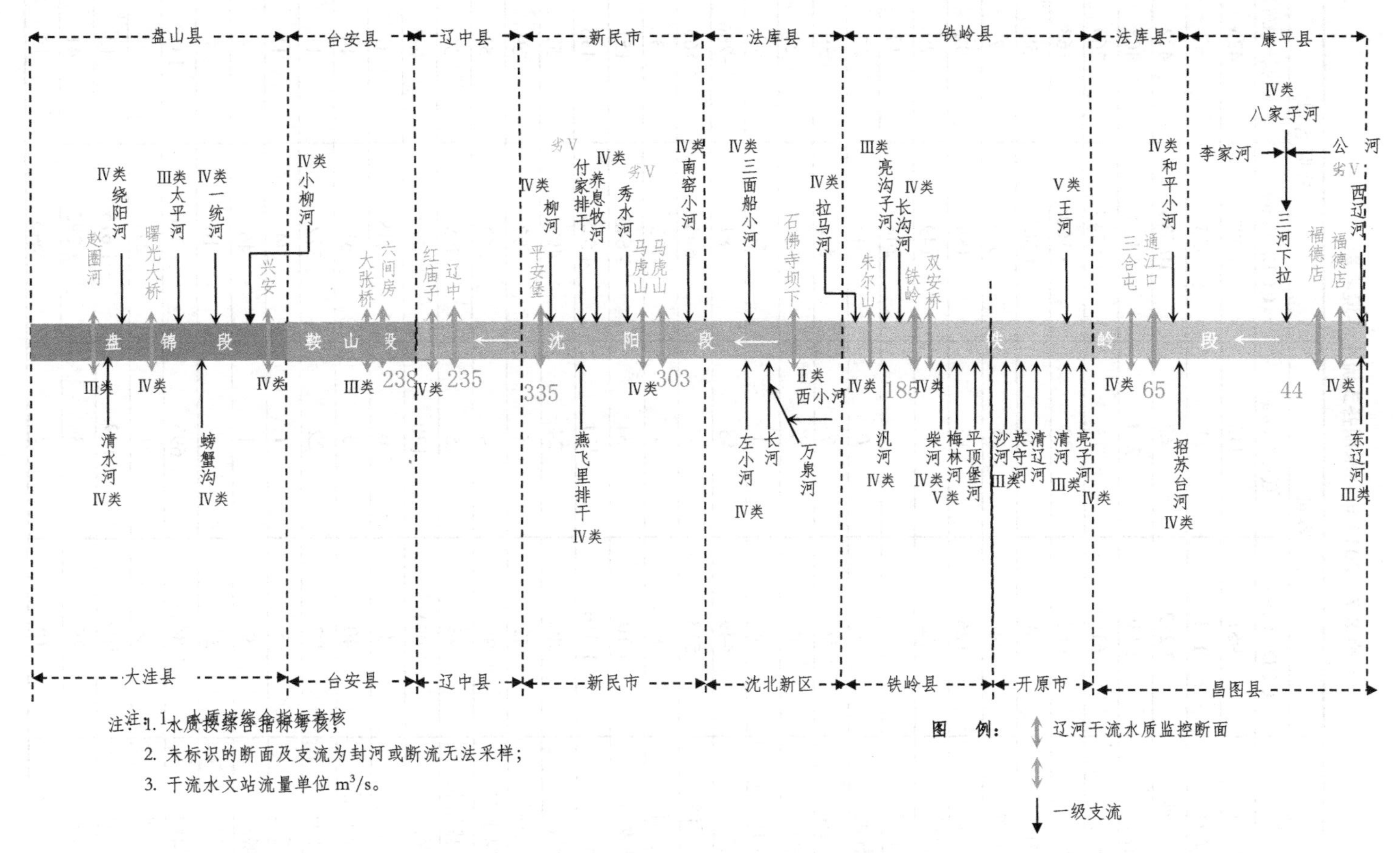

图 8-10　2013 年辽河干流及一级支流丰水期水质水量情况

2013 年枯水期各支流水环境容量情况见表 8-7。

表 8-7 2013 年枯水期各支流水环境容量

河流名称	理想容量		实际容量	
	COD/（t/a）	氨氮/（t/a）	COD/（t/a）	氨氮/（t/a）
东辽河	951	113	4 983	423
西辽河	173	21	335	57
招苏台河	2 212	263	10 335	422
清河	2 139	254	6 168	408
柴河	615	73	10 545	769
汎河	605	72	4 100	168
长沟河	50	6	1 501	58
亮子河	59	34	679	7
沙河	126	15	189	32
清辽河	22	3	149	29
英守河	8	1	248	17
梅林河	4	0	−13	33
平顶堡河	56	7	552	39
王河	72	9	131	21
亮沟子河	8	1	−147	12
长河	449	53	−81	−206
八家子河	563	67	696	563
左小河	19	2	133	3
养息牧河	1 103	131	5 645	151
柳河	1 016	121	4 548	436
拉马河	205	24	403	57
和平小河	42	5	−97	29
三面船小河	35	4	262	53
燕飞里排干渠	43	5	585	51
秀水河	1 091	130	2 479	400
南窑小河	1	0	−318	6
付家排干渠	40	5	−618	14
小柳河	97	22	372	11
一统河	5	1	84	11
螃蟹沟	9	1	46	3
太平河	33	4	116	4
绕阳河	5 849	695	11 306	1313
清水河	9	1	27	1
潮沟河	109	149	−1 615	13
赵圈河	26	3	−2 295	41
接官厅排干渠	16	2	−543	15

2013 年丰水期各支流水环境容量情况见表 8-8。

表 8-8 2013 年丰水期各支流水环境容量

河流名称	理想容量		实际容量	
	COD/（t/a）	氨氮/（t/a）	COD/（t/a）	氨氮/（t/a）
东辽河	5 707	678	164 875	17 367
西辽河	2 380	283	−98 837	15 016
招苏台河	6 082	722	112 043	14 548
清河	7 131	847	14 677	1 770
柴河	1 640	195	33 671	3 020
汎河	1514	180	48 187	6 941
长沟河	252	30	64 838	3 007
亮子河	149	18	2 697	240
沙河	505	60	45 916	2 810
梅林河	63	7	28 445	1 612
平顶堡河	224	27	44 627	2 509
王河	290	34	374	67
亮沟子河	16	2	1 435	152
长河	449	53	1 593	295
八家子河	1 503	178	2 411	536
左小河	39	5	871	43
养息牧河	2 758	328	17 265	2 321
柳河	4 064	483	29 923	3 384
拉马河	410	49	27 657	2 551
和平小河	42	5	17 707	1 761
三面船小河	70	8	2 155	275
燕飞里排干渠	173	21	3 326	351
秀水河	2 728	324	1 466	2 998
南窑小河	2	0	1 852	303
付家排干渠	81	10	−1 483	18
小柳河	193	23	3 039	323
一统河	10	1	1 523	130
螃蟹沟	18	2	522	10
太平河	67	8	1 013	235
绕阳河	14 621	1 736	32 080	3 578
清水河	18	2	1 229	51

环境容量计算结果显示，在枯水期，亮沟子河、梅林河、长河、和平小河、南窑小河、付家排干渠、潮沟河、赵圈河、接官厅排干渠已超出水环境容量要求；在丰水期，西辽河、付家排干渠超出水环境容量要求。应在上述支流河口恢复支流汇入口湿地。

8.4 湿地网空间布局策略

综合基于GIS的河流空间特征分析、基于GIS的河流生态健康评估及水环境容量核算结果，形成辽河保护区湿地网布局，见表8-9。

表8-9 保护区重点湿地布局

湿地类型	湿地名称	位置	面积/km^2
支流河口湿地	东辽河口人工湿地	铁岭市昌图县长发乡王子村	4
	西辽河口人工湿地	沈阳市康平县山东屯乡郭家村	
	梅林河口人工湿地	铁岭市铁岭县平顶堡镇建设村	3
	亮沟子河口人工湿地	铁岭市铁岭县阿吉镇红山咀村	1
	三河下拉河口人工湿地	沈阳市康平县郝官屯乡刘屯村	2
	长河口人工湿地	沈阳市沈北新区	5
	付家窝棚排干河口人工湿地	沈阳市新民市	1
坑塘湿地	铁岭兴隆台坑塘湿地群	铁岭开原市兴隆台村	1.7
	铁岭前下塔子坑塘湿地群	铁岭市下塔子村	1.5
	铁岭胜台子下游坑塘湿地群	铁岭市胜台子村	1.0
	新民朱尔山河滩坑塘湿地群	沈阳新民市朱尔山村	3.2
	新民达连岗子湿地群	沈阳新民市达连岗子村	8
	新民杏树坨子大型湿地群	沈阳新民市杏树坨子村	6
	辽中下万子道路湿地群	沈阳辽中县	2
	辽中红庙子桥下游湿地群	沈阳辽中县大营岗子村	6
	鞍山市圈河湿地群	鞍山市烟李村	2
牛轭湖湿地	巨流河牛轭湖湿地	沈阳市新民市兴隆镇沈家岗子村	25
	兰旗险工段牛轭湖湿地	沈阳市法库县新三面船村附近	12
	后歪脖树牛轭湖湿地	铁岭市昌图县通江口乡歪脖树村	23

围绕辽河干流湿地生态修复规划的目标，坚持恢复河流生态完整性和“给河流以空间”的理念，通过对区域状况的调研和综合分析，初步形成布局基本方案；选择辽河干流重点区域和河段，确定重点自然恢复和工程恢复的关键节点，设计重要支流河口人工湿地、坑塘湿地群的建设与恢复方案，制定牛轭湖自然湿地布局策略，提出工程的优先顺序及初步概算，并初步给出工程实施、监督和评价的基本程序和建议。

一张湿地网：通过建设支流汇入口湿地、河道湿地、坑塘湿地及河口滩涂湿地，实施河岸带生态修复工程，构建一张错落有致、自我修复、健康发展的河流湿地生态系统网络。辽河保护区治理与保护的重点为“三段三区八点一中心”。

三段：三个重点段。分别为三河下拉—哈大高铁二号桥段、哈大高铁二号桥段—新调线公路桥段、新调线公路桥段—柳河口段。

三区：针对生态系统结构、功能、敏感度、区位、周边环境等信息进行分析，将自然湿地分为核心保护区、缓冲区和生态服务区。

八点：八个典型点。三河下拉段（李家河、八家子河、公河）、招苏台河河口、亮子河河口、清河河口、汎河河口、柳河汇入口、秀水河汇入口、石佛寺水库。根据各点的不同情况，建设支流汇入口湿地、河道湿地、坑塘湿地等，作为构建保护区湿地网的基础，并因地制宜地发展生态旅游、绿色农业等生态产业。

一中心：以铁岭为中心的“生态城”，具有生态修复、生态保护、生态经济、城乡生态建设等功能。重点建设柴河、王河、汎河等支流汇入口湿地。

8.5 辽河保护区湿地生态系统健康评价

8.5.1 湿地生态系统健康评价模型

8.5.1.1 指标体系的建立

（1）候选指标体系的组成

遵循完整性、代表性、可操作性、可行性、可定性和定量分析，对人类干扰有明显的响应关系，且具有全面反映七星湿地生态系统健康状况的不同特征属性的原则，选取能够反映水环境质量、水生生物特征及栖息地环境质量的 11 个特征指标，作为湿地生态系统健康评价的候选指标。其中，反映水环境质量状况的指标有 8 项，包括水温、pH、化学需氧量（COD_{Mn}）、氨氮（NH_3-N）、硝氮（NO_3-N）、亚硝氮（NO_2-N）、电导率（EC）、总磷（TP）；反映水生生物特征的指标有 1 项，为叶绿素 a（Chl-a）；反映栖息地环境质量的指标两项，包括溶解氧（DO）、氧化还原电位（ORP）。

（2）候选指标的筛选方法

利用主成分分析（principal component analysis，PCA）的方法对候选评价指标进行主成分提取。根据提取主成分个数累计方差＞70%的原则，按照最大方差旋转法（varimax），保留旋转因子载荷值为 0.4 左右的指标，作为下一步待筛选指标；对余下的候选指标进行正态分布检验，符合正态分布的指标采用 Pearson 法进行相关分析，不符合正态分布的指标采用 Spearman 秩相关分析法；最后，根据显著性水平确定指标间的相关程度，选取其中相对独立和重要的指标作为评价指标。上述分析过程在 SPSS 统计软件中完成。

（3）指标权重的确定

通过每项指标对应的主成分的特征值、方差贡献率、累计方差贡献率以及初始载荷值，计算各指标的权重。权重的计算公式见式（8-7）：

$$b_j = \sum_{i=1}^{n}\left(f_{ij}\Big/\sqrt{\lambda_j \times \theta_j}\Big/\sum_{j=1}^{l}\theta_j\right) \tag{8-7}$$

式中，b_j—— 权重；

f_{ij}—— 第 i 个指标对应于第 j 个主成分的初始载荷值；

λ_j—— 第 j 个主成分对应的特征值；

θ_j—— 第 j 个主成分对应的方差贡献率。

8.5.1.2 湿地生态系统健康评价方法

（1）评价方法

综合指数法是一种常见的多指标综合评价法，将调查分析得到的数据与标准值或参照值进行比照，转化成量化值，然后加权合成，即可得到湿地生态系统健康状况的综合指数值。根据总指数的分级数值范围确定湿地生态系统的健康等级。综合指数法计算公式见式（8-8）：

$$\mathrm{CI} = \sum_{i=1}^{n} W_i I_i \tag{8-8}$$

式中，CI——健康综合评价指数；

n——系统评价指标数量，个；

I_i——指标量化值；

W_i——权重。

（2）评价标准

依据《地表水环境质量标准》（GB 3838—2002）构建七星湿地生态系统健康评价标准，见表 8-10。

表 8-10 生态系统健康评价标准 单位：mg/L

分值	水环境质量状况			水生生物特征	栖息地环境质量
	COD_{Mn}	TP	NH_3-N	（Chl-a）	（DO）
0	＞30	＞0.30	1.50～2.00	0.750～1.625	2.0～3.0
1	20～30	0.20～0.30	1.00～1.50	0.250～0.750	3.0～5.0
2	15～20	0.10～0.20	0.50～1.00	0.100～0.250	5.0～6.0
3	≤15	0.02～0.10	0.15～0.50	0.025～0.100	6.0～7.5
4	≤15	≤0.02	≤0.15	≤0.025	≥7.5

（3）评价等级

依据评价标准，根据五分法对各指标进行评分；通过加权平均法计算各指标分值；为便于区分样点间得分的差异，将各指标加权平均后的得分乘以 20，使 5 项指标的分值介于 0～20 分，计算得到湿地生态系统健康综合评分，满分为 100 分。将分值划分为 0～20 分、20～40 分、40～60 分、60～80 分和 80～100 分共 5 个等级，分别代表河流水生态系统的疾病、一般病态、亚健康、健康和很健康 5 个等级状况（表 8-11）。

表 8-11 生态健康综合评分等级

等级	分值	生态系统健康状态
很健康	80～100	湿地景观保持良好状态，结构合理，外界压力小，生态系统极其稳定
健康	60～80	湿地景观保持自然状态，结构比较合理，外界压力小，生态系统尚稳定
亚健康	40～60	湿地景观受到一定改变，结构比较合理，外界压力较大，系统尚可维持
一般病态	20～40	湿地景观受到相当程度的破坏，结构破碎，外界压力大，生态系统开始恶化
疾病	0～20	湿地景观遭到彻底破坏，结构破碎，外界压力很大，生态系统已经严重恶化

8.5.2 辽河保护区支流汇入口湿地生态系统健康评价

8.5.2.1 采样点布设

采样点位置信息见表 8-12 和图 8-11。

表 8-12 采样点经纬度

编号	地点	N（北纬）	E（东经）	行政区域
1	招苏台河入辽河口	42°38.023′	123°40.727′	昌图
2	亮子河口	42°27.689′	123°49.027′	开原
3	柴河口	42°19.580′	123°51.600′	铁岭县
4	汎河口	42°15.544′	123°37.030′	铁岭县
5	长沟子河	42°18.993′	123°39.957′	铁岭县
6	左小河中桥	42°08.006′	123°23.174′	沈北
7	燕飞里排干湿地	41°57.475′	122°56.835′	新民
8	小柳河口	41°11.589′	122°04.962′	盘锦

编号	地点	N（北纬）	E（东经）	行政区域
9	一统河口	41°10.913′	122°00.485′	盘锦
10	太平河口	41°08.614′	121°54.948′	盘锦
11	绕阳河口	41°07.035′	121°48.703′	盘锦
12	螃蟹沟	41°08.100′	121°56.350′	盘锦
13	清河排干	41°03.396′	121°54.648′	盘锦

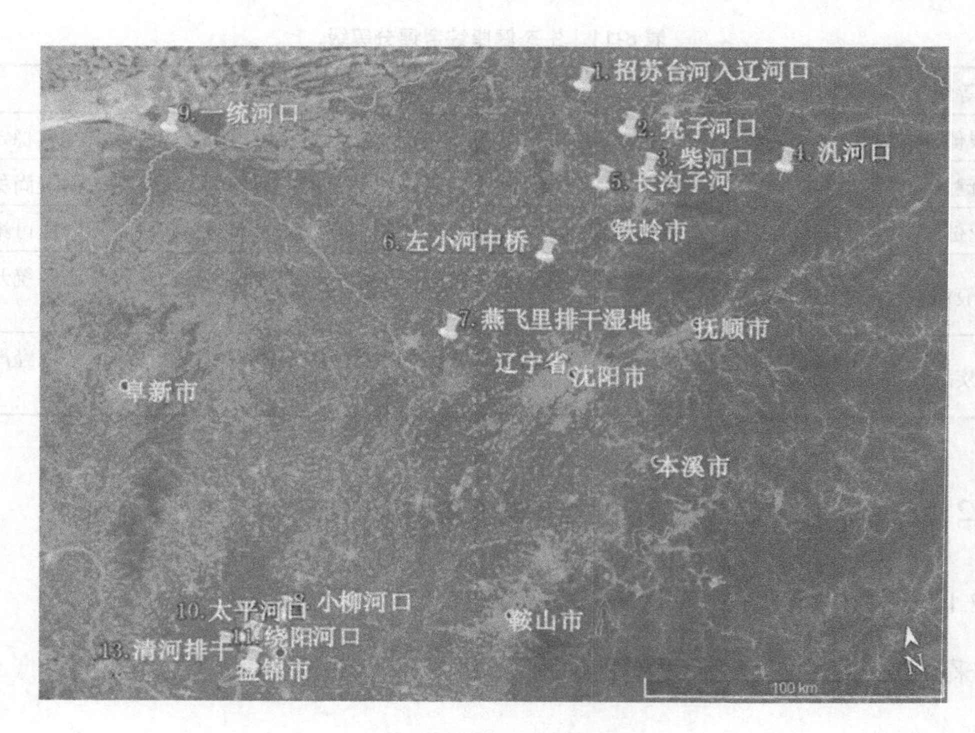

图 8-11　采样点位分布图

8.5.2.2　指标筛选

对数据进行主成分分析，按照积累方差贡献率＞75%的原则提取主成分（表 8-13）。

表 8-13　解释的总方差

成分	初始特征值			提取平方和载入		
	合计	方差/%	累积/%	合计	方差/%	累积/%
1	4.393	39.935	39.935	4.120	37.454	37.454
2	2.842	25.834	65.769	2.925	26.595	64.049

成分	初始特征值			提取平方和载入		
	合计	方差/%	累积/%	合计	方差/%	累积/%
3	1.586	14.422	80.192	1.776	16.143	80.192
4	0.981	8.915	89.106			
5	0.498	4.531	93.638			
6	0.251	2.281	95.919			
7	0.199	1.811	97.730			
8	0.152	1.385	99.115			
9	0.078	0.711	99.827			
10	0.019	0.173	100.000			
11	1.283×10^{-5}	0.000	100.000			

依据因子载荷值大于 0.8 的原则对各指标进行分析，见表 8-14。第一主成分包括的因子有 NH_3-N、DO、TP 和 NO_2-N；第二主成分有 pH、ORP 和 Chl-a；第三主成分是 NO_3-N。由于 pH 的变化范围小，ORP 与 DO 显著相关，NO_2-N、NO_3-N 与 NH_3-N 显著相关，所以根据实际情况，保留 NH_3-N、TP、Chl-a、DO 这 4 项指标，作为支流河口湿地生态系统健康评价的核心指标。

表 8-14　初始因子载荷

指标	第一主成分	第二主成分	第三主成分
COD/（mg/L）	0.534	0.667	−0.442
NH_3-N/（mg/L）	0.915	0.005	0.179
DO/（mg/L）	−0.873	0.132	0.082
pH	−0.411	0.867	0.159
EC/（μS/cm）	0.483	0.273	−0.538
ORP/mV	0.403	−0.870	−0.160
水温/℃	0.711	0.261	0.203
TP/（mg/L）	0.813	0.227	0.050
Chl-a/（mg/L）	−0.194	0.811	0.061
NO_3-N/（mg/L）	0.135	0.002	0.943
NO_2-N/（mg/L）	0.850	0.136	0.275

8.5.2.3　权重的确定

通过选定的 4 项指标，对应主成分的特征值、初始因子载荷值、方差贡献率及累计方差贡献率，计算出各指标的权重（表 8-15）。

表 8-15　各指标权重

指标	NH_3-N	TP	Chl-a	DO
支流河口湿地	0.243 9	0.243 7	0.244 4	0.209 8

8.5.2.4　评价结果

评价结果见表 8-16。

表 8-16　支流河口湿地生态健康评价结果

采样点位	综合评分	评分等级
1	24	一般病态
2	11	疾病
3	54	亚健康
4	48	亚健康
5	23	一般病态
6	48	亚健康
7	70	健康
8	37	一般病态
9	17	疾病
10	17	疾病
11	37	一般病态
12	6	疾病
13	12	疾病

8.5.2.5　小结

1）从评价结果中可以看出，13 个采样点位中，7 采样点位处于健康状态，3、4、6 采样点位处于亚健康状态，1、5、8、11 采样点位处于一般病态状态，2、9、10、12、13 采样点位处于疾病状态。

2）处于疾病状态的支流河口状态不佳的原因在于：支流河携带了大量的工业废水和生活污水，这些水中 COD_{Mn}、NH_3-N 和 TP 的含量远超出地表水Ⅴ类水质标准，使得湿地水环境质量健康水平的下降。

3）1、5、8、11 采样点位处于一般病态状态，主要是由于支流河水体中 N、P 和 Chl-a 含量较高，在一定程度上促使水体中藻类生长，水体呈现富营养化趋势，导致生物多样性的降低和水环境质量的下降，从而引起生态系统健康水平的下降。

相反，经过湿地内部的净化作用，在湿地出口处，污染物含量明显降低，7 采样点位的湿地生态系统健康状态较好。

8.5.3　辽河保护区坑塘湿地生态系统健康评价

8.5.3.1　采样点布设

详细采样点位置信息见表8-17和图8-12。

表8-17　采样点经纬度

编号	地点	N（北纬）	E（东经）	行政区域
1	福德店	42°59.031′	123°33.481′	昌图
2	毓宝台	41°55.251′	122°53.309′	新民
3	本辽辽湿地	41°31.528′	122°38.225′	辽中

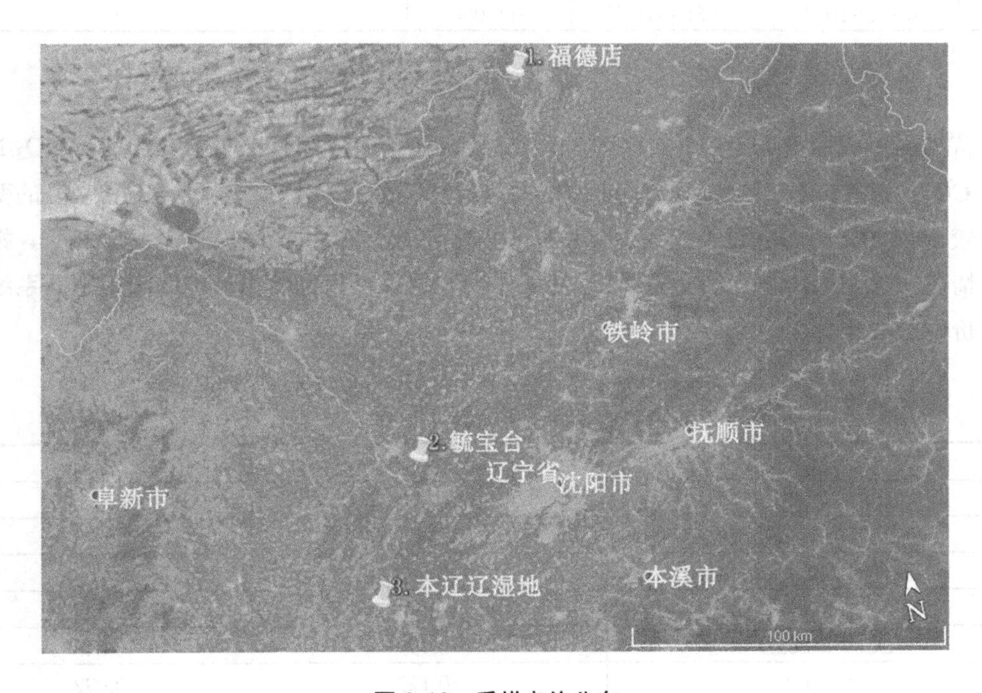

图8-12　采样点位分布

8.5.3.2　指标筛选

对水质数据进行主成分分析，按照积累方差贡献率＞75%的原则提取主成分（表8-18）。

表 8-18 解释的总方差

成分	初始特征值			提取平方和载入		
	合计	方差/%	累积/%	合计	方差/%	累积/%
1	5.854	58.542	58.542	5.850	58.503	58.503
2	4.146	41.458	100.000	4.150	41.497	100.000
3	4.601×10^{-16}	4.601×10^{-15}	100.000			
4	2.729×10^{-16}	2.729×10^{-15}	100.000			
5	1.405×10^{-16}	1.405×10^{-15}	100.000			
6	8.577×10^{-17}	8.577×10^{-16}	100.000			
7	-3.095×10^{-18}	-3.095×10^{-17}	100.000			
8	-2.166×10^{-16}	-2.166×10^{-15}	100.000			
9	-2.933×10^{-16}	-2.933×10^{-15}	100.000			
10	-4.863×10^{-16}	-4.863×10^{-15}	100.000			

依据因子载荷值大于 0.7 的原则，第一主成分包括的因子有 NH_3-N、DO、TP、NO_3-N、EC、COD 和 Chl-a；第二主成分包括的因子有 pH、ORP 和水温。由于 pH 和水温的变化范围较小，ORP 与 DO 显著相关，NO_3-N 与 NH_3-N 显著相关，EC 与 TP 显著相关，根据实际情况，保留 NH_3-N、TP、COD、Chl-a、DO 这 5 项指标，作为坑塘湿地生态系统健康评价的核心指标（表 8-19）。

表 8-19 初始因子载荷

指标	第一主成分	第二主成分
COD/（mg/L）	0.781	0.625
NH_3-N/（mg/L）	0.908	0.419
DO/（mg/L）	−0.908	0.419
pH	0.124	0.992
EC/（μS/cm）	−0.999	−0.042
ORP/mV	−0.123	−0.992
TP/（mg/L）	0.975	−0.222
Chl-a/（mg/L）	0.773	−0.634
NO_3-N/（mg/L）	0.995	0.099
水温/℃	−0.168	0.986

8.5.3.3 权重的确定

通过选定的 5 项指标，对应主成分的特征值、初始因子载荷值、方差贡献率及累积方差贡献率，计算出各指标的权重（表 8-20）。

表 8-20 各指标权重

指标	COD	NH_3-N	TP	Chl-a	DO
坑塘湿地	0.20	0.30	0.28	0.20	0.30

8.5.3.4 评价结果

评价结果详见表 8-21。

表 8-21 坑塘湿地生态健康评价结果

采样点位	综合评分	评分等级
1	82.8	很健康
2	63.2	健康
3	43.6	亚健康

8.5.3.5 小结

从评价结果中可以看出，采样点位 1 处于很健康状态，采样点位 2 处于健康状态，采样点位 3 处于亚健康状态。

采样点位 3 水体中 COD_{Mn} 的含量达到Ⅳ类水质标准，属于轻度污染，致使湿地水环境质量有所下降，湿地生态系统处于亚健康水平。采样点位 1 和采样点位 2 的湿地生态系统健康状态良好。

8.5.4 辽河保护区牛轭湖湿地生态系统健康评价

8.5.4.1 采样点布设

详细采样点位置信息见表 8-22 和图 8-13。

表 8-22 采样点经纬度

编号	地点	N（北纬）	E（东经）	行政区域
1	巨流河橡胶坝	42°00.754′	122°56.846′	新民

图 8-13 采样点位分布

8.5.4.2 指标筛选

对水质数据进行主成分分析，按照积累方差贡献率＞75%的原则提取主成分(表 8-23)。

表 8-23 解释的总方差

成分	初始特征值			提取平方和载入		
	合计	方差/%	累积/%	合计	方差/%	累积/%
1	6.643	73.807	73.807	6.515	72.386	72.386
2	2.357	26.193	100.000	2.485	27.614	100.000
3	4.215×10^{-16}	4.683×10^{-15}	100.000			
4	2.505×10^{-16}	2.783×10^{-15}	100.000			
5	4.133×10^{-17}	4.592×10^{-16}	100.000			
6	-5.524×10^{-17}	-6.137×10^{-16}	100.000			
7	-1.478×10^{-16}	-1.642×10^{-15}	100.000			
8	-2.133×10^{-16}	-2.370×10^{-15}	100.000			
9	-2.824×10^{-16}	-3.137×10^{-15}	100.000			

依据因子载荷值大于 0.8 的原则，第一主成分包括的因子有 NH_3-N、DO、pH、ORP、NO_2-N、EC 和 Chl-a；第二主成分包括的因子有 COD 和 TP。由于 pH 的变化范围小，ORP 与 DO 显著相关，NO_2-N 与 NH_3-N 显著相关，EC 与 TP 显著相关，根据实际情况，保留 NH_3-N、TP、COD、Chl-a、DO 这 5 项指标，作为牛轭湖湿地生态系统健康评价的核心指标（8-24）。

表 8-24　初始因子载荷

指标	第一主成分	第二主成分
COD/（mg/L）	−0.217	0.976
NH_3-N/（mg/L）	−0.999	0.046
DO/（mg/L）	0.828	0.560
pH	0.989	−0.147
EC/（μS/cm）	−0.995	−0.097
ORP/mV	0.999	0.051
TP/（mg/L）	−0.461	−0.888
Chl-a/（mg/L）	−0.979	0.202
NO_2-N/（mg/L）	0.880	−0.476

8.5.4.3　权重的确定

方法同“8.5.3.3 权重的确定”。

表 8-25　各指标权重

指标	COD	NH_3-N	TP	Chl-a	DO
坑塘湿地	0.20	0.26	0.25	0.28	0.30

8.5.4.4　评价结果

评价结果详见表 8-26。

表 8-26　牛轭湖湿地生态健康评价结果

采样点位	综合评分	评分等级
1	38.2	一般病态

8.5.4.5 小结

采样点位的湿地生态系统健康状态不佳，主要是水体中氮、磷含量较高，在一定程度上促使水体中藻类生长，使得水体呈现富营养化，造成生物多样性在一定程度上下降以及水环境质量下降，从而导致生态系统健康水平的下降。

8.5.5 辽河保护区七星湿地生态系统健康评价

8.5.5.1 采样点布设

研究区域内共布设 13 个采样点（图 8-14），并于 2012 年 8—10 月开展七星湿地生态系统健康野外调查与监测。现场采集和实验室内分析均参照《水和废水监测分析方法》。采样点位名称：①西小河汇入口；②万泉河汇入口；③西小河与万泉河交会处；④西小河、万泉河、羊肠河交汇处；⑤羊肠河汇入口；⑥1 号钢坝闸（前）；⑦长河汇入口；⑧1 号与 2 号钢坝闸间；⑨2 号钢坝闸（前）；⑩2 号钢坝闸下游拦蓄工程；⑪潜坝；⑫七星湿地出水汇入辽河干流前后。

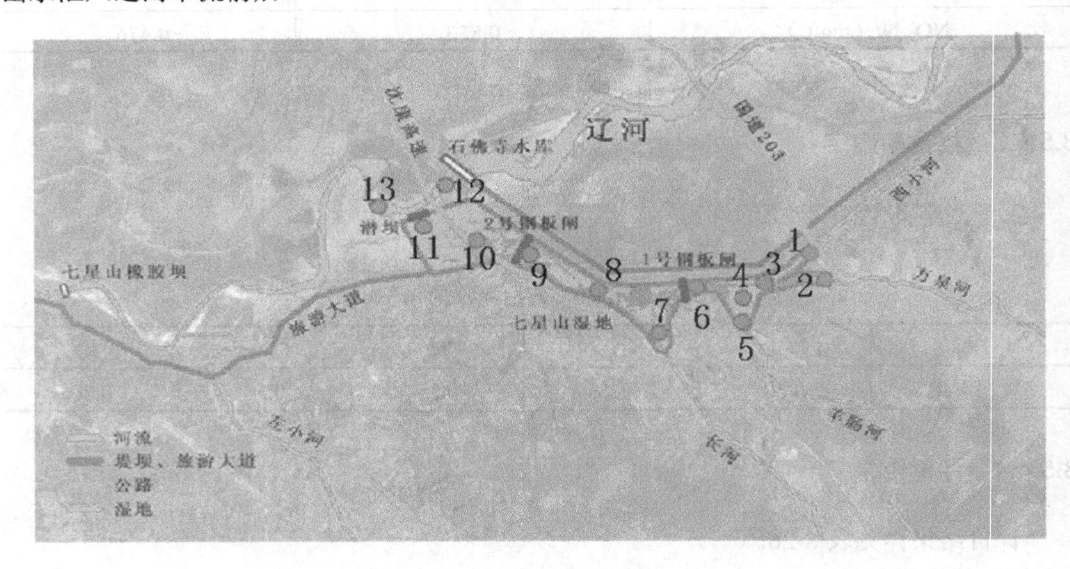

图 8-14 七星湿地采样点位分布

8.5.5.2 指标筛选

对 11 项指标进行主成分分析，按照累积方差贡献率＞70%的原则提取 3 个主成分（表 8-27）。第一主成分包括的因子有 pH、ORP、DO；第二主成分有 EC、NH_3-N、Chl-a；

第三主成分有 COD_{Mn}、TP。由于 pH 在各个采样点波动较小，ORP 与 DO 显著相关，EC 与 TP 显著相关，根据实际情况，保留 DO、NH_3-N 浓度、Chl-a、COD_{Mn}、TP 5 项指标，作为七星湿地生态系统健康评价的核心指标。其中，水环境质量由 NH_3-N、COD_{Mn}、TP 构成；水生生物特征由 Chl-a 构成；栖息地环境质量由 DO 构成。

表 8-27　候选指标主成分分析结果

指标	第一主成分	第二主成分	第三主成分
水温/℃	−0.268	−0.158	0.627
pH	0.027	0.505	−0.294
ORP/mV	0.073	−0.525	−0.002
EC/（S/m）	0.402	0.106	0.306
DO/（mg/L）	−0.229	0.224	0.551
COD_{Mn}/（mg/L）	0.359	0.033	0.237
NH_3-N/（mg/L）	0.422	−0.131	0.118
NO_3-N/（mg/L）	0.355	−0.209	−0.072
NO_2-N/（mg/L）	0.208	−0.214	−0.108
TP/（mg/L）	0.451	0.154	0.180
Chl-a/（μg/L）	0.167	0.502	0.065
方差贡献率/%	27.954	27.659	18.418
累积方差贡献率/%	27.954	55.613	74.030

8.5.5.3　权重的确定

经计算，得到各指标对应的权重，详见表 8-28。

表 8-28　各指标权重

指标	COD_{Mn}	TP	NH_3-N	Chl-a	DO
权重	0.196	0.266	0.235	0.259	0.271

8.5.5.4　评价结果

七星湿地生态系统健康评价结果详见表 8-29。

表 8-29 七星湿地生态系统健康评价结果

采样点位	综合评分	评分等级
1	53	亚健康
2	26	一般病态
3	37	一般病态
4	51	亚健康
5	58	亚健康
6	49	亚健康
7	12	疾病
8	32	一般病态
9	23	一般病态
10	32	一般病态
11	36	一般病态
12	49	亚健康
13	45	亚健康
七星湿地（总体）	39	亚健康

8.5.5.5 小结

1）目前，七星湿地生态系统健康总体处于亚健康状态。其中，采样点 1、4、5、6、12 和 13 处于亚健康状态；采样点 2、3、8、9、10、11 处于一般病态状态；采样点 7 处于疾病状态。

2）采样点 2 与 7 的湿地生态系统健康状态不佳，原因在于分别受万泉河与长河水质的影响。万泉河与长河的汇入，给湿地带来了大量的工业废水和生活污水，水中 COD_{Mn}、NH_3-N 和 TP 的浓度远超出地表水Ⅴ类水质标准，使得湿地水环境质量处于不健康水平。

3）采样点 9 湿地生态系统健康状态不佳，主要是受长河水质的影响。水中 TP 和 Chl-a 浓度较高，会在一定程度上促使水体中藻类生长，使水体呈富营养化，造成生物多样性降低和水环境质量下降，从而导致生态系统健康水平的下降。

相反，经过湿地内部的净化作用，湿地出口处的污染物浓度明显降低，因此采样点 12 与 13 的湿地生态系统健康状态较好。

4）重要支流河的汇入，为七星湿地带来大量的工业废水和生活污水，水体中营养物浓度较高，COD_{Mn}、NH_3-N 和 TP 浓度超出《地表水环境质量标准》（GB 3838—2002）Ⅴ类水质标准，河流水环境质量和生境受到强烈干扰。因此，应在河流两岸加强植被缓冲带建设。

第 9 章　辽河保护区湿地恢复要素总结及建议

9.1　湿地恢复主要结论

辽河保护区成立前后综合评估，在中期阶段主要围绕格局和生物多样性两个方面进行，得出的主要成果和结论如下：

1）辽河保护区总面积为 1 869.12 km^2，主要生态系统类型包括林地、防护林、芦苇沼泽、库塘、河流、农田、居住地、河口水域、滩涂湿地。其成立前后，生态系统均以农田面积最大，芦苇沼泽次之，居住地面积最小。

2）辽河保护区成立后与成立前相比，草地、芦苇沼泽、库塘、河流、居住地、河口水域生态系统的面积均有所增加，其中以草地和河口水域面积增加最大，分别增加了 137.22 km^2 和 152.60 km^2；居住地面积增加幅度最小，仅为 0.03 km^2；草地、芦苇沼泽、库塘、河流、河口水域面积的增加说明自然生态系统在逐渐转好；而林地、防护林、农田、滩涂湿地生态系统呈减少趋势，其中以滩涂湿地和农田面积减少幅度最大，分别减少了 156.64 km^2 和 138.87 km^2；防护林面积减少最小，仅为 0.31 km^2。

3）2008—2014 年，辽河保护区生态系统中，农田和滩涂湿地是主要的转出类型，且主要的变化转移发生在农田与草地、滩涂湿地与河口水域之间。其中，滩涂湿地是水体与陆地交汇的过渡地带，其与河口水域之间的变化转移主要是受潮汐影响而发生的有规律的转化，转化面积为 152.44 km^2；而农田转变为草地的面积达到了 135.62 km^2，占保护区总面积的 7.28%，这说明保护区成立后，保护效果显著，退耕还草工程得到了切实贯彻。

4）辽河保护区成立后，从整体上来看，保护区内生态系统景观完整性有所改善，破碎化程度有所降低。此外，河口水域的类斑块平均面积最大，芦苇沼泽次之，说明湿地生态系统是辽河保护区生态系统景观的主要特征。

5）辽河保护区成立后，生物多样性恢复速度较快。保护区内维管束植物、鱼类、鸟类（不包括双台河口国家级自然保护区）、哺乳动物、昆虫、原生生物等各生物类群种类均有所提高。

6）不同生物类群多样性变化较大。从保护区整体来说，植物种类增加幅度不大，变化主要体现在科属的增加；减少的种类为常见科属中的农田杂草，而增加的多是单科单属种，说明保护区建成后生境多样性增强，适于多种植物生长。

7）不同河段生物多样性变化显著。物种增加较快且多样性变化较大的河段有位于上游的昌图、康平，位于中游的辽中和位于下游的盘山。

9.2 湿地恢复要素总结

湿地具有独特的生态系统服务功能和很高的生态效益，因此，恢复或重建退化湿地非常重要。

9.2.1 湿地水文、水质恢复

（1）湿地水文恢复

水是维系湿地生态系统稳定和健康的决定性因子。湿地是敏感的水文系统，湿地水文条件在维护湿地结构和功能以及确定物种组成等方面起着重要作用。水文过程还是决定湿地类型的形成与维持的最重要因素。充沛的水资源可以使湿地得到有效恢复。水是湿地恢复工程的关键因素之一，特别是在水资源缺乏、人类活动频繁的地区，水源保障是开展各项湿地恢复工程的基础。湿地恢复时的水位控制和流量调整是影响恢复效果的重要因素。

水位的改变会影响湿地景观格局的动态变化。研究表明，鄱阳湖湿地的类型随水位的不同而有所变化，水位高时以湖泊为主体，水位低时表现为以沼泽、草洲为主的湖泊、河道、沼泽、洲滩等湿地景观。

水位的改变会影响湿地生态系统中生物的生存及生物群落的结构。在芦苇沼泽的恢复实验中，10～30 cm 深的长期淹水能够抑制其他竞争植物，从而使得以 1 株/m^2 密度定植的芦苇能够形成纯斑块。在一些贫营养沼泽的恢复实践中，有些沼泽只需要改善其内部的水文条件，另一些则需要在恢复区外围创造过渡区。具体来说，可以通过及时补水、充分利用中水以及雨洪资源、减少地下水开采等措施来实现。例如，为了恢复美国约罗野生动物保护区中的生物栖息地，加利福尼亚州渔猎部门采用了一个复合系统，包括抽水装置、运河和水控制工程。该系统根据规划的水文状况，并模拟约罗盆地当初的自然给水排水情况，为湿地提供给水和排水。种植植物后，应尽快使湿地水位适当升高，这样可以优化湿地植物的生长条件，从而抑制陆生杂草的生长。但应该注意，水面不能淹没植物的嫩芽，水位可以随着植物的生长适当抬升。如果没有足够的水来供应植物生长，可以每隔 5～10 d 进行漫灌以保持土壤湿润。如果植物生长稳定，经过一个完整的生长季节后，湿地土壤中的水分就可以使植物在短期干旱的情况下存活。即使严重的干旱也只能使其地上部分死亡，一旦条件恢复，植物可以再次生长。恢复后，在每年春季水生植物发芽期间，应该避免高水位淹没植物的嫩芽，以保证恢复植物顺利萌发。也可以使用盆栽植物，以便与水位变化保持一致。

降雨和径流量大小对水生生物群落的组成和数量具有显著影响，水文过程的陡涨陡落会导致湿地水生生物被冲刷或搁浅，危害湿地植物幼苗种群的正常生长。因此，在湿地植物大面积栽培过程中，应随时检查是否有裸露地段，并找到形成的原因。结合地形改造、基质恢复和岸带护坡等技术，合理调控湿地水文过程，控制水体富营养化进程，改善水环境质量。

在恢复工程中，对湿地进行水文控制的部分包括堤坝和土地工事、沟渠和水道、水流和水位控制设施等。这些设施的建设有利于创建良好的土壤和水环境，为持续发展湿地植物和吸引野生物种创造条件。

为了在恢复区内进行最大限度的土地漫灌，修筑堤坝以建立大块浸水区域是常用的措施，但由于没有考虑其内部的水位梯度，常因水的深度问题使得湿地植物无法繁殖，鸟类无法觅食和栖息。通过修建沟渠或铺设专门的给水管道对湿地直接输水，可作为缺水型湿地初期的有效恢复措施。湿地需要相关设施和建筑，以便向湿地内提供水源，控制水位，减小洪涝灾害。如果能够正确设置和使用水流控制设施，就可以最大限度地类比自然水文系统，充分发挥湿地的生态功能。水依靠重力自然流入，其效果优于用水泵送水。因此，在恢复期间应尽可能通过上游拦坝分流等方式来营造自然水流的良好环境。目前，湿地恢复工程有多种水流控制方法，大都包括调节水位、排水以及区域内小区块之间的截断或导向水流。常见的水流控制设施有槽堰、水闸等，其中槽堰的设计和建造简单，并能测量水流量等水力学参数，因此在湿地恢复中应用较广。

水文过程决定了植物、动物区系和土壤特征，是湿地恢复的关键。在水文恢复过程中，通常需要根据湿地退化程度及原因，采用外来水源补给等手段适当地恢复湿地水位，合理控制水文周期，并进一步运用生物和工程技术手段净化水质，去除或固定污染物，使其适合植物生长，以保持湿地水质。现在有些湿地科学家提倡在湿地流域尺度上进行退化湿地的恢复，在保持原湿地水文特征的基础上，采取适当的辅助措施，从而达到恢复水文、净化水质的目的。

在辽河保护区内，水资源是维持湿地平衡的主导因素，也是湿地植被演替发展的动力，满足湿地正常发育所需的最低水量条件是恢复湿地的关键。

（2）湿地水质恢复

水质恢复是湿地恢复的难点。应在控制外源污染物流入的前提下，在实施区域根据具体情况，配套使用相应的水质原位净化技术，如人工增氧技术、微生物强化技术、浮床植物技术等。

对于环境污染导致的湿地退化，可采取人工恢复工程（物理清污与底泥覆盖工程）

对污染底泥进行清淤，然后利用建设工程开挖表土，并利用芦苇等湿地植物进行覆盖和净化，以减轻底泥或土壤的污染作用。同时，对污染的土壤、底泥及水体采用植物和微生物复合净化技术，通过投加多功能载体及营养物增效剂等方法改善污染土壤、底泥和水体的微生态环境，强化低温下的污染物降解过程。

湿地水环境恢复是通过控制污染源去除污染物，并结合换水、补水等措施改善湿地水体，以提高其自净能力。目前，湿地水质恶化的主要形式为水体富营养化，其消除的关键在于削减水体中的氮、磷污染负荷，以消除水体中藻类疯长的基础，降低藻类生物量，提高水体的透明度。主要恢复技术包括湿地植物修复技术、微生物修复技术、水生动物修复技术及人工湿地净化技术。以湿地植物为主的富营养化水体修复系统是通过植物的吸附、过滤和沉淀以及根区微生物的降解作用来实现的。大型挺水植物能够通过自身的生长代谢大量吸收氮、磷等水体中的营养物质，其中一些种类还可以富集不同类型的重金属或吸收降解某些有机污染物。再通过人工收获将其固定的污染物带出水体。与藻类相比，大型挺水植物更易于人工操控。通过湿地植物改善水环境，在考虑湿地植物的环境适应能力和水质净化效果的同时，还应重视湿地植物自身对营养元素的吸收规律。其中，千屈菜和芦苇对可溶性磷的去除率可分别达到89.84%和85.81%，对全氮的去除率可分别达到77.64%和86.08%。植物对营养元素的吸收随季节不同而存在差异，且不同植物器官对营养元素的积累也存在显著的季节特征。因此，收割植物应选择适宜的时期。采用植物修复技术应选用生长迅速、生物量较大且富集能力较强的植物。微生物对氮、磷等污染物具有较强的降解和吸附累积能力，其中，根际微生物的生理活动可有效地促进植物的结实和分裂。目前，以微生物进行湿地水环境修复方面的研究较多，其技术研发也取得了一定的成果。部分鱼类以藻类等浮游植物为食，通过放养鱼类等水生动物，可以在一定程度上减缓水体的富营养化进程。

9.2.2 湿地基质恢复

退化湿地基质恢复技术，主要是通过生物、生态手段达到控制湿地基质污染、恢复基质功能的目的。其中，利用生物手段修复基质污染较受重视，尤其是在人口密度极大的滨海湿地生态系统中，应用更为广泛。例如，可以利用细菌降解红树林土壤中的多环芳烃污染物，利用超积累植物修复重金属污染基质。生态恢复技术主要是在了解湿地水文过程、生物地球化学过程的基础上，通过宏观调控手段达到恢复基质功能的目的，如通过调控水文周期或改变土地利用方式等来恢复湿地基质水分状况，促进湿地基质正常发育，加速泥炭积累过程。

基质营养盐含量过高，易导致水体中氮、磷等营养元素的富集。研究证实，即使在无外源污染物输入的情况下，基质仍然会释放出大量的氮、磷，导致水体富营养化。微生物在分解基质的过程中会消耗大量的氧，从而抑制耗氧微生物对氮、磷等营养元素的降解。对基质的清除有助于湿地水环境的恢复。加拿大、美国和荷兰等国从20世纪七八十年代开始，对湖泊湿地进行综合整治，并开展了一系列研究和实践，制订了污染基质的评判标准及生物毒性指标。然而，由于各国自身特点或整治目的不同，污染指标控制的差异较大。

目前，较成熟的基质恢复技术有基质地形改造、客土和清淤技术等。其中，地形改造和客土技术属于物理性恢复模式，技术简单，可借助机械实现；而基质清淤技术不仅要清除游离状淤泥，还要保证湿地生物正常的生理活动和湿地水文过程。对于不同的基质类型，应采用不同的恢复技术。对于有机质含量过高的基质，需降低营养元素含量，同时增加矿质土壤，在恢复实践中可采用基质清淤、客土覆盖等技术；对于石驳岸、陡坡以及不适合湿地植物生长的浅滩，可通过地形改造、客土覆盖等技术，以矿质土营造浅滩基质，同时添加改土添加剂；而对于只有矿质土的区域，需要添加还原性土壤。

9.2.3 湿地生物多样性恢复

湿地生物是湿地生态系统健康稳定的关键因素。目前，适合湿地生物恢复的技术主要有物种选育和培植技术、物种引入和保护技术、种群动态调控技术、种群行为控制技术、群落结构优化配置与组建技术、群落演替控制与恢复技术等。随着生物技术的长足进步，又涌现出一批高效、可靠的分子生物技术，如基于微卫星的DNA物种保护技术、基于随机扩增的多态性物种保护技术及基因重组技术等。但这些技术目前还处于室内试验阶段，在湿地恢复实践中尚需进一步完善。湿地生境恢复技术旨在通过几类工程技术措施提高生境的异质性和稳定性，为物种提供适宜的栖息环境。该技术包括湿地基质和地形恢复技术、湿地水文恢复技术和湿地岸带恢复技术。在恢复期间，应根据恢复区物种生活习性和对环境适应能力的大小，改善湿地生境和物种栖息地。例如，在湿地核心地带营造生境岛，并在周边种植植物或放养鱼虾，为鸟类营造良好的栖息和觅食环境。有些鸟类常选择缓坡地带筑巢，通过地形改造、基质恢复等措施为鸟类提供可选择的栖息地，能够有效地改善其种群动态和群落组成。

（1）植物

植被恢复是湿地恢复的重要组成部分，植被恢复技术不断发展且日趋成熟。目前较受重视的是，在天然恢复技术中通过湿地土壤种子库进行的研究。

湿地植物群落的恢复受风浪、水位、水质、繁殖潜力、种植时间等多种因素共同影响，因而最终建立起能够持续稳定生长的群落有一定的难度。恢复湿地，应尽可能多地在不同水深和坡度的条件下恢复多种本地水生植物，为野生动物提供栖息的小岛。空间异质性高的生态系统通常具有丰富的生物多样性，食物链更加丰富，从而使生态系统更加稳定。在湿地植物的恢复中，应尽量使用本地物种，限制外来物种。虽然部分外来物种具有本地物种所不具有的优势，如可耐受高湿度土壤和周期性的洪水，但是，基于外来入侵物种的易扩散性及扩散后会对本地生态系统造成的结构及功能上的负面影响，控制外来物种的传播，消除外来物种对本地物种的威胁是至关重要的。

恢复植物的选择标准：①针对特定的生境（如土壤类型、洪水频率及持续时间、淹水深度等）选择适宜的本地物种。可先通过栽种实验选择出适宜的物种，然后进行大规模种植。②容易存活，并且可以快速繁殖，形成较大覆盖度，以发挥湿地净化作用；能够适当抵御其他杂草入侵和鱼类、水禽的一般强度取食。

植被种植过程中应注意的事项：①控制杂草和害虫。在植物恢复的初期，应避免把有害植物的种子或者残体随着植物繁殖体一起带入湿地。要尽量让恢复植物在短时间内快速建立种群。在种植之前和种植过程中，及时控制杂草和害虫。②优化种植时间和生长条件。植物种植时间和水深是影响恢复植物存活率的重要因素。湿地植物的恢复，最好是在春季和初夏，以保证植物有较长的生长期，增加植物的存活概率。所使用的表层土应该不含原有的植物繁殖残体，不含过多的黏土或沙子，能够满足种植要求。③恢复湿地植物的种植。恢复植物的繁殖体应提前预订，并且在接近种植期时运达。对于繁殖体，应该按照提供方的建议小心保存。水位线在种植期应接近基质层。种植密度亦应根据具体植物种类进行设置。种植过程中要避免干燥对植物造成的损伤。可以首先在小范围，例如，5 m×5 m 的范围内准确标识植株种植点位，以此作样板，为剩余的区域提供参考。恢复植物能否成功存活取决于恢复时使用的土壤类型和种植者的技术。因此，建议进行初试后，再大规模种植。植株应该种植在土壤较深的位置，而且应该适当固定，以防水位上涨时被连根拔起。

另外，植物之间存在相生相克作用。有资料报道，混种植物之间的抑制作用体现在两个方面：一方面是对光、水、营养物等环境因素的竞争，另一方面是植物之间通过释放化学物质，影响周围植物的生长。即使是同种植物，其枯枝落叶经水淋或微生物的作用，也会释放出克生物质，抑制自身的生长。例如，宽叶香蒲的枯枝落叶腐烂后，会阻碍新芽的萌发和幼苗的生长；芦苇腐烂后，在器官组织中富集的乙酸、硫化物会抑制自身植株的生长。植物种植密度对湿地的净化功能有一定的影响。在湿地恢复过程中，引种植物时应考虑不同植物之间的混种效应。倒伏易导致湿地植物生态功能的丧失，如净化水质、美化景观等功能，而植物茎叶分布的凌乱使得湿地植物相互挤压和遮盖，由于得不到充足的光照而影响光合作用的进行。秋冬季温度较低，植物进入越冬休眠期，在湿地恢复，特别是小型湿地恢复工程中，应提前做好安全越冬的准备工作。湿地植物停止生长或者枯萎后，应及时收割和清理，防止因植物残留而造成污染物去除效率降低。

在辽河保护区内，可根据其原有的乡土湿地水生植物种类和群落，按照湿生植物带

→挺水植物带→浮水植物带→沉水植物带分布模式进行恢复。在具体恢复过程中，应尽可能地保留现有植被。既要保证湿地生物多样性，又要适当考虑不同湿地植物景观的营造，使湿地植物多样性和植物景观多样性都得到充分体现。

（2）动物

水生动物多样性的恢复可采取“疏水纳苗”和“人工放养”两种形式进行。前者是通过疏通辽河保护区内的各相邻水体，把水体中的水生动物特别是鱼类联系起来。“疏水纳苗”应综合考虑水位、水量和水质控制项目进行；后者主要是根据待恢复湿地水体中鱼类的构成，放养不同生态位的鱼、虾、螺蛳等，使水体中的水生动物种群更加合理。

为了在较短时间内恢复和提高辽河保护区湿地的生物多样性，待恢复湿地最好与天然残留湿地相邻，这样可以为水生动物提供更广阔的栖息地。对于鸟类和水禽的多样性恢复来说，人工营造栖息环境，招引鸟类来此定居和繁衍是较好的办法。可在辽河保护区准备恢复的典型样区内设置鸟食投放区，并建造人工鸟巢。还可以在典型样区内实行矮围蓄水，即在不同深度的浅水沼泽中，通过工程措施使鸟类和水禽栖息地保持一定水位，以恢复良好的水生生物生境，使水禽拥有良好和安全的越冬环境。同时，可在矮围蓄水区内放养水禽喜食的鱼苗以吸引水禽。还可以营造不同类型的水禽栖息地，如不同生境的小树丛、灌丛和草丛等。

在恢复保护区动物多样性的同时，要注意控制外来物种带来的危害。外来物种入侵打破了恢复区生态系统正常的结构和功能，影响生态系统的承载力，对人类社会经济结构以及人类健康造成无法估量的损失。在湿地恢复过程中，应深入研究入侵物种的生态和生理特征，通过物理、化学和生物措施进行控制。研究表明，针对入侵物种的限制性生态因子进行控制比较有效，如对于不耐水淹的物种就应调节水文，延长淹水时间。引入食性专一的天敌也是一个有效的方式，但应该对天敌种群的生态风险进行预测。不同的控制措施有各自的优缺点，在湿地恢复实践中，通过整合应用不同控制措施，可以取得显著效果。

9.2.4　湿地景观多样性恢复

对保护区湿地进行封育是自然恢复的典型方法。封育可以缩短实现植被覆盖所需的时间，保护珍稀物种和增加植被的稳定性，投资小，效益高。湿地景观设计，最好能实现水量、水质和生态的自然循环和平衡。在保持水土、控制和改善微气候、保护生物多样性和维持大气平衡方面，人工景观要比封闭后自然恢复的自然湿地生态景观逊色得多。虽然有些生态系统可以自我恢复，但是多数生态系统恢复需要人的帮助。充分利用生态学理论进行干预，这个恢复过程会加快。

具体建设或恢复湿地景观时，应考虑湿地植物与动物种类的多样性。尽量采用乡土湿地物种，保护乡土湿地动物与植物。充分利用不同种类湿地动物与植物的生态功能，如水体污染物净化功能、气候调节功能、防风固堤功能等。应考虑湿地植物与动物的湿地景观美学效果。慎用外来湿地物种，以防外来物种入侵，破坏区域生态平衡。在没有准确与可靠的科学依据时，不要贸然引进外来湿地物种，以免给湿地景观建设区域带来生态灾难。

湿地景观中，水景应该与湿地植物和动物的生长、生活条件相适应。湿地水景平面几何造型、水体深度分布、水文特征、水质等，要与湿地景观设计中动物和植物的生理特征、生活习性及其空间分布保持协调。为防止湿地水体水质恶化，应尽量设计流动状态、可复氧与可循环利用的水体，建立湿地景观水循环过程与水循环系统，将喷泉、瀑布、假山跌水、池塘、花卉池塘等水景设计成一个具有水力联系的有机整体，这样既能丰富湿地景观，又能保护水体的水环境。

地形地貌是湿地景观建设的基础。在湿地景观建设中，往往根据地形的起伏进行总体安排，按照地貌的微小变化配置湿地植被类型。在湿地景观设计建设时，要充分利用原有的地形地貌，从湿地生态学角度营造符合当地生态环境的自然湿地景观，减少对其原生湿地环境的干扰和破坏。同时，可以减少工程量，节约成本。因此，充分考虑应用地形特点与原生湿地景观类型特征，是安排布置好其他湿地景观要素的基础。湿地景观用地的原有地形、地貌是影响总体规划的重要因素，要因地制宜地加以利用。

湿地植物是营造湿地景观的重要素材之一。湿地植物包括沉水植物、浮水植物、挺水植物、沼生植物、湿生植物等，植物种类包括乔木、灌木、藤本、草本、花卉，以及果树、药材、观赏植物。对于这些植物，需要科学、合理地进行空间配置。按照湿地学与湿地生态学原理，遵循湿地形成、发育与演化的规律设计动物、植物群落及其空间布局，巧妙合理地运用植被与植物种类，不仅可以成功地营造出人们熟悉和喜欢的各种空间，还可以改善湿地景观规划建设地区的局部气候环境、生物环境，使居民在舒适愉悦的环境里进行休闲娱乐。湿地景观动物主要包括生活在湿地中的鱼类、两栖类、鸟类（游禽）。应按照各种湿地动物的生活习惯与条件，科学地进行湿地动物空间配置，提高环境美学效果。在有些情况下，为了增强湿地景观水体的净化效果，应该考虑湿地生态系统的食物链组成与结构，合理配置湿地动物种类，增强生物净化湿地景观水环境的能力。

湿地景观还包括一些以湿地产品或自然产品为主要材料建造的小品，例如，用自然木料与湿地植物建造的小屋、凉亭、亲水平台、休息椅等。这些景观小品应与湿地景观形成一个有机的整体。将草屋、木亭、水景、鱼群、植物群落设计成一个有机的整体，让人有回归大自然的感觉。

9.3　湿地恢复建议

9.3.1　加强人工湿地建设，促进辽河保护区湿地环境全面恢复

人工湿地建设是湿地恢复与重建的主要模式，也是最有效的方法之一。国内外的研究表明，人工湿地公园建设可以从生物、土壤和水体 3 个方面促进湿地的恢复。辽河保护区内建成的人工湿地已经在一定程度上促进了辽河保护区生态系统的全面恢复。因此，应加强人工湿地建设，以自然恢复为主、人工湿地建设为辅的方式，进一步加快辽河保护区的水文水质恢复、基质环境恢复、生物多样性恢复和景观环境恢复。

辽河保护区人工湿地的建设，加快了全流域生态环境的恢复。研究结果表明，自 2010 年保护区成立至今，区内各生物类群种类均有所提高：维管束植物由原来的 21 科 123 属 215 种提高到 58 科 159 属 229 种，鱼类由 12 种上升到 19 种，鸟类由 35 种增加到 62 种（不包括双台河口国家级自然保护区），哺乳动物由 3 种增加到 7 种，昆虫由 7 目 36 科增加到 8 目 45 科，原生生物由 10 属 25 种上升到 26 属 40 种。

9.3.2　加强监测体系建设

在湿地恢复过程中，需要对恢复状况进行监测。当前，亟须建立和完善以辽河保护区湿地生态试验站为核心的湿地监测体系，全面掌握湿地的动态变化，为湿地的科学研究和合理利用提供及时、完备和准确的基础资料。

要建立面向整个辽河保护区的湿地环境与资源监测和研究体系，运用“3S”技术和常规监测技术对保护区湿地生态环境、生物多样性以及野生动物疫源疫病进行全面、系统的监测与研究。要掌握各类湿地的动态变化和发展趋势，提供年度监测报告，为保护区湿地恢复和保育以及合理利用决策提供科学依据。建立湿地资源信息数据管理体系和湿地资源监测体系，对湿地水质变化、地下水位、植物群落、土壤养分的变化以及土壤退化的情况等进行监测，及时评价湿地生态变化状况，将湿地水文变化控制在其阈值内。通过监测网络的运行，掌握湿地变化动态、发展趋势，定期提供监测数据与检测报告，为政府提供决策依据。

9.3.2.1　水质、水文监测

对于湿地水要素的监测，应首先根据集水区边界确定监测单元，结合恢复区地形地貌、生物空间分布、水流方向和污染源位置等特征确定水样采集点，并依据湿地类型和恢复目标确定监测频率和监测指标。DO、pH 等一些难以长期保存或者理化性质易变的

指标，可以在野外现场测定。而对于氮、磷等需要通过化学分析间接量化的监测指标，可以带回实验室进行化验分析，以便进一步指导湿地水环境和水文过程的恢复。有资料报道，在4℃的温度条件下，湿地水质受外界环境条件的影响较小。因此，这一温度可以作为水样采集和保存的限值条件。

在湿地水文监测中，可以在恢复区的入水口和出水口设置永久性监测点，同时在恢复区内部选出若干固定的水文监测点，以便定期进行水文监测。对于水面广阔的湿地的恢复，可以在水面平稳、受风浪和泄流影响较小的地方安装监测设备，以便掌握风壅和动水所形成的水力学参数。

随着科学技术的发展，“3S”技术在湿地监测与管理中逐渐得到广泛应用。陕西省已成功应用“3S”技术，结合卫星影像和不同的光谱发射特征，将受污染或水质发生变化的水域与正常水域做了区分，并通过多次调查累积，配合污染源的测定，对污染范围进行了持续追踪，以评估受影响范围及程度。

9.3.2.2 植物、动物群落监测

对于湿地生物的监测，应根据湿地生物生长与分布的特点以及湿地勘察中所掌握的信息，确定各代表性水域采样垂线或采样点布设的密度与数量。在布设过程中，应尽可能与水质监测的采样垂线保持一致，如在激流与缓流水域、城市河段、水源保护区、河流潮间带，或在库塘湿地的水进出口、岸边水域、开阔水域、河湾水域等代表性水域，合理布设采样垂线或采样点。监测的项目主要包括群落的物种组成及结构、水体微生物的现存量、水生生物的现存量、湿地水体生产力、湿地生物体内污染物的残留量以及湿地污水的毒性 6 个方面。通过对湿地的植被、水鸟等动植物以及土壤、水体中微生物的连续动态监测，可以及时了解和掌握生物栖息地恢复的进程和效果，为制定科学的管理对策和恢复措施，及时调整工程建设方案提供决策依据，也可以为科学、客观地评价湿地生物及其生境恢复与重建的效果奠定数据基础。

9.3.3 加强管理体系建设

由于湿地生态系统不断与周边环境相互影响和制约，对恢复后的湿地进行长期有效的管理是确保湿地恢复项目全面完成的重要措施。湿地恢复实施完成后，仅仅是湿地恢复工程的开始，还需要对湿地恢复区进行长期的维护与管理，以便发挥其预期的生态功能，并使人为影响达到最小化。湿地生态系统维护管理是保障生态恢复目标实现的机制性条件。对于恢复成功的生态系统，若缺乏正确的管理和维护，生态恢复建设就变成一种“作秀”。因此，需要加强湿地资源的管理工作，建立高效的湿地保护与管理协调机制。在实际操作中还要强化湿地资源的统一和综合管理，并将统一管理和分类分层管理相结

合、一般管理和重点管理相结合，切实做好湿地资源的分类管理和重点管理工作。

9.3.3.1 法律法规

加拿大湿地面积为 1.27×10^8 hm^2，占世界湿地总面积的 24%，居世界第一位。为了有效保护湿地资源，加拿大 1992 年颁布了联邦湿地保护政策。美国是湿地恢复建设开展得较早的国家，1975—1985 年，政府资助了 EPA 清洁湖泊项目（CLP）中的 313 个湿地恢复研究项目。1977 年，美国颁布了第一部专门的湿地保护法规。

中国的湿地管理工作起步较晚，缺乏专门的法律法规，而相应的政策体系也不完善。近年来，尽管有些地区制定了一些与湿地管理相关的法规和地方条例，但总体来讲，湿地法律和政策对湿地的保护力度仍然不够，至今尚无专门的湿地保护法规出台。因此，加快湿地保护方面的立法进度、制定完善的法律体系是有效保护湿地和实现湿地资源可持续利用的关键。而建立有效的湿地管理政策对湿地资源的保护和合理利用也有重要意义。因此，要评估现行政策和法规在辽河保护区湿地保护中的作用，及时建立并完善与湿地有关的政策和法规，以及在国土资源利用的整体经济运行机制下，逐步建立和完善相应的经济政策和补偿体系，鼓励并引导人们保护与合理利用湿地，限制和打击破坏湿地的行为。要以法律法规的形式，明确各湿地管理机构的权限和分工，并规范其管理程序。对于破坏湿地、捕鱼猎鸟等违法行为，要严格依法惩处。

9.3.3.2 湿地管理制度

美国国家环境保护局（U.S.Environmental Protection Agency，USEPA）、鱼类与野生动物服务组织（U.S. Fish and Wildlife Service）等多部门在 2000 年发布了以水质净化和野生动物栖息地恢复为目的的湿地恢复导则。目前，我国尚无相关的恢复导则发布。

尽管辽河保护区的建立对湿地生物及其生境保护发挥了巨大作用，但其管理机制、设施等亟须加强。为此，要建立辽河湿地保护区的管理机制，完善保护和管理设施，提高现有保护区的保护功能，使生物多样性得到有效保护。

9.3.3.3 宣传教育

在湿地生态恢复的各个环节，公众参与都是一种很好的知识、信息和资源输入渠道，在活化管理体制、提高决策科学化和民主化方面能发挥重要作用。因此，在生态恢复建设中，首先要加强相关技术人员的专业技能培训，同时政府也要对公众进行广泛的生态恢复教育。要充分发挥新闻媒体的宣传和监督作用，引导民间组织和社会组织在不违背法律的前提下对政府相关工作进行监督，同时在湿地生态恢复与公众的利益或需求之间建立密切联系，从深层次激发公众参与湿地生态恢复建设的欲望。

公众是湿地保护的主体。在辽河保护区，大多数群众参与湿地保护的能力不强，缺乏提出意见和做出决策的背景知识，因此，现阶段对公众进行湿地恢复教育极为重要。必须通过一系列强有力的宣传教育和培训措施，提高公众对湿地，特别是对湿地各种功能和效益方面的认识，增强公众的湿地保护意识，进而形成有利于湿地保护的良好氛围。要开展“湿地日”“爱鸟周”等多种形式的宣传活动，并借助电视、广播、报纸和网络等媒体进行广泛宣传，使公众及时了解湿地资源利用和保护的信息，进而提高参与湿地保护与管理的积极性。此外，要将湿地保护带进课堂，通过多种途径，为辽河保护区的湿地保护、管理和科研事业培养大量合格的各级、各类专业人才，为保护区湿地保护与恢复奠定人力基础。

建设辽河保护区湿地鸟类博物馆，作为宣传教育基地。通过多种渠道向社会各界大力宣传湿地和鸟类的重要性，普及有关法律法规知识，提高公众对湿地功能的认识，从而营造良好的保护氛围。建议在省内条件成熟的高校设立湿地相关学科、专业，为湿地保护培养专业人才，为保护区在职人员提供相关培训，提升湿地保护队伍的专业技术水平。

参考文献

[1] Xue X B，Landis A E. Eutrophication potential of food consumption patterns[J]. Environmental Science & Technology，2010，44（16）：6450-6456.

[2] 赵永宏，邓祥征，战金艳，等. 我国湖泊富营养化防治与控制策略研究进展[J]. 环境科学与技术，2010，33（3）：92-98.

[3] Montgomery W J. Wetland 4 th edition[M]. New York：John Wiley & Sons Press，2007.

[4] 王宪礼，李秀珍. 湿地的国内外研究进展[J]. 生态学杂志，1997，1：58-62.

[5] 安树青. 湿地生态工程[M]. 北京：化学工业出版社，2003.

[6] 王宪礼. 我国自然湿地的基本特点[J]. 生态学杂志，1997，16（4）：64-67.

[7] 安娜，高乃云，刘嫦娥. 中国湿地退化原因评价及保护[J]. 生态学杂志，2008，27（5）：821-828.

[8] Kusler J A，Kentula M E. Wetland creation and restoration：status of the science[M]. Washington D.C.：Island Press，1990.

[9] Davis J A，Mccom A J. Wetlands for the future[M]. Glen Osmond S.A.：Gleneagles publishing，1998.

[10] 贾萍，宫辉力. 我国湿地研究的现状和发展趋势[J]. 首都师范大学学报（自然科学版），2003，24（3）：84-89.

[11] 王仁卿，刘纯慧. 从第五届国际湿地会议看湿地保护与研究趋势[J]. 生态学杂志，1997，16（5）：72-76.

[12] 李长安. 中国湿地环境现状与保护对策[J]. 中国水利，2004，4：24-26.

[13] 刘洋，鲁奇. 中国湿地保护初探[J]. 生态经济，2004，4（2）：45-48.

[14] 刘权，马铁民. 中国湿地保护策略研究[J]. 中国水利，2004（17）：10-12.

[15] 刘守江. 中国湿地资源的现状、问题与可持续发展研究[J]. 宜春学院学报，2004，26（6）：34-37.

[16] 杨亚妮. 湿地生态系统研究及防治退化对策[J]. 新技术新方法，2002，24（2）：95-99.

[17] 张英. 地球的节日——写在第十个世界湿地日到来之际[J]. 中国林业，2005，2：4-8.

[18] 杨雄雄. 湿地的价值[J]. 绿色观察，2004，5：40-41.

[19] 张新时，中国生态区评价纲要[J]. 四川师范大学学报（自然科学版），2000，4（2）：123-125.

[20] 万洪秀，孙占东，王润. 博斯腾湖湿地生态脆弱性评价研究[J]. 干旱区地理，2006，29（2）：248-254.

[21] O'connell M J. Detecting measuring and reverting changes to wetlands[J]. Wetlands Ecology and Management，2003，11：397-401.

[22] Mitseh W. Wetland creation，restoration and conservation：a wetland invitational at the olentangy river wetland research park[J]. Ecological Engineering，2005（24）：243-251.

[23] Finlayson C M，Rea N. Reasons for the loss and degradation of Australian wetlands[J]. Wetlands Ecology and Management，1999，7：1-11.

[24] Jones W. The wetlands of the south-east of South Australia[J]. Nature Conservation，1978（7）：11-20.

[25] Jones T，Hughes J M R. Wetland inventories and wetland loss studies：a European Perspective//Waterfowl and wetland conservation in the 1990s：a Global Perspective[C]. Florida，USA：Proceedings of the IWRB Symposium，1993.

[26] Taylor R D，Howard G W，Begg G W. Developing wetland inventories in Southern Africa：a review[J]. Vegetatio，1995，118：57-79.

[27] Middleton B. Wetland restoration-flood pulsing and disturbance dynamics[J]. Chichester：John Wiley & Sons Press，1999

[28] Jefferson R G，Grice PV. The conservation of low land wet grassland in England. In：European wet grassland：biodiversity，management and restoration（eds. C.B. Joyce and P.M. Wade）[M]. Chichester：John Wiley & Sons Press，1998.

[29] Youngs E G. An examination of computed steady-state water-table heights in unconfined aquifers：DuPuit-Forehheimer estimates and exact analytical results[J]. Journal of Hydrology，1990，119：201-214.

[30] Lewis R R. Ecological engineering for successful management and restoration of mangrove forests[J]. Ecological Engineering，2005，24：403-418.

[31] Bradley C. The hydrological basis for conservation of flood Plain wetlands：implication of water at Narborough Bog，UK[J]. Aquatic Conservation. Marine and Fresh water ecosystems，1997，7：41-62.

[32] Youngs E G，Chapman J M，Leeds-Harrison P B，et al. The application of soil physics model to the management of soil water conditions in wetland environments in wildlife conditions[M]. Vienna：IAHS Publisher，1991：91-100.

[33] Acreman M，Routledge J P. Wetlands. In：The hydrology of the UK：A study of change（eds. Acreman）[M]. New York：Routledge，2000.

[34] Bradley C. Transient modeling of water-table variation in flood Plain wetland，Narborough Bog，Leicestershire[J]. Journal of Hydrology，1996，137：149-163.

[35] 廖玉静，宋长春. 湿地生态系统退化综述[J]. 土壤通报，2009，40（5）：109-1203.

[36] 黄金国，洞庭湖区湿地退化现状及保护对策[J]. 水土保持研究，2005，12（4）：261-263.

[37] 李莉莉，刘炳江，徐齐福. 试析我国湿地的退化、保护与恢复[J]. 环境科学与管理，2006，31（3）：138-141.

[38] 白军红，王庆改. 中国湿地生态威胁及其对策[J]. 水土保持研究，2003，10（4）：247-249.

[39] 谷东起，赵晓涛，夏东兴. 中国海岸湿地退化压力因素的综合分析[J]. 海洋学报，2003，25（1）：78-85.

[40] 中国科学院长春地理研究所沼泽研究室. 三江平原沼泽[M]. 北京：科学出版社，1983.

[41] 罗先香，何岩，邓伟，等. 三江平原典型沼泽性河流径流演变特征及趋势分析——以挠力河为例[J]. 资源科学，2002，24（5）：52-57.

[42] 杨永兴. 三江平原沼泽区“稻—苇—鱼”复合生态系统生态效益研究[J]. 地理科学，1993，13：41-48.

[43] 郭龙珠. 三江平原地下水动态变化规律与仿真问题研究[D]. 哈尔滨：东北农业大学，2005.

[44] 陆健健，何文珊，童春富，等. 湿地生态学[M]. 北京：高等教育出版社，2006.

[45] 张乔民，于红兵，陈欣树，等. 红树林生长带与潮汐水位关系的研究[J]. 生态学报，1997，17（3）：258-265.

[46] 罗新正，朱坦，孙广友. 松嫩平原大安古河道湿地恢复与重建[J]. 生态学报，2003，23（2）：244-250.

[47] 安娜，高乃云，刘长娥. 中国湿地的退化原因/评价及保护[J]. 生态学杂志，2008，27（5）：821-828.

[48] 国家林业局. 中国湿地保护行动计划[M]. 北京：中国林业出版社，2000.

[49] 林业部野生动物和森林植物保护司. 湿地保护与合理利用指南[M]. 北京：中国林业出版社，1994.

[50] 崔丽娟，王义飞. 中国的国际重要湿地[M]. 北京：中国林业出版社，2008.

[51] Holland M. Wetlands and environment gradients. In Wetland Environment Gradients（eds. Mulamoottil G，Warner BG，McBean EA）[M]. Florida：Boundaries and Buffers CRC Press Inc，1996：112-131.

[52] Keddy P A. Wetland ecology：principles and conservation[M]. Cambridge：Cambridge University Press，2010.

[53] Rapport D，Costanza R，Mcmichael A. Assessing ecosystem health[J]. Trends in Ecology & Evolution，1998，13（10）：397-402.

[54] 刘红玉，张世奎，吕宪国. 三江平原湿地景观结构的时空变化[J]. 地理学报，2004，59（3）：391-400.

[55] 崔保山，杨志峰. 湿地生态系统健康研究进展[J]. 生态学杂志，2001，20（3）：31-36.

[56] 李文华，欧阳志云，赵景柱. 生态系统服务功能研究[M]. 北京：气象出版社，2002.

[57] 蔡述明，王学雷，杜耘，等. 中国的湿地保护[J]. 环境保护，2006（2）：24-29.

[58] 翟承江，韩久同. 保护城市湿地的实践与探讨[J]. 安徽农业科学，2006，34（11）：2501-2502.

[59] 李长安. 中国湿地环境现状与保护对策[J]. 中国水利，2004（3）：24-26.

[60] 张春丽，刘继武，佟连军. 不同空间尺度的湿地保护与持续利用研究[J]. 资源科学，2007，29（3）：132-138.

[61] 徐慧，崔广柏. 湖泊湿地利用与保护临界的经济学准则探讨[J]. 资源科学，2006，28（1）：51-56.

[62] 崔保山，刘兴土. 湿地恢复研究综述[J]. 地球科学进展，1999，14（4）：358-363.

[63] Chapman M，Underwood A. The need for a practical scientific protocol to measure successful restoration[J]. Wetlands（Australia），2010，19（1）：28-49.

[64] Brew D S，Williams P B. Predicting the impact of large-scale tidal wetland restoration on morphodynamics and habitat evolution in South San Francisco Bay，California[J]. Journal of Coastal Research，2010，26（5）：912-924.

[65] Henry C P，Amoros C，Giuliani Y. Restoration ecology of riverine wetlands：II. An example in a former channel of the Rhône River[J]. Environmental Management，1995，19（6）：903-913.

[66] Henry C P，Amoros C. Restoration ecology of riverine wetlands：I. A scientific base[J]. Environmental Management，1995，19（6）：891-902.

[67] 田军. 滇池湿地生态恢复研究[J]. 云南环境科学，2000，19（4）：27-29.

[68] 刘桃菊，陈美球. 鄱阳湖区湿地生态功能衰退分析及其恢复对策探讨[J]. 生态学杂志，2001，20(3)：74-77.

[69] 黄金国. 洞庭湖区湿地退化现状及保护对策[J]. 水土保持研究，2005，12（4）：261-263.

[70] 罗新正，朱坦，孙广友. 松嫩平原大安古河道湿地恢复与重建[J]. 生态学报，2003，23（2）：244-250.

[71] 任宪友，蔡述明，王学雷，等. 长江中游湿地生态恢复研究[J]. 华中师范大学学报（自然科学版），2004，38（1）：114-117.

[72] 王红春，胡唐春. 郑州黄河湿地自然保护区植被恢复原则与模式的研究[J]. 林业资源管理，2010，（1）：79-83.

[73] 唐娜，崔保山，赵欣胜. 黄河三角洲芦苇湿地的恢复[J]. 生态学报，2006，26（8）：2616-2624.

[74] 叶功富，范少辉，刘荣成，等. 泉州湾红树林湿地人工生态恢复的研究[J]. 湿地科学，2005，3（1）：8-12.

[75] 但新球，骆林川，吴后建，等. 长江新济洲群湿地恢复技术与途径研究[J]. 湿地科学与管理，2006，2（2）：10-19.

[76] 郑忠明，宋广莹，周志翔，等. 基于植物多样性特征的武汉市城市湖泊湿地植被分类保护和恢复[J]. 生态学报，2010，30（24）：7045-7054.

[77] 孟伟庆，李洪远，王秀明，等. 天津滨海新区湿地退化现状及其恢复模式研究[J]. 水土保持研究，2010，17（3）：144-147.

[78] 牛明香，赵庚星，李尊英. 湿地研究浅探[J]. 山东农业大学学报（自然科学版），2003，34(4)：586-589.

[79] Mitsch W，Cronk J. Creation and restoration of wetlands：some design consideration for ecological engineering[J]. Advances in Soil Sciences，1992：217-259.

[80] Cardoch T. A system-dynamics study of a resource-based approach to process development strategy[C]. IEEE-Engineering Management Conference，2000，1：419-424.

[81] Ruiz-Jaen M C，Mitchell A T. Restoration success：how is it being measured？[J]. Restoration Ecology，2005，13（3）：569-577.

[82] Hoffmann C，Kronvang B，Audet J. Evaluation of nutrient retention in four restored Danish riparian

wetlands[J]. Hydrobiologia，2011，674（1）：5-24.

[83] Willard D E. Evaluation of restoration projects：are there elements of projects that existing analytic tools do not describe？ How should these elements be included in project evaluation[J]. Journal of Contemporary Water Research and Education，2011，96（1）：57-66.

[84] Merino J，Aust C，Caffey R. Cost-efficacy in wetland restoration projects in Coastal Louisiana[J]. Wetlands，2011，31（2）：367-375.

[85] Marchetti M P，Garr M，Smith A N H. Evaluating wetland restoration success using aquatic macroinvertebrate assemblages in the Sacramento Valley，California[J]. Restoration Ecology，2010，18（4）：457-466.

[86] 吴后建，王学雷. 中国湿地生态恢复效果评价研究进展[J]. 湿地科学，2006，4（4）：304-310.

[87] 高彦华，汪宏清，刘琪璟. 生态恢复评价研究进展[J]. 江西科学，2003，21（3）：168-174.

[88] 成小英，李世杰，濮培民. 城市富营养化湖泊生态恢复——南京莫愁湖物理生态工程试验[J]. 湖泊科学，2006，18（3）：218-224.

[89] 李正最，宁迈进，李广源，等. 洞庭湖环保疏浚生态系统恢复效益研究[J]. 水资源研究，2004，25（1）：28-32.

[90] 摆万奇，土艳丽，李建川，等. 筑坝在湿地恢复中的作用——以拉萨市拉鲁湿地为例[J]. 资源科学，2010（9）：1666-1671.

[91] 方东，许建华. 生态工程治理玄武湖水污染效果的监测与评价[J]. 环境监测管理与技术，2001，13（6）：36-36.

[92] 华国春，李艳玲，黄川友，等. 拉萨拉鲁湿地生态恢复评价指标体系研究[J]. 四川大学学报（工程科学版），2005，37（6）：20-25.

[93] Scott G. Using GIS to determine the suitability for wetland restoration，agriculture，and development within the Cowaselon Creek Watershed Area（CCWA），Madison County，New York[C]. New York：State University of New York，2001：10-28.

[94] Mathiyalagan V，Grunwald S，Reddy K R，et al. A WebGIS and geodatabase for Florida’s wetlands[J]. Computers and Electronics in Agriculture，2005，47（1）：69-75.

[95] Sader S A，Ahl D，Lion W S. Accuracy of landsat-TM and GIS rule-based methods for forest wetlands classification in Maine[J]. Remote Sensing Environment，1995，53（3）：133-144.

[96] 吴炳方，黄进良，沈良标. 湿地的防洪功能评价——以东洞庭湖为例[J]. 地理研究，2000，19（2）：189-193.

[97] 张志强，林波. “3S”技术与鄱阳湖流域生态系统管理[J]. 江西科学，2003，21（3）：249-252.

[98] 黄桂林，张建军，韩爱慧，等. “3S”技术在辽河二角洲湿地监测中的应用[J]. 林业资源管理，2000，5：51-56.

[99] 崔丽娟，张曼胤，张岩，等. 湿地恢复研究现状及前瞻[J]. 世界林业研究，2011，24（2）：5-9.

[100] 孙凤. 饮用水处理工艺中微囊藻毒素污染调控技术的优化研究[D]. 济南：山东大学，2013.

[101] Braskerud B C. Factors affecting phosphorus retention in small constructed wetlands treating agricultural non-point source pollution[J]. Ecological Engineering，2002，19：41- 61.

[102] 于少鹏，王海霞，万忠娟，等. 人工湿地污水处理技术及其在我国的发展现状与前景[J]. 地理科学进展，2004，23（1）：22-29.

[103] Kivaisi A K. The potential for constructed wetlands for wastewater treatment and reuse in developing countries：a review[J]. Ecological Engineering，2001，16（4）：545-560.

[104] 张清. 人工湿地的构建与应用[J]. 湿地科学，2011，9（4）：373-379.

[105] 黄炳彬，孟庆义，尹玉冰，等. 潜流人工湿地水力学特性及工程设计[J]. 环境工程学报，2013，7（11）：4307-4316.

[106] 王媛媛，张衍林. 人工湿地的基质及其深度对生活污水中氮、磷去除效果的影响[J]. 农业环境科学学报，2009，28（3）：581-586.

[107] 史鹏博，朱洪涛，孙德智. 人工湿地不同填料组合去除典型污染物的研究[J]. 环境科学学报，2014，34（3）：704-711.

[108] 何娜，孙占祥，张玉龙，等. 不同水生植物去除水体氮、磷的效果[J]. 环境工程学报，2013，7（4）：1295-1300.

[109] 田如男，朱敏，孙欣欣. 不同水生植物组合对水体氮、磷去除效果的模拟研究[J]. 北京林业大学学报，2011，33（6）：191-195.

[110] Engelhardt K A M，Ritchie M E. Effects of macrophyte species richness on wetland ecosystem functioning and services[J]. Nature，2001，12（7）：687-689.

[111] Ciurli A，Zuccarini P，Alpi A. Growth and nutrient absorption of two submerged aquatic macrophytes in mesocosms，for reinsertion in a eutrophicated shallow lake[J]. Wetlands Ecology and Management，2009，17（2）：107-115.

[112] 余红兵，杨知建，肖润林，等. 水生植物的氮、磷吸收能力及收割管理研究[J]. 草业学报，2013，22（1）：294-299.

[113] 王圣瑞，年跃刚，侯文华. 人工湿地植物的选择[J]. 湖泊科学，2004，16（1）：91-96.

[114] Fraser L H，Carty S M，Steer D. A test of four plant species toreduce total nitrogen and total phosphorus from soil leachate in subsurface wetland microcosms[J]. Bioresource Technology，2004，94：185-192.

[115] 李淑英，周元清，胡承，等. 水生植物组合后根际微生物及水净化研究[J]. 环境科学与技术，2010，33（3）：148-153.

[116] 国家环境保护总局《水和废水监测分析方法》编委会. 水和废水监测分析方法（第4版）[M]. 北京：中国环境科学出版社，2002.